AF451734

BIBLIOTHÈQUE
SCIENTIFIQUE INTERNATIONALE

XXV

BIBLIOTHÈQUE SCIENTIFIQUE INTERNATIONALE

Volumes in-8° reliés en toile anglaise. — Prix : 6 fr.
Avec reliure d'amateur, tr. sup. dorée, dos et coins en veau. — 10 fr.

VOLUMES PARUS.

J. Tyndall. LES GLACIERS ET LES TRANSFORMATIONS DE L'EAU, suivis d'une étude de M. *Helmholtz* sur le même sujet, et de la réponse de M. Tyndall. Avec 8 planches tirées à part sur papier teinté et nombreuses figures dans le texte, 2e édition.............. 6 fr.

W. Bagehot. LOIS SCIENTIFIQUES DU DÉVELOPPEMENT DES NATIONS, dans leurs rapports avec les principes de l'hérédité et de la sélection naturelle, 2e édition............................ 6 fr.

J. Marey. LA MACHINE ANIMALE, locomotion terrestre et aérienne. Avec 117 figures dans le texte, 2e édition.............. 6 fr.

A. Bain. L'ESPRIT ET LE CORPS considérés au point de vue de leurs relations, suivis d'études sur les *Erreurs généralement répandues au sujet de l'esprit*. Avec figures. 3e édition.............. 6 fr.

Pettigrew. LA LOCOMOTION CHEZ LES ANIMAUX. Avec 130 fig... 6 fr.

Herbert Spencer. INTRODUCTION A LA SCIENCE SOCIALE, 4e édit. 6 fr.

Oscard Schmidt. DESCENDANCE ET DARWINISME. Avec fig., 2e édit. 6 fr.

H. Maudsley. LE CRIME ET LA FOLIE. 3e édition.............. 6 fr.

P. J. Van Benéden. LES COMMENSAUX ET LES PARASITES dans le règne animal. Avec 83 figures dans le texte. 2e édit....... 6 fr.

Balfour Stewart. LA CONSERVATION DE L'ENERGIE, suivie d'une étude sur LA NATURE DE LA FORCE, par *P. de Saint-Robert* 2e édit. 6 fr.

Draper. LES CONFLITS DE LA SCIENCE ET DE LA RELIGION. 4e édit. 6 fr.

Léon Dumont. THÉORIE SCIENTIFIQUE DE LA SENSIBILITÉ. 2e édit. 6 fr.

Schutzenberger. LES FERMENTATIONS. Avec 28 fig. 2e édit.... 6 fr.

Whitney. LA VIE DU LANGAGE, 2e édit....................... 6 fr.

Cooke et Berkeley. LES CHAMPIGNONS. Avec 110 figures. 2e édit. 6 fr.

Bernstein. LES SENS, avec 91 figures dans le texte, 2e édition. 6 fr.

Berthelot. LA SYNTHÈSE CHIMIQUE. 2e édit................. 6 fr.

Vogel. LA PHOTOGRAPHIE ET LA CHIMIE DE LA LUMIÈRE, avec 95 figures dans le texte et un frontispice tiré en photoglyptie, 2e édit. 6 fr.

Luys. LE CERVEAU ET SES FONCTIONS, avec figures. 3e édit. 6 fr.

W. Stanley Jevons. LA MONNAIE ET LE MÉCANISME DE L'ÉCHANGE. 2e édit. 6 fr.

Fuchs. LES VOLCANS ET LES TREMBLEMENTS DE TERRE, avec 36 figures dans le texte et une carte en couleurs. 2e édition........ 6 fr.

Général Brialmont. LA DÉFENSE DES ÉTATS ET LES CAMPS RETRANCHÉS, avec nombreuses figures et deux planches hors texte. 6 fr.

A. de Quatrefages. L'ESPÈCE HUMAINE. 3e édition.......... 6 fr.

Blaserna et Helmholtz. LE SON ET LA MUSIQUE, suivis des CAUSES PHYSIOLOGIQUES DE L'HARMONIE MUSICALE, avec 50 figures dans le texte. 6 fr.

Rosenthal. LES MUSCLES ET LES NERFS. 1 vol. in-8 avec 75 figures dans le texte.. 6 fr.

VOLUMES SUR LE POINT DE PARAITRE.

Bruoke. THÉORIE DES ARTS.
Wurtz. ATOMES ET ATOMICITÉ.
Secchi. LES ÉTOILES.
Broca. LES PRIMATES.
Claude Bernard. HISTOIRE DES THÉORIES DE LA VIE.

Coulommiers. — Typographie ALBERT PONSOT et P. BRODARD

LES NERFS

ET

LES MUSCLES

PAR

J. ROSENTHAL

Professeur de physiologie à l'Université d'Erlangen (Bavière).

Avec 75 figures dans le texte

PARIS

LIBRAIRIE GERMER BAILLIÈRE ET Cie

108, BOULEVARD SAINT-GERMAIN, 108

Au coin de la rue Hautefeuille.

1878

PRÉFACE

L'essai d'exposition complète de la physiologie générale des muscles et des nerfs, que je présente au lecteur,
est, à ma connaissance, le premier dans son genre. Les bases
fondamentales de cette science n'ont été découvertes que
depuis une trentaine d'années, et un grand nombre des
faits qui s'y rapportent sont encore aujourd'hui douteux ou
incomplétement connus. Dans ces circonstances, un traité
spécial sur les muscles et les nerfs avait-il sa raison d'être?
Celui qui voudrait se faire une idée de ce chapitre de la
science, en consultant les ouvrages de physiologie actuellement en usage, n'atteindrait certainement pas son but. Il
s'agit cependant d'une étude qui renferme une foule de
connaissances intéressantes, non-seulement pour le physiologiste proprement dit, mais encore pour le physicien,
pour le psychologue et pour tous les hommes instruits.
Quant aux lacunes qu'on y rencontre encore, elles ne sont
pas beaucoup plus nombreuses que celles des autres
sciences biologiques.

J'ai été réduit à mes propres forces pour le plan et l'arrangement de l'ouvrage, pour le choix des faits essentiels à

présenter et de ceux qui, moins nécessaires, pouvaient être passés sous silence ; enfin, pour la forme de l'exposition. C'est qu'en effet nous manquons absolument de tout travail d'ensemble. Mais, grâce à l'expérience de quinze années de professorat, je crois avoir développé les expériences les plus difficiles avec assez de clarté pour être compris, même des personnes non initiées mais qui étudieront avec une attention suffisante les faits que j'expose. Je n'ai pu m'empêcher de parler assez longuement, dans certains passages, des phénomènes physiques et surtout électriques qui servent de base à mes explications. J'ai cependant réduit cette exposition aux faits les plus essentiels et je suis obligé de renvoyer ceux de mes lecteurs qui voudraient combler les lacunes de cet ouvrage à mon *Traité d'électricité à l'usage des médecins.* Il est nécessaire aussi, quand on traite isolément une partie de la physiologie, d'indiquer les rapports entre les faits exposés et ceux que l'on rencontre dans d'autres parties, sans s'appesantir sur ces derniers. Je conseille aux personnes qui voudraient compléter leurs connaissances physiologiques, d'étudier les *Leçons de physiologie élémentaires* de Huxley.

J'ai rejeté à la fin de l'ouvrage, dans les Remarques et Additions, un certain nombre de faits qui auraient par trop entravé la marche de l'exposition.

Pour atteindre le but de ce livre, j'ai dû laisser de côté toute érudition et toute citation savante. Rarement aussi, j'ai signalé les noms des observateurs qui ont découvert les faits que j'expose. Je n'ai point observé de principe absolu pour ces citations ; mais j'ai cru devoir mentionner, pour certains faits, les noms des principaux fondateurs de la science, comme Ed. Weber, E. du Bois-Reymond et Helmholtz.

I. ROSENTHAL.

LES NERFS ET LES MUSCLES

LIVRE PREMIER

PROPRIÉTÉS GÉNÉRALES DES MUSCLES ET DES NERFS

CHAPITRE PREMIER

LE MOUVEMENT CHEZ LES ÊTRES VIVANTS

1. Introduction : le mouvement et la sensibilité constituent les propriétés caractéristiques de l'animal. 2. Mouvement chez les plantes. 3. Mouvement moléculaire. 4. Simplicité des organismes inférieurs. 5. Mouvement du protoplasma et mouvement amiboïde. 6. Organismes élémentaires et différenciation graduelle des tissus. 7. Mouvement produit par des cils vibratiles.

1. L'observateur qui a choisi pour champ d'étude la science des phénomènes vitaux, ne trouvera pas beaucoup de problèmes plus attrayants et en même temps plus difficiles que l'explication du mouvement et de la sensibilité. C'est par ces phénomènes que les êtres vivants se distinguent des êtres inanimés, et les animaux des plantes. Il est vrai qu'il y a des êtres inanimés manifestant du mouvement ; d'après les idées actuelles, tous les phénomènes naturels sont même produits par des mouvements de masses entières ou par des mouvements des particules les plus ténues qui composent ces masses. Mais les mouvements des animaux sont d'une tout autre nature. Les secousses du polype, le mouvement volontaire de mon bras, se présentent comme des phénomènes d'un caractère particulier, qui se produisent dans

de tout autres circonstances que la chute d'un corps ou que l'attraction et la répulsion entre des masses électrisées ou magnétisées. Et que dirons-nous surtout de la sensibilité ? Nous en reconnaissons l'existence chez nous par la perception, nous savons qu'elle existe chez d'autres hommes par les communications qu'ils nous ont faites, nous soupçonnons aussi qu'elle existe chez l'homme et chez les animaux par leurs actions ; mais cette sensibilité ne semble avoir aucun analogue dans la nature morte, et il paraît même douteux qu'elle existe chez les plantes. Malgré la difficulté que présente ce sujet, l'expérience physiologique a dissipé une grande partie de l'obscurité qui le recouvrait, et les connaissances que l'on a acquises jusqu'ici feront l'objet de l'exposition qui va suivre.

2. Quoique les plantes présentent des mouvements semblables à ceux que nous observons chez les animaux, il paraît cependant qu'il existe des différences essentielles entre ces deux ordres de mouvements. Nous rencontrons, en effet, chez la plupart des animaux, des organes spéciaux qui servent plus particulièrement aux mouvements. Ce sont les *muscles*, qui constituent principalement ce que l'on désigne, dans le langage ordinaire, sous le nom de chair. On n'a pas observé jusqu'ici d'organes analogues chez les plantes. Tous les mouvements du corps animal ne sont cependant point exécutés par des muscles, et il y a certaines formes de mouvement qui paraissent se produire de la même façon dans l'organisme végétal et dans l'organisme animal.

Ces mouvements sont des plus apparents chez la sensitive (*Mimosa pudica*) et c'est sur cette plante qu'ils ont été le mieux étudiés. Du tronc et des rameaux de cette plante partent des pétioles qui portent chacun quatre pétioles de second ordre : ces derniers portent des folioles imparipennées. Lorsqu'on ébranle la plante, les pétioles se plient brusquement et s'affaissent, tandis que les folioles se plient longitudinalement, en appliquant l'une contre l'autre les deux moitiés de leur face supérieure, comme les deux moitiés d'une feuille de papier pliée. On peut aussi obtenir ce même mouvement sur un seul pétiole : ce dernier phénomène se produit avec grande facilité lorsqu'on touche ou

qu'on frotte doucement la face inférieure du pétiole à son point
d'attache à la branche. C'est à ce point d'attache que le pétiole
est fixé par un renflement en forme de massue, le renflement
articulaire. Des renflements analogues se trouvent à l'origine
des pétioles secondaires et aux pétiolules des folioles. Lorsqu'on
coupe en travers un de ces renflements, on y rencontre au
centre un faisceau vasculaire, et, autour de ce faisceau, une
couche de cellules gorgées de suc : les cellules supérieures ont
des parois épaisses, les inférieures des parois très-minces. Entre
ces cellules se trouvent des lacunes remplies d'air. Il est facile
de prouver que le mouvement et l'abaissement sont dus à ce
qu'une partie du suc contenu dans les cellules s'en échappe pour
se rendre dans les lacunes, et que par ce motif le tissu cellulaire se
détend et n'est plus capable, dans cet état, de porter la feuille.

Ce genre de mouvement est toutefois très-différent du mouvement animal proprement dit, parce que ce dernier, comme
nous le verrons plus tard, est produit par un effet de traction
qui peut soulever des charges contrairement à l'action de la pesanteur, tandis que c'est la pesanteur même qui ramène le pétiole de la sensitive en bas, lorsque la partie inférieure du renflement articulaire se détend. Mais, avant de nous occuper plus
particulièrement du mouvement animal, nous parlerons encore
de quelques phénomènes de motilité qui se présentent, soit dans
le règne végétal, soit dans le règne animal, mais qui ne peuvent guère être observés autrement qu'au moyen du microscope ; car les forces actives qui les font naître sont trop faibles
pour produire des mouvements sensibles dans des particules un
peu grandes.

3. Nous ne comptons point parmi ces mouvements celui que
l'on nomme *mouvement moléculaire* ou *Brownien* et sur lequel le
célèbre botaniste anglais a le premier appelé l'attention. Lorsqu'on examine des particules végétales ou animales au moyen
d'un grossissement un peu fort, on voit de petits granules ou
corpuscules doués d'un mouvement de tremblotement particulier. D'où vient ce mouvement ? Nous remarquons bientôt que
ce n'est point un mouvement vital, puisque des corpuscules tota-

lement privés de vie le présentent également, par exemple des molécules de charbon dans une solution d'encre de Chine. Nous avons affaire, dans ce cas particulier, à des courants qui se produisent dans le liquide et qui entraînent les petits corpuscules légers qui y nagent. Ces courants naissent facilement dans toutes sortes de liquides, soit par des inégalités d'échauffement, soit par les ébranlements inévitables du microscope. Quelque faibles que soient ces courants, les déplacements qu'ils provoquent paraissent sensibles à un grossissement fort, et sont très-souvent difficiles à distinguer des véritables mouvements occasionnés par l'action vitale des corps. L'on voit parfois aussi ces mouvements moléculaires s'exécuter dans l'intérieur de parties vivantes, lorsqu'il se trouve de petits granules dans un liquide transparent, contenu dans l'intérieur de vacuoles plus ou moins grandes.

4. Lorsqu'on place sous le microscope une gouttelette d'eau, prise dans un étang, on y remarque une quantité d'êtres vivants, qui se meuvent en partie, de çà de là, avec une grande rapidité. Mais, à côté de ces êtres, on remarque de très-petits corpuscules allongés, ou en forme de bâtonnets, qui se meuvent plus ou moins rapidement en tremblotant. Il est souvent très-difficile de distinguer, dans ces cas, si l'on a affaire à un mouvement indépendant ou à un mouvement moléculaire. Il faut alors observer si deux corpuscules rapprochés suivent toujours les mêmes routes ou si leurs mouvements paraissent indépendants l'un de l'autre. Dans ce dernier cas, nous ne pouvons pas prétendre qu'ils sont entraînés uniquement par des courants, et nous arrivons à la conviction que ces organismes si simples sont déjà doués d'un mouvement indépendant. Nous ne pouvons pas encore donner une explication précise de la nature de cette propriété. Les organismes dont nous parlons sont placés au dernier échelon des êtres organisés. Ce sont des êtres vivants, car ils se meuvent, s'accroissent et se multiplient : on peut les tuer (par exemple, à la chaleur de l'ébullition) et alors leurs mouvements propres cessent. C'est à peu près tout ce que nous savons à leur sujet. Les organismes qui s'en rapprochent le plus sont déjà un peu plus compliqués dans leur structure. Ils repré-

sentent de petits grumeaux d'une substance gélatineuse et gra-
nulée, à laquelle on a donné le nom de *Protoplasma* [1]. Cette
substance gélatineuse, qui tient le milieu entre l'état liquide et
l'état solide, constitue le caractère propre de toute substance
organique. Elle se produit par l'introduction d'eau dans les
pores d'une masse solide qui se gonfle et forme avec l'eau un
mélange intime, dans lequel il peut se produire des déplacements moléculaires tout à fait analogues, mais peut-être moins
faciles que dans un milieu parfaitement liquide. Une mince
gelée de colle forte donnerait la meilleure idée de l'état d'agrégation du protoplasma. Un petit grumeau de ce protoplasma
peut constituer, à lui seul, un être particulier et vivant, auquel
nous ne pouvons pas refuser le titre d'*animal*, eu égard à ses
manifestations vitales. Il se meut par ses forces propres et, en
apparence du moins, volontairement : il se nourrit de particules suspendues dans le liquide et qu'il absorbe; il croît, se
multiplie et meurt. Le mouvement, que nous considérons ici
plus particulièrement, se produit de deux façons. Parfois il sort
de la masse des prolongements isolés ; ces prolongements attirent peu à peu dans leur intérieur la plus grande partie de
la masse granuleuse, de sorte qu'il se produit un déplacement
de tout le grumeau et un véritable changement de lieu de
l'animal. D'autres fois, les prolongements sont retirés et il s'en
produit de nouveaux dans une autre place, de sorte que la direction du mouvement se trouve changée ; en un mot l'*animal
rampe*, au moyen de ses prolongements, sur la plaque de verre
où on l'a placé pour l'observer. On voit en même temps, à
l'intérieur du grumeau, des courants de granules ; mais une
observation plus attentive nous apprend que ce déplacement est
tout à fait passif, et qu'il s'agit ici d'un mouvement ondulatoire
du protoplasma.

5. Un mouvement tout à fait analogue à celui de ces animalcules spéciaux (qu'on a nommés *Amibes*) se présente aussi chez

---

1. Outre les granules, on remarque quelquefois, à l'intérieur du grumeau, un corps vésiculaire un peu plus grand, auquel on a donné le nom
de *noyau* ou de *nucléus*.

des êtres plus élevés en organisation et de nature végétale ou animale. Tous les êtres vivants sont, en réalité, composés de petits grumeaux de protoplasma analogues à ceux des Amibes. Il est vrai que la plupart de ces grumeaux de protoplasma ont perdu leur aspect et ont, par conséquent, changé aussi de propriétés. L'histoire du développement des diverses parties de l'organisme a, seule, pu nous apprendre que ces parties sont dérivées de masses protoplasmiques. Malgré cela nous retrouvons, même dans l'organisme complétement achevé, des parties isolées qui ressemblent par tous leurs caractères aux petits grumeaux protoplasmiques des Amibes et qui se meuvent comme eux. Lorsqu'on examine au microscope une gouttelette de sang, on y voit, comme on le sait, un nombre infini de corpuscules rouges auxquels le sang doit sa couleur. Mais, entre ces corpuscules rouges, on voit, par ci par là, des corpuscules incolores ou blancs, isolés, ronds ou déchiquetés, à protoplasma granuleux et à noyau. Si l'on a recueilli le sang sur un verre échauffé, et qu'on l'observe à une température de 35 à 40° C., on voit ces corpuscules exécuter des mouvements rapides, qui ressemblent absolument à ceux des Amibes et auxquels on a donné par conséquent le nom de *mouvements amiboïdes*.

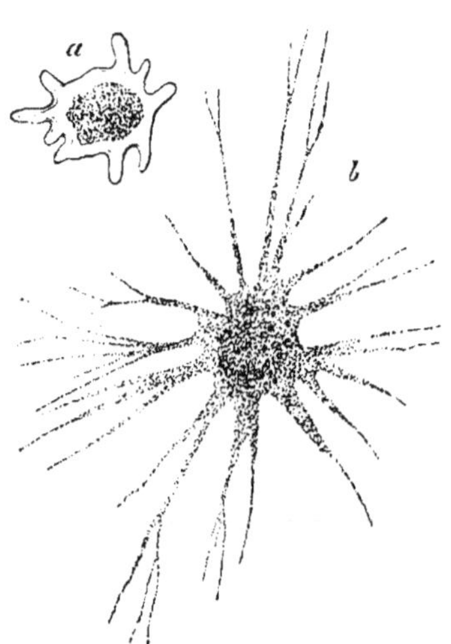

Fig. 1. — Amibes. — *a*, Amoeba verrucosa ; *b*, Amoeba porrecta.

Ces corpuscules émettent des prolongements et les retirent de nouveau, ils rampent de tous côtés sur le verre, en un mot ils se comportent tout à fait comme des Amibes ; ils prennent même au liquide sanguin qui les environne des molécules qu'on y a ajoutées, par exemple des matières colorantes, ils les mangent pour ainsi dire, et les rejettent de nouveau au bout d'un certain temps. On rencontre aussi, dans certaines parties d'organismes composés, la seconde forme de mouvement protoplasmique que nous avons décrit plus haut, c'est-à-dire le mouvement des petits granules moléculaires. Lorsqu'on examine au microscope les poils délicats de l'ortie, on voit que chacun de ces poils est formé par un sac ou utricule fermé ; une mince couche de protoplasma est étendue sur la face interne de la paroi de cet utricule. Ici nous avons déjà un exemple de transformation beaucoup plus compliquée du protoplasma primitif ; mais le protoplasma a encore gardé l'aptitude à exécuter des mouvements propres. Nous voyons dans cette masse protoplasmique des mou-

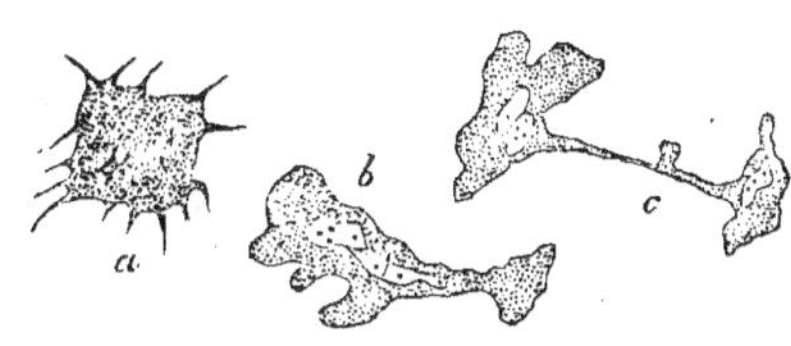

Fig. 2. — Globules blancs du sang du cobaïe, *a*, *b*, *c*. Formes diverses que peut prendre le même corpuscule.

vements ondulatoires qui entraînent les granulations et les font pour ainsi dire couler, comme cela se produit dans les Amibes. Le mouvement se fait pendant un certain temps dans un même sens, puis il se produit un arrêt subit et le mouvement recommence alors en sens contraire : quelquefois l'un des courants se divise, d'autres courants se réunissent, etc. Lorsque le protoplasma meurt (ce que l'on peut provoquer en échauffant les poils) tout mouvement cesse. Ce phénomène est donc lié aux propriétés vitales de la cellule.

6. Le grumeau protoplasmique libre, tel qu'il constitue les Amibes, est l'une des formes les plus simples d'organisme. De tels grumeaux peuvent aussi être réunis en groupes ; ils représentent alors une colonie d'organismes qui sont absolument similaires, mais dont chacun conserve encore une individualité complète. Mais parfois ils subissent des modifications, et, si ces modifications se produisent inégalement dans les cellules de la même colonie, il en résulte un organisme composé, à parties diversement conformées. Chaque partie a primitivement la valeur d'un organisme individuel complet, et on l'a par conséquent désigné

avec raison sous le nom d'*organisme élémentaire*. Mais, en même temps qu'il se produit un changement dans la forme, il se produit généralement aussi un changement dans les propriétés. De toutes celles que possédait le protoplasma sous sa forme primitive, les unes sont abolies; d'autres, au contraire, se développent séparément. Nous pouvons comparer une colonie composée d'organismes élémentaires équivalents, à une communauté se trouvant au dernier degré de l'échelle de la civilisation, où chaque membre est obligé d'exécuter à la fois tous les travaux nécessaires à la vie. Nous comparerons, au contraire, un organisme composé d'organismes élémentaires diversement modifiés et transformés, à un état moderne, dont chacun des membres est chargé de fonctions diverses. Les plantes et les animaux dont l'organisme est le plus développé appartiennent à cette dernière catégorie. Ils naissent d'abord d'un petit amas d'organismes élémentaires homologues (*cellules*); mais ces cellules se développent d'une façon très-diverse, se différencient, d'après l'expression scientifique, et possèdent finalement un aspect spécial et des fonctions diverses. Dans quelques-unes, la propriété de donner naissance à des mouvements, qui résidait primitivement dans tout protoplasma, est plus particulièrement développée; d'autres servent principalement à la sensibilité, qui est probablement aussi une des propriétés primitives du protoplasma. Nous parlerons plus longuement de ces propriétés dans les chapitres suivants. Mais, avant tout, nous voulons encore parler d'une forme de ces cellules transformées, chez lesquelles la propriété de produire des mouvements est déjà développée à un très-haut degré. Ces cellules sont capables de produire un mouvement propre du corps de la cellule, ou de l'animal chez qui la cellule se développe, ou enfin, lorsque ces cellules sont situées sur des tissus immobiles, elles peuvent servir à mouvoir des masses étrangères, introduire par exemple des matières alimentaires dans le corps.

7. Lorsqu'on saupoudre le palais d'une grenouille vivante, ou récemment tuée, d'une poudre légère, par exemple de charbon finement pulvérisé, on voit cette poudre cheminer assez rapide-

ment dans la direction de l'arrière-bouche. L'examen microscopique de la membrane qui recouvre le palais nous apprend qu'elle est recouverte d'une couche dense de cellules cylindriques, situées les unes à côté des autres, comme des palissades. Chacune de ces cellules est recouverte, à sa surface libre, d'une

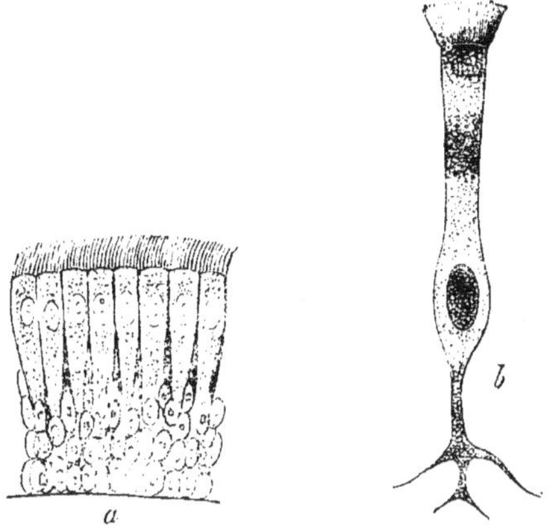

Fig. 3. — Cellules vibratiles.

grande quantité de *cils* fins, ou *cils vibratiles*, qui se meuvent constamment dans une direction déterminée, de façon à faire progresser continuellement, dans le même sens, les fluides qui imprègnent leur surface et tous les petits corpuscules qui y sont déposés. On désigne ce mouvement sous le nom de *mouvement vibratile*. Il existe fréquemment dans l'économie animale, par exemple dans le larynx et les bronches, où ce mouvement est dirigé de bas en haut et sert à pousser le mucus jusqu'au larynx, d'où il est alors expulsé par la toux. Beaucoup d'animaux inférieurs et sessiles possèdent une couronne de cils autour de leur bouche : ils produisent un tourbillon qui amène à la bouche l'eau et les corpuscules qui y nagent, et qui servent à la nourriture de l'animal. D'autres animalcules vivant dans l'eau sont recouverts, sur une partie seulement de leur corps, ou sur tout leur corps, de cils vibratiles, et tournoient ainsi dans l'eau. On rencontre aussi des corps qui, au lieu de posséder des cils vibratiles fins, ne montrent qu'un seul cil plus long et plus gros, un *fouet* dont les mouvements ondulatoires provoquent le déplacement de l'animal, comme une nacelle que l'on meut en faisant godiller le gouvernail, ou comme les tritons se meuvent par les ondulations de leur queue.

Mais tous ces mouvements ne mettent pas en jeu des forces aussi puissantes et ne donnent pas de résultats aussi apparents que ceux qui sont produits par les muscles. Les muscles des animaux supérieurs apparaissent sous deux formes différentes, comme *fibres musculaires lisses* et comme *fibres musculaires striées*. Les premières sont des cellules très-allongées et fusiformes, présentant un noyau en forme de bâtonnet et des extrémités aiguës souvent enroulées en tire-bouchon. Les fibres musculaires striées sont produites par la soudure ou par la fusion de plusieurs cellules, dont le contenu a subi de grandes transformations. Nous parlerons plus en détail de ces fibres musculaires et de leurs propriétés dans les chapitres qui vont suivre.

CHAPITRE II

LA CONSTITUTION DES MUSCLES

1. Muscles : leur forme et leur composition. 2. Structure intime des fibres musculaires striées. 3. Jonction des muscles et des os. 4. Os et articulations. 5. Loi d'élasticité. 6. Élasticité musculaire.

1. Les muscles sont des corps élastiques qui possèdent la faculté de changer de forme, c'est-à-dire de se raccourcir et de devenir plus épais. Ils constituent, dans le corps des animaux supérieurs, ces masses que l'on a l'habitude de désigner sous le nom de chair. Un examen plus attentif des muscles nous apprend qu'ils sont composés de faisceaux de fibres, qui se transforment à leurs extrémités en cordons blancs attachés habituellement aux os. Lorsqu'un muscle de ce genre se raccourcit, il exerce une traction sur l'os, par l'intermédiaire des cordons blancs dont nous venons de parler, et, comme les os sont mobiles, les uns par rapport aux autres, ils sont mis en mouvement par le raccourcissement musculaire. Tous les muscles ne sont cependant pas disposés de la même façon : quelques-uns servent de paroi à des sacs ou à des cavités et sont alors disposés circulairement, comme un anneau dont les fibres retournent sur elles-mêmes ; l'espace intérieur compris entre ces fibres est rétréci lorsque celles-ci se contractent et le contenu en est expulsé. Quoi qu'il en soit, les muscles servent toujours à produire des mouvements, soit d'un membre sur l'autre, soit de tout l'animal, soit enfin des masses contenues dans les cavités.

Nous limiterons d'abord nos considérations aux muscles reliés
à des os, et que l'on appelle à cause de cela muscles du squelette. Ces muscles peuvent présenter des formes diverses. Quelquefois ce sont des bandes plates et minces, ou des cordons
cylindriques souvent très-longs. D'autres muscles sont plus
épais au milieu qu'à leurs extrémités; on désigne alors la partie
moyenne du muscle sous le nom de ventre, et les extrémités
sous ceux de tête et de queue. Un certain nombre de muscles
ont deux ou plusieurs têtes, c'est-à-dire deux ou plusieurs cordons, partis de points différents du squelette, et qui se réunissent cependant en un ventre commun. Mais, quelque forme
que présente le muscle, il est toujours composé de fibres simples qui, réunies en faisceau, composent le muscle total.
Lorsqu'on isole une de ces fibres, elle est tellement fine qu'on
l'aperçoit à peine à l'œil nu; sous le microscope, et avec un
grossissement de 250 à 300, elle représente une espèce de boyau
composé d'une enveloppe dense et ferme et d'un contenu. Ce

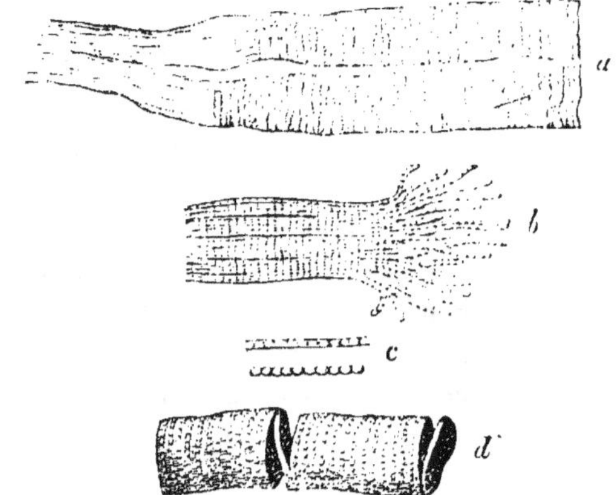

Fig. 4. — Fibres musculaires striées. — *a*, deux fibres séparées au milieu et reliées, à gauche, au tendon. — *b*, Une seule fibre dépouillée de son enveloppe et se divisant en
fibrilles. — *c*, Deux fibrilles isolées. — *d*, Fibre musculaire se divisant en disques.

contenu montre alternativement des lignes claires et d'autres
plus obscures, qui sont perpendiculaires à la direction longitudinale des fibres. Voilà pourquoi on a donné à ces muscles

le nom de *muscles striés*, afin de les distinguer d'une autre espèce que nous apprendrons à connaître plus tard. Pour nous faire une idée grossière de leur apparence, nous pouvons comparer ces muscles à un rouleau de monnaie dont toutes les pièces seraient transparentes mais alternativement plus claires et plus obscures. Quelques observateurs ont même prétendu que la fibre musculaire se compose de disques ainsi superposés. Lorsque l'on traite les fibres musculaires par divers réactifs chimiques, elles se divisent en effet en disques qui se tiennent encore un peu et imitent à s'y méprendre l'image d'un rouleau d'argent disjoint. D'autres réactifs dissocient au contraire les fibres longitudinalement, de façon à les résoudre en *fibrilles* extraordinairement ténues, mais qui font voir encore cette alternance de points sombres et clairs produisant l'effet de stries dans la fibre intacte. On peut en outre démontrer qu'une fibre musculaire, récemment extraite d'un animal vivant, doit posséder une organisation liquide ou au moins semi-fluide. Nous ne pouvons donc pas prétendre que la forme discoïdale ou fibrillaire préexiste dans le muscle, et nous sommes, au contraire, obligés d'admettre que ces apparences sont dues à l'action des réactifs, qui ont fait coaguler la masse primitivement fluide et l'ont ensuite fissurée, soit dans le sens transversal, soit dans le sens longitudinal.

2. Il est difficile de dire quelle est l'organisation véritable du muscle frais ou plutôt du muscle vivant. De nouvelles recherches, entreprises avec les microscopes perfectionnés et à grossissement considérable, ont fait entrevoir encore d'autres phénomènes que la simple alternance de stries obscures et claires. Mais ce sont surtout les recherches de E. Brücke, sur les phénomènes présentés par les fibres musculaires dans la lumière polarisée, qui sont d'une importance majeure pour comprendre la structure de ces fibres.

Les découvertes de la physique moderne démontrent, comme on le sait, que la lumière est produite par les ondulations d'un corps extrêmement subtil, répandu dans tout l'univers, pénétrant tous les objets, et qu'on a nommé l'éther. Ces ondula-

tions se propagent toujours perpendiculairement à la direction
du mouvement. Une particule d'éther peut vibrer suivant les
directions les plus variées dans ces plans supposés perpendiculaires aux rayons lumineux. Mais il y a des cas où ces particules ne se meuvent que dans un seul plan, et le rayon lumineux présente alors des propriétés particulières : on l'a nommé
rayon polarisé. Plusieurs cristaux ont la propriété de polariser
la lumière qui les traverse. Quelques-uns décomposent tout rayon
lumineux en deux autres rayons qui sortent séparément; on a
pour ce motif nommé ces corps *bi-réfringents*. Le spath calcaire
d'Islande, ou spath doublant, présente l'exemple le plus connu
de corps bi-réfringent. Brücke a démontré que, des deux substances qui produisent l'alternance des stries musculaires, l'une
laisse passer la lumière sans la modifier, tandis que l'autre
possède au contraire la propriété bi-réfringente. Or, comme
nous l'avons déjà dit, le contenu d'une fibre musculaire fraîche
n'est point solide; il est plutôt liquide ou au moins pâteux, et
des observations entreprises sur des muscles frais ont prouvé
que les stries ne sont point invariables, mais qu'elles présentent
des changements dans leur largeur et dans la distance qui les
sépare.

Brücke a, par conséquent, émis l'hypothèse que la substance
musculaire proprement dite est complétement homogène, mais
qu'elle renferme de petits corpuscules bi-réfringents qu'il a nommés disdiaclastes. Lorsque ces corpuscules sont accumulés et
régulièrement disposés en certains points, ils produisent en cet
endroit une double réfraction, tandis que les points intermédiaires, qui contiennent peu de ces corpuscules, ou n'en contiennent pas du tout, restent simplement réfringents. Lorsque l'on
éclaire les muscles que l'on examine, au moyen de la lumière
ordinaire non polarisée, lumière dans laquelle on ne peut point
reconnaître les propriétés bi-réfringentes, les premières places
paraîtront plus obscures, tandis que les dernières paraîtront
plus claires et feront ainsi naître l'image de la fibre striée.

3. Nous distinguerons donc, dans une fibre musculaire de ce
genre, le contenu et l'enveloppe qui le recouvre. Cette dernière

a reçu le nom de *sarcolemme*. C'est sur ce sarcolemme, surtout lorsqu'il a été traité par l'acide acétique qui fait gonfler la fibre et la rend plus transparente, que l'on remarque une série de noyaux allongés et pointus aux extrémités : ces noyaux se présentent aussi, çà et là, dans l'intérieur de la fibre. Les extrémités de ces fibres sont arrondies et enveloppées par le sarcolemme qu'il faut par conséquent considérer comme une espèce de sac complétement fermé. C'est à ces extrémités des fibres musculaires qu'aboutissent les cordons blancs dont nous avons parlé plus haut et qui se soudent intimement avec elles.

Ces cordons consistent en filaments étroits et denses qui présentent les caractères du tissu connectif. De même qu'un très-grand nombre de fibres musculaires se réunissent pour former le ventre du muscle, de même un grand nombre de ces fibres blanches se réunissent en cordons et constituent ce qu'on appelle les *tendons*. Ces tendons sont parfois courts, parfois très-longs et, d'après la forme du muscle, tantôt étroits, tantôt plus épais. Ils servent à relier les muscles aux os et transmettent à ces derniers la traction des muscles comme le feraient des cordes. Le plus souvent, l'un des deux os sur lesquels se fixe le muscle est moins mobile que l'autre, de sorte que, pendant la contraction du muscle, ce dernier os se rapproche du premier. Dans ce cas, on appelle origine du muscle le point où il se fixe à l'os le moins mobile, et attache le point d'insertion à l'os le plus mobile. C'est ainsi, par exemple, qu'il y a un muscle prenant son origine à l'omoplate et à la clavicule, et dont l'attache se fait à l'os du bras. Lorsque ce muscle se raccourcit, le bras qui se trouvait dans la position verticale, s'élève vers une position horizontale. Les muscles ne sont pas toujours fixés à deux os contigus. Parfois ils passent par-dessus un os pour ne se fixer qu'à l'os suivant. Ce cas se présente pour plusieurs muscles qui prennent leur origine au bassin, passent par-dessus l'os de la cuisse et se fixent à la jambe. Dans ces cas, le muscle peut produire deux mouvements différents : il peut, par exemple, redresser le genou, d'abord courbé, jusqu'à ce que la jambe forme une ligne droite avec la cuisse ; ou bien, il peut élever encore plus l'extrémité inférieure et la rapprocher ainsi du bassin. Mais parfois l'origine et le point d'attache intervertissent leurs rôles. Lorsque les deux jambes sont solidement fixées au sol, les muscles dont nous venons de parler ne peuvent pas les soulever : lorsqu'ils se raccourcissent, ils abaissent, au contraire, le bassin, qui constitue alors le point mobile, et ils courbent ainsi en avant tout le tronc. Si nous voulons, par conséquent, comprendre les mouvements des muscles du squelette, il faut d'abord étudier isolément les os qui le composent et leurs rapports.

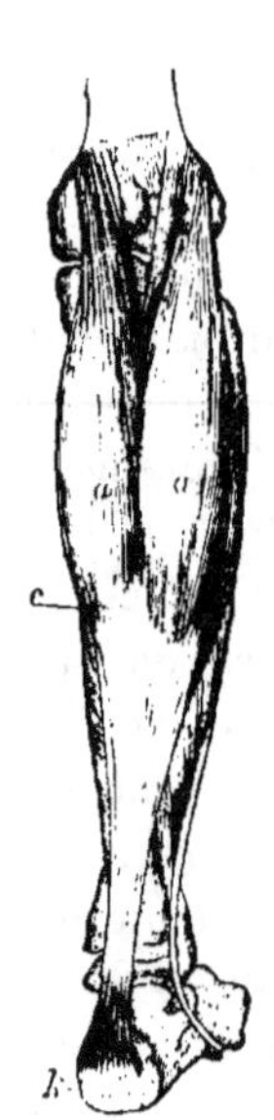

Fig. 5. — Le muscle gastrocnémien à deux têtes, *a a*. Le tendon commence en *c* et s'attache en *k* au calcanéum (os du talon).

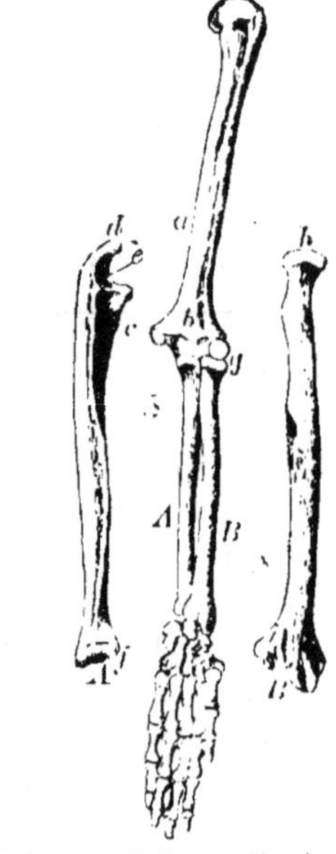

Fig. 6. — Os du bras. *a* Humérus, *A* cubitus, *B* radius, *b-g* surfaces articulaires du coude.

4. Les os sont divisés d'après leur forme en os plats, courts et longs. Les os plats, ainsi que l'explique leur nom, sont surtout étendus dans deux directions et présentent la forme de tables minces. Les os courts sont étendus dans trois directions à peu près égales et courtes. Pour les os longs, la direction longitu-

dinale prévaut de beaucoup sur les deux autres. Les extrémités, bras et jambes, sont surtout composées d'os longs. Le bras, par exemple, se compose d'un os long l'*humérus*, auquel viennent s'articuler deux autres os longs qui constituent l'avant-bras et qui ont reçu le nom de *radius* et de *cubitus;* puis viennent plusieurs os courts formant la base de la main, enfin la main elle-même. Celle-ci se compose de cinq os allongés, les *métacarpiens,* et de cinq doigts dont le premier présente deux divisions et les quatre autres trois divisions ou phalanges. Nous remarquons que tous ces os (à l'exception de ceux qui forment la base de la main) sont composés d'une partie médiane allongée, le *corps de l'os,* et de deux extrémités renflées. Le corps de l'os est creux, c'est pour ce motif qu'on appelle souvent ces os, des *os creux.* Les extrémités renflées sont arrondies et recouvertes d'une couche lisse et cartilagineuse. Les extrémités lisses de deux os contigus s'adaptent exactement l'une à l'autre, de façon que les os se meuvent aisément, parce que leurs surfaces terminales peuvent glisser l'une sur l'autre. On donne le nom d'*articulation* à la connexion de deux os, et celui de *surfaces articulaires* aux faces terminales des os qui sont en contact entre elles. Les mouvements que les os peuvent exécuter entre eux varient selon la forme que présentent les surfaces articulaires. Lorsque la surface articulaire présente la forme d'une section sphérique, les mouvements sont très-libres et peuvent être exécutés dans tous les sens. Les articulations de ce genre ont reçu le nom d'articulations sphériques. On en rencontre un exemple à l'extrémité supérieure de l'humérus, qui se termine par une surface sphérique s'emboîtant sur une surface correspondante de l'omoplate. Dans d'autres cas le mouvement ne peut s'exécuter que dans une seule direction, par exemple à l'articulation du bras et de l'avant-bras. Ce sont des articulations en charnière. Elles permettent de diminuer ou d'augmenter l'angle qui existe entre les deux parties. Il serait trop long d'énumérer ici tous les modes d'articulations et les divers mouvements qu'ils permettent d'exécuter ; nous avons voulu seulement indiquer de quelle façon l'action des muscles se trouve sous la dépendance des os entre lesquels ils s'étendent. Mais, pour nous rendre compte de la faculté que possèdent les muscles de se raccourcir, nous pouvons les détacher des os et les examiner isolément.

Les muscles des animaux à sang chaud conviennent peu à ces recherches ; les muscles des animaux à sang froid possèdent heureusement les mêmes propriétés, et conservent pendant long-temps, lorsqu'ils sont détachés du corps de l'animal, la faculté de se raccourcir, ce qui les rend précieux pour l'expérimentation. Nous nous servons habituellement de la grenouille pour cette sorte de recherches, d'abord parce qu'elle est commune, et ensuite parce qu'elle possède des muscles vigoureux. Après avoir décapité une grenouille, on sépare un muscle de la cuisse ou de la jambe, sans le déchirer. On peut alors fixer l'un des tendons au moyen d'une pince, et mettre l'autre tendon en communication avec un levier, qui remplace pour ainsi dire l'os, et dont les mouvements nous permettent d'observer le raccourcissement du muscle [1]. Nous pouvons aussi attacher des poids au levier et déterminer les fardeaux que le muscle parvient à soulever. Mais nous remarquerons alors que les poids attachés au levier allongent le muscle et l'allongent d'autant plus que le poids est plus lourd. Cet allongement est une conséquence des propriétés élastiques du muscle, et, avant d'entreprendre nos recherches sur le raccourcissement musculaire, il est nécessaire d'étudier d'abord plus exactement l'élasticité de ces organes.

5. Nous appelons *élastiques* les corps qui changent de forme sous l'influence d'une force extérieure, et reprennent ensuite leur forme primitive, lorsque l'action de cette force vient à cesser. Plus ces changements sont marqués, plus le corps est élastique. La force extérieure peut consister en une traction, qui étend le corps dans un sens, ou en une pression qui réduit le corps à un volume plus petit, ou encore en une traction ou pression qui courbe le corps. Dans le cas que nous avons à étudier, nous ne rencontrons que des tractions qui agissent dans le

---

1. Pour mieux fixer le muscle, il est bon de laisser, à l'un des bouts ou même aux deux, une portion de l'os en contact avec le tendon, et de fixer alors ces bouts d'os avec la pince.

sens longitudinal du corps et l'étendent : nous examinons, en
effet, l'*élasticité de traction* des muscles. Les physiciens ont fait
maintes expériences sur l'élasticité de traction des corps les plus
divers. Pour ces expériences, on prend de préférence des corps
de forme régulière, des barres, des fils, dont l'extension longitudinale dépasse de beaucoup l'épaisseur.

On fixe solidement, à une poutre de l'appartement, l'extrémité
supérieure d'un pareil corps, par exemple, d'un fil d'acier ou
de verre et on en mesure exactement la longueur. Si l'on attache
ensuite des poids à l'extrémité inférieure, on verra d'ab d que
l'extension produite est d'autant plus grande que le poids ou
le fardeau sont plus lourds, et ensuite, que cette extension est
aussi plus grande lorsque le fil est plus long. D'un autre côté,
l'extension sera d'autant plus faible, à longueur et à charge
égales, que le corps sera plus épais, c'est-à-dire qu'il présentera
un diamètre plus considérable. Ce dernier fait est facile à expliquer, en admettant qu'une barre ou un fil sont composés d'un
faisceau de bâtonnets, ou de fils très-fins, situés les uns à côté des
autres. Choisissons, par exemple, pour notre expérience, une
barre d'acier qui ait exactement un centimètre carré de surface
transversale ; nous pouvons nous imaginer que cette barre est
composée de 100 bâtonnets, de longueur égale, mais dont la
coupe transversale ne serait que d'un millimètre carré. Si nous
pendons à cette barre un poids d'un kilogramme = 1,000 gr.
chacun de ces bâtonnets étroits ne supporterait que 10 grammes. Comparons l'extension de cette première barre avec celle
d'une seconde, qui aurait même longueur, mais dont la coupe
transversale présenterait une surface double : nous pourrons
admettre que cette seconde barre est composée de 200 bâtonnets égaux, dont chacun aurait un millimètre carré de section
transversale. Le fardeau se diviserait donc sur 200 bâtonnets
égaux, et chacun ne porterait plus que 5 grammes. Il est donc
facile de comprendre pourquoi une barre d'épaisseur double,
chargée du même poids, s'allonge moitié moins. On peut
expliquer de la façon suivante pourquoi l'extension doit être
proportionnelle à la longueur du fil. Tout corps est composé,

d'après la théorie des physiciens modernes, d'un certain nombre de molécules ou de particules, toujours maintenues entre elles à des distances définies par des forces d'attraction et de répulsion. Quand on fixe la partie supérieure d'une barre et qu'on charge l'extrémité inférieure d'un poids, les molécules de ce corps sont éloignées les unes des autres d'une petite distance. La somme de ces petites distances forme l'extension totale que nous mesurons jusqu'au bas de la barre. Plus un corps est long et plus il contient de petites molécules ainsi adossées dans toute sa longueur ; plus, par conséquent, l'extension totale sera considérable, toutes choses égales d'ailleurs.

De ces observations, on a tiré, pour l'élasticité de traction, la loi suivante, confirmée depuis par des expérimentations très-exactes, à savoir, *que l'allongement d'un corps extensible est directement proportionnel à la longueur de ce corps et au poids qui y est appliqué ; et qu'il est au contraire inversement proportionnel à la section transversale de ce corps.* Cette loi est généralement connue sous la désignation de *loi d'élasticité de Hook et S'Gravesende.* Mais, pour connaître exactement l'allongement d'un corps particulier, il faut encore connaître un autre facteur qui dépend de la nature de ce corps ; car, toutes choses égales d'ailleurs, l'allongement constaté pour l'acier est différent de celui du verre, comme l'allongement du verre diffère de celui du plomb, etc., etc. Donc, pour calculer l'allongement de toute espèce de corps, il faut ramener les chiffres, donnés par l'expérience, à l'unité de longueur et de section transversale du corps et à l'unité du poids dont il est chargé. On obtient alors un chiffre qui exprime de combien un corps, de nature déterminée, et qui aurait une longueur d'un mètre sur une section transversale d'un centimètre carré, s'allongerait sous le poids d'un kilogramme. Ce chiffre qui, pour chaque corps spécial, comme acier, verre, etc., a une valeur constante, est nommé *coefficient d'élasticité* de ce corps.

6. On a aussi étendu ces observations à des corps organiques tels que le caoutchouc, la soie, les muscles, etc., etc., et l'on a remarqué chez eux certaines particularités qui doivent nous

intéresser plus spécialement. Avant tout, ces corps, — désignés sous le nom de corps mous, par opposition aux corps rigides que nous avons considérés jusqu'ici, — présentent une extensibilité beaucoup plus grande que les autres. En d'autres termes, à longueur et épaisseur égales, et sous une charge égale, ces corps organiques et mous s'allongent beaucoup plus que les corps inorganiques et rigides. Outre cette propriété, ils en présentent encore une autre qui leur est particulière. Lorsqu'on suspend un poids à l'extrémité d'un fil d'acier ou d'un autre corps inorganique, ce poids allonge le corps, qui conserve son allongement aussi longtemps que le poids y est suspendu ; lorsqu'on détache ce poids, le fil reprend sa longueur primitive. Les corps organiques présentent une propriété différente. Lorsque nous suspendons un poids à un fil de caoutchouc, nous remarquons que ce fil est allongé dans une certaine mesure ; si nous n'enlevons pas ce poids nous voyons le fil s'allonger encore plus, le poids descend toujours, lentement il est vrai, et toujours plus lentement encore au bout d'un certain temps. Mais, même après vingt-quatre heures, on observe encore une petite augmentation dans l'allongement du fil. Lorsqu'on détache alors le poids, le fil se raccourcit considérablement, mais ne reprend pas tout à fait sa longueur primitive, à laquelle il ne revient que graduellement au bout de plusieurs heures. Ce phénomène porte la désignation d'*extensibilité supplémentaire* des corps organiques. Cette extensibilité se retrouve très-visiblement dans les muscles et produit naturellement quelques difficultés pour l'évaluation exacte de l'extension musculaire, puisque les mesures varient d'après l'époque où la mensuration a lieu. Le procédé le plus exact consiste à ne considérer que l'extension qui se produit à l'instant même, en négligeant tout à fait l'extensibilité supplémentaire.

On a proposé des appareils divers pour étudier l'extensibilité élastique des muscles. Celui qui permet de l'étudier le plus exactement est l'appareil inventé par du Bois-Reymond, qui est représenté dans la figure 7. Le muscle est fixé d'une manière invariable à un support, le tendon supérieur étant soutenu par les mors d'une pince. On suspend, au tendon inférieur, au moyen d'un crochet fin, une petite verge portant des divisions métriques très-fines. Au-dessous de cette échelle, la vergette se bifurque en deux bras qui se réunissent un peu plus bas, et, dans l'espace qu'ils laissent entre eux, on suspend un plateau de balance pour les poids dont on veut charger le muscle. La vergette se termine enfin par deux minces plaques de mica, perpendiculaires l'une à l'autre, qui plongent dans un vase plein d'huile et empêchent ainsi l'appareil d'exécuter des oscillations latérales, tandis qu'elles n'apportent aucun obstacle aux mouvements d'ascension et de descente. Pour mesurer l'allongement musculaire, on examine l'échelle métrique de l'appareil au moyen d'une lunette d'approche, et l'on remarque quel trait de cette échelle correspond exactement au fil horizontal tendu dans la lunette. Puis on met un poids dans la balance et l'on examine l'allongement qui devient apparent par le déplacement de l'échelle métrique. Il est nécessaire, pour calculer exactement l'extensibilité musculaire au moyen des chiffres obtenus, de tenir compte du poids de l'appareil qui est suspendu au muscle.

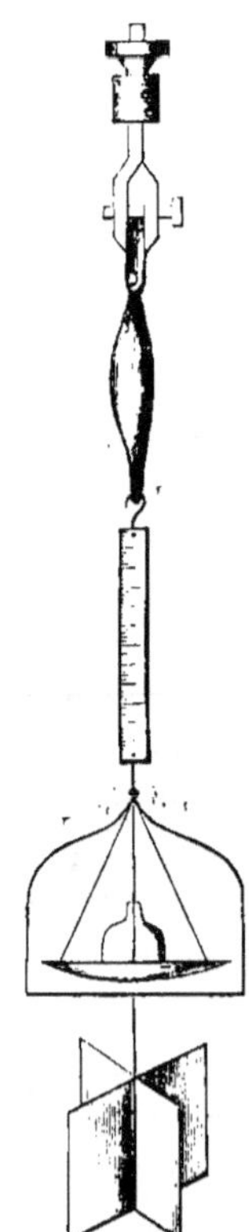

Fig. 7. — Appareil de du Bois-Reymond pour les expériences sur l'extension élastique des muscles.

On peut aussi expérimenter avec l'appareil mentionné plus haut, en mesurant l'extension musculaire par les déviations du levier qui y est attaché. Ce mode d'expérimentation devient très-commode, lorsqu'on relie au levier un appareil inscripteur marquant les mouvements du levier sur une plaque de verre enfumée placée devant lui. Les appareils construits sur cette donnée s'appellent des *Myographes*. Le myographe le plus simple est celui de Pflüger, qui se trouve représenté dans la fig. 8. Le corps, dont on veut rechercher l'élasticité, est suspendu par

le mors C, et relié au levier EE, dont la pointe touche le verre
enfumé. Le poids du levier est contre-balancé par le contrepoids H, et le levier est, par conséquent, maintenu en équilibre.

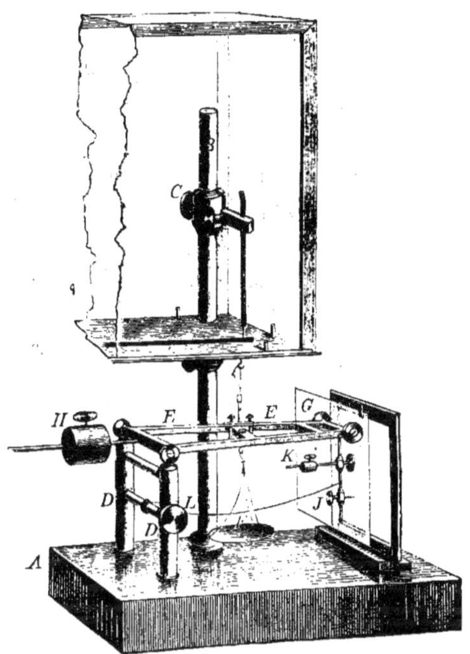

Fig. 8. — Myographe simple.

Lorsqu'on place des poids sur le plateau F, le levier descend et
trace sur le verre une ligne droite qui permet de calculer l'extension.

De quelque façon que l'on examine les muscles, ces organes
présentent encore une particularité qui ne se rencontre pas dans
les corps rigides, mais qui se retrouve cependant chez tous les
corps mous. Nous avons vu, pour l'acier par exemple, que
l'allongement est directement proportionnel au poids : c'est-à-
dire que, si un fil d'acier est allongé d'un millimètre par un
poids de 1 kilogramme, il sera allongé de 2 mm. par un poids

de 2 kilogrammes, de 3 mm. par 3 kilogrammes, etc. Le muscle et les autres corps mous réagissent d'après une autre loi. Ils sont proportionnellement plus extensibles par de petits poids que par des poids plus forts. Un muscle, par exemple, sera allongé de 5 millimètres par un poids de 10 grammes ; un poids de 20 grammes ne produira pas un allongement de 10 millimètres, mais peut-être de 8 seulement ; un poids de 30 gr. ne produira qu'un allongement de 10 millimètres, etc. L'allongement proportionnel du muscle décroît donc peu à peu avec l'augmentation de la charge, et devient à la fin insensible jusqu'à une limite où un nouveau poids ajouté déchire le muscle. Nous devons faire ressortir particulièrement ces faits, parce que les phénomènes d'élasticité jouent un rôle important dans l'action musculaire. Lorsqu'un muscle se raccourcit, il peut soulever un poids ; ce même poids allonge le muscle, et cette action contraire des deux forces — la tendance au raccourcissement et l'allongement élastique — produit, comme nous le verrons bientôt, un résultat final qui rend compte du travail accompli.

CHAPITRE III

1. Lorsque nous arrachons un muscle du corps d'une grenouille pour le fixer dans le myographe, dont nous avons parlé plus haut, nous ne le voyons jamais se raccourcir spontanément. Si par hasard il se raccourcissait, nous pourrions être certains qu'une cause externe, fortuite et inaperçue par nous, s'est exercée sur lui. Mais nous pouvons toujours produire le raccourcissement, lorsque nous pinçons le muscle avec un instrument, ou que nous le touchons avec un acide fort, ou que nous faisons agir sur lui des influences externes que nous apprendrons à connaître plus tard. Le muscle ne se raccourcit donc point par lui-même, mais il peut être forcé de se contracter : cette dernière propriété nous met à même de provoquer son raccourcissement quand nous le voulons. Nous pouvons ainsi étudier plus exactement la manière dont ce raccourcissement se produit et les phénomènes qui l'accompagnent.

Le myographe — qui, au moyen de sa pointe, trace, pour

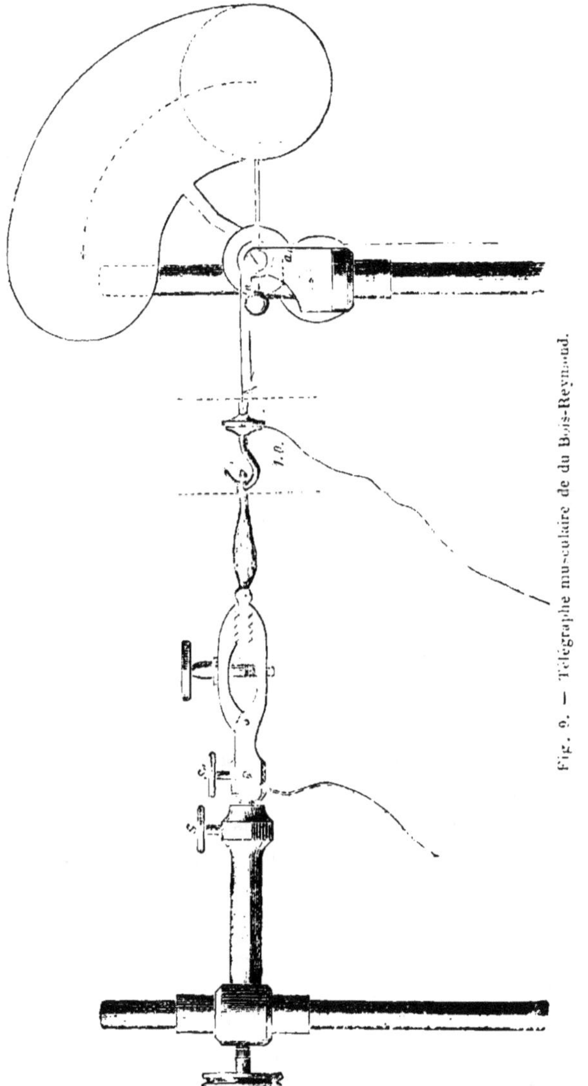

Fig. 6. — Télégraphe musculaire de du Bois-Reymond.

ainsi dire, le raccourcissement sur la plaque enfumée et permet ainsi de mesurer l'étendue de ce raccourcissement — nous rendra encore plus tard de grands services. Mais il n'est point très-commode pour atteindre le but que nous nous proposons actuellement, c'est-à-dire pour savoir si, dans certaines circonstances, il se produit ou non des raccourcissements. Nous le remplacerons donc par un appareil que du Bois-Reymond a surtout préconisé pour des expériences de cours, et qu'il a nommé *Télégraphe musculaire*. Le muscle est fixé, par un bout, dans une pince : l'autre extrémité est reliée, au moyen d'un crochet, à un fil enroulé autour d'un cylindre. Le cylindre lui-même porte une longue aiguille, à l'extrémité de laquelle se trouve un disque coloré. Lorsque le muscle se raccourcit, il fait tourner le cylindre et monter le disque, ce que l'on peut apercevoir très-facilement, même de loin. Un second fil, enroulé autour du cylindre, porte à son extrémité un bassin de laiton dans lequel on peut verser de la grenaille de plomb, pour charger le muscle plus ou moins fortement.

Les agents qui provoquent le muscle à se contracter, comme le pincement et le contact des acides, ont reçu le nom d'*irritants*, et l'on dit que le muscle est *irritable* parce qu'il est provoqué par ces agents à se raccourcir. Les irritants dont nous avons parlé plus haut sont mécaniques ou chimiques : ils ont le défaut de détruire ou d'altérer le muscle (au moins au point touché), de telle sorte qu'il cesse d'être irritable. Il y a une autre catégorie d'irritants qui ne possèdent point ce défaut. Lorsque nous réunissons la pince qui porte le bout supérieur du muscle et le crochet qui est fixé à son bout inférieur, avec les deux armatures d'une bouteille de Kleist ou de Leyde chargée, il se fait une décharge au moment de la réunion et la commotion traverse le muscle. Nous voyons le muscle se contracter au même instant et projeter le disque en l'air, par cette action subite. Pour recommencer la même expérience il faudrait charger de nouveau la bouteille ; mais nous pouvons produire des secousses électriques d'une façon plus commode au moyen de l'induction. Prenons deux cylindres recouverts de fils de cuivre et relions les deux bouts du fil qui recouvre l'un des cylindres aux deux extrémités d'un muscle. Nous faisons passer par l'autre cylindre *A* le courant électrique d'une batterie ; comme les deux cylindres sont parfaitement isolés l'un de l'autre, le courant qui passe par le cylindre *A* ne peut, en aucune façon,

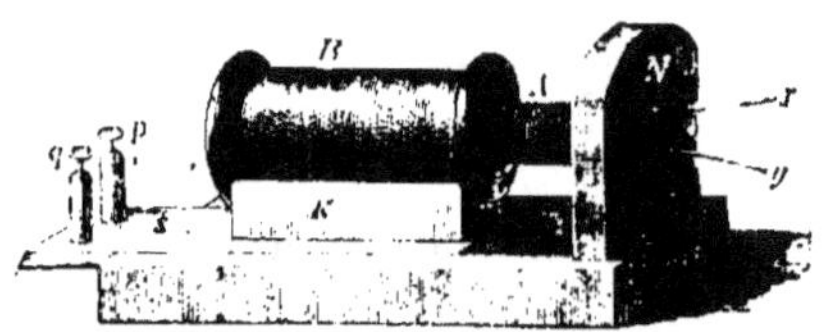

Fig. 10. — Bobines d'induction. La bobine *A* est reliée à la batterie par les fils *x* et *y* ; la bobine *B* est reliée au muscle par des fils fixés en *p* et *q*.

pénétrer dans le cylindre *B* ni dans le muscle qui y est relié. Mais, si nous interrompons subitement le courant qui traverse *A*, il se produira au même instant et tout aussi subitement un choc électrique ou *choc d'induction* dans le cylindre *B*. Ce choc passe à travers le muscle et l'irrite, c'est-à-dire qu'au moment même où nous interrompons le courant *A*, le muscle se raccourcit subitement et fait sauter en l'air le disque qui lui est relié. Le même phénomène se produit lorsque nous fermons de nouveau le courant de *A* et nous possédons, par conséquent, dans l'excitation électrique, un moyen simple et commode de produire, aussi souvent que nous le voulons, le raccourcissement musculaire. Nous appellerons désormais ce raccourcissement *secousse musculaire*, et on a reconnu, par les expériences décrites jusqu'ici, qu'un seul choc comme celui de la bouteille de Leyde, ou un choc semblable produit par un appareil d'induction, sont les moyens les plus commodes pour provoquer des secousses musculaires aussi fréquemment qu'on le désire.

Cependant, le courant produit par une batterie électrique peut lui-même agir comme excitant musculaire.

Lorsque nous relions un muscle aux deux pôles d'une batterie, c'est un courant constant qui le traverse. Coupons maintenant l'un des fils conducteurs en deux portions et intercalons-y une petite cupule remplie de mercure. Nous plongeons l'un des bouts du fil coupé dans le mercure, et nous l'y laissons en permanence : nous courbons l'autre bout en crochet que nous pouvons facilement plonger dans le mercure ou en retirer. Par ce dispositif nous pouvons, quand il nous plait, fermer le courant qui traverse le muscle ou l'interrompre. Que voyons-nous dans ce cas? Dès que nous fermons le courant, il se produit une secousse musculaire tout à fait semblable à celle que provoque un choc électrique. Le muscle se raccourcit, le disque est projeté et retombe. Mais ce disque ne revient point tout à fait à la place qu'il occupait précédemment, il reste un peu plus élevé et nous prouve ainsi que le muscle est raccourci d'une manière permanente. Ce raccourcissement dure aussi longtemps que le courant permanent traverse le muscle.

Si nous interrompons le courant, nous voyons quelquefois, mais pas toujours, une secousse qui produit le soulèvement du disque; alors seulement, le muscle reprend sa longueur primitive et reste dans cet état jusqu'à ce qu'un nouvel excitant vienne le toucher.

2. Nous voyons par ces essais que le muscle présente deux espèces de raccourcissements : l'un, de peu de durée, que nous avons appelé *secousse musculaire*, et un autre, aussi durable que celui qui est produit par un courant électrique constant. Nous pouvons aussi facilement provoquer ce raccourcissement de longue durée, en excitant le muscle à diverses reprises et rapidement, avec un agent qui par lui-même n'eût produit qu'une seule secousse. Les courants induits sont les agents qui se prêtent le mieux à ces expériences, puisque nous pouvons les produire facilement au moyen d'un autre courant que nous fermons et que nous ouvrons à volonté. Reprenons les deux cylindres ou *bobines* A et B (fig. 10). Attachons une pile électrique à la bobine A, et le muscle à la bobine B. Nous intercalons dans le circuit formé par la pile et la bobine A, un appareil qui nous permet d'ouvrir et de fermer rapidement et alternativement le courant. On se sert pour cela d'une roue (fig. 11) appelée *roue d'interruption*. Cette roue est faite d'une substance conductrice, de cuivre par exemple, et porte des dents à sa circonférence

comme la roue de rencontre d'une montre. Un ressort (*b*), fait en fil de cuivre, est appuyé sur la roue. L'axe de la roue et le ressort *b* sont reliés aux fils conducteurs au moyen des bornes à vis *d* et *f*. Quand le ressort est en contact avec l'une des dents de la roue, le courant passe par la roue et par conséquent aussi par la bobine *A*; mais ce courant est interrompu au moment où le ressort saute d'une dent à l'autre. Si nous faisons tourner la roue sur son axe, nous provoquerons donc alternativement l'ouverture et la fermeture du courant de la bobine *A*. Des courants induits naîtront donc à chaque instant dans la bobine voisine *B*, et parcourront successivement et très-rapidement le muscle. Chacun de ces courants irrite le muscle; mais comme

Fig. 11. — Roue d'interruption.

Fig. 12. — Marteau de Wagner.

ils se succèdent très-rapidement, celui-ci n'a pas le temps de se détendre et reste dans une contraction permanente. Nous appellerons *tétanos musculaire* cette contraction permanente d'un muscle, pour la distinguer d'une secousse simple.

Il y a encore une autre façon d'obtenir la fermeture et l'ouverture fréquemment répétée d'un courant : cela se fait à l'aide d'un appareil automatique mis en mouvement par le courant lui-même. On appelle cet appareil *marteau de Wagner* (voyez la fig. 12). Le courant de la pile est dirigé, par la colonne représentée à droite, dans le ressort en maillechort *oo* : sur ce ressort on a soudé une petite plaque de platine *c* qui est pressée par la force du ressort contre la pointe située au-dessus. De là, le courant passe à travers la spirale d'un petit appa-

reil électro-magnétique, et, après l'avoir traversé, retourne à la
pile par la borne située à gauche. Un barreau de fer doux n,
soudé au ressort oo, est situé immédiatement au-dessus de
l'électro-aimant. Lorsque ce barreau est attiré par l'électro-
aimant, il détache la petite plaque de platine c de la pointe supérieure et interrompt ainsi le courant. Mais, par ce fait même,
l'électro-aimant perd son magnétisme : il lâche le barreau de
fer et par conséquent le ressort, et la plaque de platine est de
nouveau poussée contre la pointe par la force du ressort. Le
courant est donc fermé une seconde fois ; l'électro-aimant reprend sa force, attire encore le barreau de fer, et interrompt le
courant ; puis les mêmes phénomènes se répètent, tant que la
pile communique avec la colonne de droite et la borne située
à gauche. Veut-on se servir de ce marteau pour produire des
courants induits, il faut intercaler la bobine A (de l'appareil,
fig. 10), entre les deux bornes dessinées à droite [1].

On peut relier d'une manière permanente à la bobine A

Fig. 13. — Machine inductrice à chariot de du Bois-Reymond.

un marteau de Wagner simplifié. On place la bobine B sur un
chariot glissant dans une rainure et pouvant, par conséquent,

1. Lorsque le marteau de Wagner doit fonctionner seul, il faut unir les
deux bornes dont nous venons de parler par un fil de cuivre : c'est alors seulement que la transmission du courant entre la pointe et l'électro-aimant
est complétée.

s'approcher ou s'éloigner de la bobine A. Par ce dispositif, on peut à volonté graduer la force des courants induits que l'on veut produire. L'appareil est représenté fig. 13. La seconde bobine, celle qui donne naissance aux courants induits, est ici désignée par la lettre i; la première, à travers laquelle passe le courant constant, porte la lettre e : l'électro-aimant se trouve en b ; h est la barre de fer doux, f la vis dont la pointe correspond à la face supérieure de la plaque de platine du ressort de maillechort et qui produit l'interruption ou la reprise du courant. Cet appareil a reçu le nom d'*appareil d'induction à chariot*. Pour le faire fonctionner, nous n'avons qu'à relier la bobine i avec le muscle et à intercaler la pile entre les colonnes a et g. Le jeu du marteau commencera immédiatement, et les courants induits, produits en e, traverseront le muscle qui se contractera tétaniquement.

Au lieu de relier immédiatement le muscle à la bobine i, nous ferons mieux d'amener les fils dans les bornes b et c de l'appareil figuré ci-contre (fig. 14), auquel on a donné le nom de *levier-clef à tétaniser*. Ces mêmes bornes fixent deux autres fils qui se rendent au muscle. Lorsque l'appareil à induction est en mouvement, le muscle sera tétanisé ; mais dès que nous faisons descendre le levier d, de façon à faire communiquer les bornes b et c, le courant de la bobine i pourra traverser le levier. Ce levier est formé d'une pièce courte et épaisse de laiton, qui par conséquent ne présente presque pas de résistance au courant, tandis que le muscle lui en présente une forte : par conséquent le courant traversera presque en entier le levier et rien ne passera par le muscle. Le muscle restera donc en repos. Mais dès que nous relevons le levier, les courants

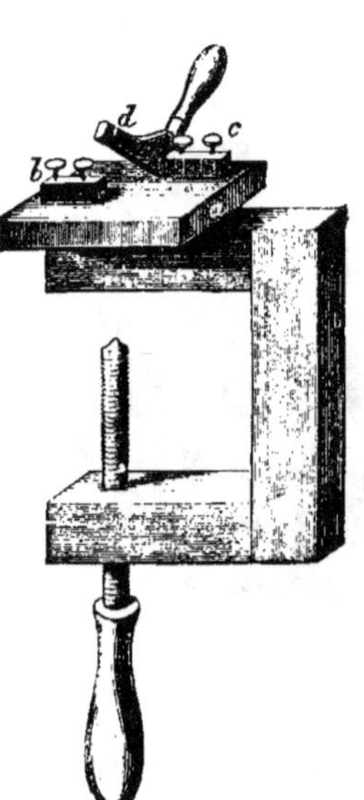

Fig. 14. — Levier-clef à tétaniser, de du Bois-Reymond.

induits sont de nouveau forcés de passer par le muscle. Une pression sur le levier *d* suffit par conséquent pour faire naître le tétanos ou pour le détruire, et, de cette manière, nous sommes mis en état d'étudier plus exactement ce phénomène musculaire.

Nous avons appris maintenant à connaître le muscle à deux états différents : d'abord à l'état normal, c'est-à-dire à celui où il est d'ordinaire dans le corps, ou lorsqu'il en est séparé, et ensuite à l'état de raccourcissement produit par des irritants. Nous nommerons le premier état *repos musculaire* et le second *activité musculaire*. L'activité musculaire se présente sous deux formes, soit comme raccourcissement subit et unique, la *secousse musculaire*, soit comme raccourcissement durable ou *tétanos*. Ce dernier est plus facile à observer à cause de sa longue durée. On peut étudier un grand nombre de problèmes, soit sur le muscle éprouvant des secousses, soit sur le muscle tétanisé. Nous nous servirons donc, suivant les circonstances, tantôt de l'une, tantôt de l'autre de ces méthodes d'irritation, pour étudier les questions qui vont suivre.

3. Lorsque nous chargeons un muscle, c'est-à-dire lorsque nous lui attachons un poids, ce muscle est capable de soulever cette charge, dès qu'il est mis en activité. il soulève ce poids à une hauteur déterminée, et produit, par conséquent, un travail : ce travail, nous pouvons l'évaluer en chiffres d'après les principes de la mécanique, c'est-à-dire en multipliant le poids de la charge par la hauteur à laquelle ce poids a été élevé. Cette hauteur peut être appelée *hauteur de soulèvement* du muscle, et on peut la mesurer au moyen du myographe dont nous avons déjà parlé. Lorsque nous attachons un poids au levier, le muscle est d'abord allongé. Nous mettons alors en contact le stylet du myographe et la plaque enfumée, et nous faisons contracter le muscle en soulevant le levier-clef, et en permettant ainsi aux courants induits de traverser le muscle. Le muscle se raccourcit, et la hauteur de soulèvement est tracée sur la plaque enfumée par une ligne verticale. Si nous faisons ainsi une série d'expériences avec le même muscle, mais avec des poids divers, nous remarquerons que le muscle n'est point capable de soulever tous

les poids à la même hauteur. Quand les poids sont faibles, la hauteur de soulèvement est grande. A mesure que la charge augmente, la hauteur de soulèvement diminue, et finalement, elle devient insensible pour une charge déterminée. La figure 15 reproduit une série d'expériences de ce genre. Le chiffre placé sous chaque trait vertical indique le poids de la charge soulevée, exprimé en grammes : la hauteur des traits est le double de la véritable hauteur de soulèvement, car notre appareil grandit deux fois les distances. Dans l'intervalle compris entre

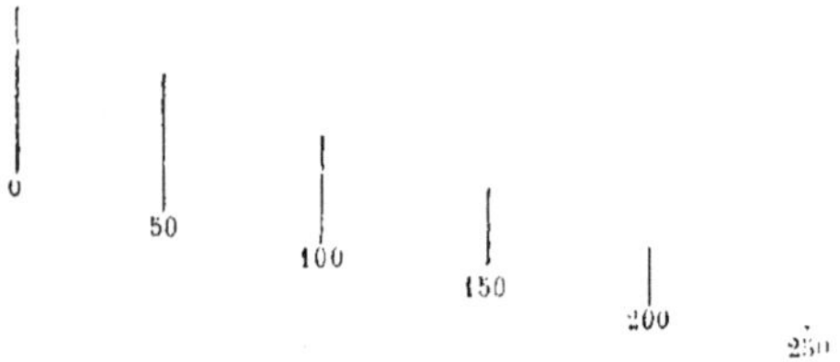

Fig. 15. — Hauteur à laquelle sont soulevés des poids différents

deux expériences, on avait soin d'avancer un peu la plaque enfumée pour que les hauteurs de soulèvement fussent dessinées l'une à côté de l'autre. La hauteur de soulèvement désignée par 0 avait été faite avec le muscle non chargé. Le poids du levier portant le stylet avait été équilibré par un contrepoids. L'on voit par le dessin que la hauteur du soulèvement 0 est la plus forte. Les hauteurs de soulèvement suivantes débutent toutes à des points situés plus bas que la première, parce que le muscle avait été d'abord allongé par la charge qu'on y avait suspendue. Mais ils s'élèvent aussi à des hauteurs de moins en moins fortes, et finalement, avec un poids de 250 grammes. cette hauteur devient nulle.

Nous voyons donc, par cette série d'expériences, que la hauteur à laquelle la charge est soulevée devient de plus en plus petite lorsque la charge augmente. Quelles conséquences tirer de là, au point de vue du travail musculaire? Pour la charge 0, la hauteur de soulèvement est considérable ; mais, comme rien n'a été soulevé, le travail produit est aussi = 0. Pour la charge la plus forte, celle de 250 gr., la hauteur de soulèvement est $= 0$, et par conséquent, le travail musculaire est encore nul. Ce n'est que pour les poids intermédiaires que le muscle a produit un travail, et ce travail allait s'accroissant jusqu'à la charge de 150 gr. ; à partir de là, il diminuait de nouveau. En effet, si nous calculons le travail produit par chaque secousse musculaire marquée dans le tableau, nous obtiendrons les valeurs suivantes :

Charge..................	0	50	100	150	200	250
Hauteur de soulèvement.	14	9	7	5	2	0
Travail produit..........	0	450	700	750	400	0

Nous obtiendrons les mêmes résultats en expérimentant sur d'autres muscles, et nous pouvons poser comme règle générale que, pour chaque muscle, il y a une charge déterminée forçant le muscle à donner la plus grande somme de travail : avec des charges plus faibles ou plus fortes, le travail sera moindre. Mais la valeur des hauteurs de soulèvement sous une même charge n'est pas toujours la même pour des muscles différents. Lorsque nous comparons entre eux des muscles épais et des muscles minces, nous nous apercevons de suite que les muscles épais sont moins allongés par des charges croissantes, et que la diminution de la hauteur de soulèvement, sous des charges croissantes, est moins rapide que pour les muscles minces : de sorte que les muscles épais peuvent soulever des charges beaucoup plus considérables que les autres. D'un autre côté, nous remarquons aussi que la hauteur de soulèvement est d'autant plus forte que les fibres du muscle sont plus longues. Les hauteurs de soulèvement, sous la même charge, s'accroissent en proportion de la longueur des fibres. Ces hauteurs diminuent lorsque les charges augmentent, mais beaucoup plus rapidement avec les muscles minces qu'avec les muscles épais.

4. Pour calculer le travail produit par un muscle, nous ne considérons que le soulèvement de la charge. Mais, avec les

méthodes habituelles d'irritation du muscle, le poids soulevé retombe de nouveau après chaque secousse. Le travail produit est perdu et probablement transformé en chaleur. On peut cependant retenir le poids à la hauteur où le muscle l'a soulevé. A. Fick a atteint ce but d'une façon très-ingénieuse. Il attache le muscle à un levier léger qui entraîne une roue en se soulevant, et la laisse immobile quand il retombe. Autour de l'axe de la roue se trouve enroulé un fil auquel est suspendu un petit poids. Au moyen de cette disposition, chaque secousse musculaire fait tourner la roue d'une petite quantité et par conséquent soulève lentement le poids. Si l'on provoque plusieurs secousses musculaires les unes après les autres, le poids monte un peu plus haut à chaque secousse, et l'on obtient en fin de compte la somme du travail produit isolément par chaque secousse. C'est pour ce motif que Fick a donné à son appareil le nom de *collecteur de travail*. Ce collecteur du travail est un appareil de même genre que ceux dont on se sert en grand pour additionner le travail produit par des efforts musculaires isolés. Lorsque les ouvriers soulèvent des fardeaux, au moyen de treuils ou de crics, on a soin d'ajouter à l'axe de ces instruments une roue d'arrêt avec un crochet d'enrayure, qui permet la rotation dans un sens mais l'empêche dans le sens opposé. Les efforts musculaires isolés qui soulèvent la charge peuvent alors s'additionner : les ouvriers peuvent même interrompre le travail, sans que les résultats du travail déjà fait soient détruits par la chute de la charge.

Les phénomènes présentés par le tétanos musculaire diffèrent de ceux des secousses isolées. Dans le tétanos, le muscle fournit d'abord du travail, puisqu'il soulève la charge; mais en outre, par ses efforts, il empêche le poids de tomber. Nous pouvons donc distinguer une *hauteur de soulèvement* et une *hauteur de soutien*, c'est-à-dire la hauteur à laquelle la charge est maintenue pendant quelque temps. Dans cet acte, le muscle ne produit point de travail au sens mécanique, car le travail consiste dans le soulèvement d'un poids. Lorsque je soulève une pierre à la hauteur d'une table, je produis un travail déterminé; si je place

cette pierre sur la table, elle exercera une pression à cause de sa
pesanteur ; la table l'empêchera de tomber, mais on ne pourra
pas dire que la table produit un travail. Il en est de même du
muscle. Quand, au moyen des muscles du bras, je soulève un
fardeau à la hauteur de l'épaule, et que j'étends ensuite ce bras
horizontalement, les muscles empêcheront le fardeau de tomber ;
ils jouent par conséquent le même rôle que la table et ne produisent point de travail dans le sens mécanique. Cependant
chacun sait combien il est difficile de tenir un poids quelconque de cette façon pendant quelque temps, et nous sentons
bientôt, à la fatigue qui nous envahit, que nous exécutons un
travail physiologique. Nous pouvons désigner ce travail sous la
dénomination de *travail intérieur* du muscle, par opposition au
travail extérieur qu'il exécute en soulevant un poids.

5. En quoi consiste d'une manière générale le travail musculaire ? Nous sommes autorisés à croire qu'ici, comme dans les
autres cas, le travail ne naît pas spontanément, mais qu'il est
produit aux dépens d'un effort.

Examinons le muscle à l'état d'activité : il s'y opère des
réactions chimiques qui, il est vrai, ne sont pas encore complétement connues dans leurs détails, mais qui semblent être produites par l'oxydation d'une partie de la substance musculaire,
puisqu'elles sont accompagnées de production de chaleur et
d'acide carbonique. Sous ce rapport, le muscle se comporte de
la même manière qu'une machine à vapeur, dans laquelle il
y a production de travail sous l'influence d'un dégagement de
chaleur et d'une formation d'acide carbonique. Ce qu'il y a
d'évident, c'est qu'une partie des principes constitutifs du
muscle est oxydée pendant l'activité musculaire, et que l'énergie
rendue libre par cette réaction chimique devient la source du
travail musculaire. Nous pouvons démontrer qu'il y a production de chaleur, même dans une secousse musculaire unique ;
mais, dans le tétanos, cette production est bien plus considérable, et, comme la chaleur n'est qu'une forme différente de
mouvement, nous pouvons en conclure que, pendant le tétanos,
toute la force produite par les réactions chimiques est convertie

en chaleur; au contraire, dans le soulèvement d'un fardeau, au début du tétanos ou pendant une secousse musculaire, une partie de cette chaleur est convertie en travail mécanique.

Un autre fait vient encore démontrer qu'il y a nécessairement des mouvements intérieurs dans le muscle tétanisé, malgré son repos extérieur apparent. Le muscle tétanisé produit en effet un bruit ou un son. Lorsqu'on applique un stéthoscope sur un muscle du bras par exemple, et qu'on fait contracter ce muscle, on perçoit un bourdonnement grave. On peut encore entendre ce bruit, mais plus distinct et plus clair, en se bouchant les oreilles avec de la cire et en contractant les muscles du visage; ou bien aussi en introduisant exactement le petit doigt dans le conduit auditif externe et en contractant les muscles du bras : dans ce dernier cas les os du bras conduisent le son jusqu'à l'oreille. Ce bruit musculaire démontre qu'il se produit des vibrations dans l'intérieur des muscles, quoique la forme extérieure de ces organes ne soit que très-peu altérée.

Nous avons trouvé que le tétanos, qui paraît continu, peut être produit par une succession rapide d'irritations, et Helmholtz a prouvé que chacune de ces irritations produit une vibration correspondante. En effet, lorsqu'on fait varier le nombre des excitations, le son musculaire change et la hauteur de ce son correspond toujours exactement au nombre des excitations qui touchent le muscle. Comme nous ne voyons pas de changement de forme dans le muscle tétanisé, le fait ne peut provenir que de mouvements intérieurs des particules composant le muscle, mouvements qui produisent le son sans altérer en rien la forme extérieure. Il se passe quelque chose d'analogue dans les barreaux au sein desquels on peut faire naître des vibrations longitudinales et qui produisent également un son, sans que nous puissions apercevoir la moindre altération de leur forme extérieure.

Mais il se présente de suite une autre question : combien faut-il de ces excitations particulières pour produire une contraction continue du muscle? Le marteau de Wagner, que nous venons de décrire (fig. 12), ou la roue d'interruption (fig. 11) nous permettent de graduer le nombre des excitations produites. On trouve ainsi que 16 à 18 excitations simples par seconde suffisent pour produire une contraction permanente du muscle. Chez l'animal vivant, et dans la contraction volontaire des muscles, la tétanisation musculaire paraît être produite par le même nombre d'excitations. On a constaté en effet que le son perçu pendant la contraction volontaire des muscles est un *do* ou un *ré* de première octave, ce qui correspond à 32 ou 36 vibrations par seconde. Helmholtz croit même que ces chiffres ne sont point l'expression exacte du nombre des vibrations musculaires et que les muscles n'en exécutent que la moitié. Mais, comme un son aussi grave reste imperceptible à notre oreille, nous percevons à sa place le son supérieur, qui correspond à un nombre double de vibrations [1].

6. Nous avons jusqu'ici considéré le raccourcissement musculaire à lui seul. Ce raccourcissement fournit en effet l'unique donnée nécessaire pour calculer le travail produit, c'est-à-dire le soulèvement des poids. Mais, lorsque nous examinons un muscle contracté, nous voyons que ce muscle ne s'est pas seulement raccourci : il est aussi devenu plus épais. On peut se demander si ce muscle a conservé son volume primitif, sans altération aucune, ou si sa masse s'est condensée. Il n'est pas facile d'obtenir à cet égard des renseignements exacts, car le changement de volume d'un muscle est certainement très-faible. Des expériences concordantes de P. Erman, de E. Weber, etc., ont prouvé qu'il existe en effet une petite diminution dans le volume du muscle. Mais n'oublions pas que le muscle se compose d'une substance humide et que les trois quarts environ de son poids consistent en eau : il faudrait donc que la faible diminution de volume constatée fût produite par une pression très-forte, puisque les liquides sont très-difficilement compressibles, à moins qu'une partie du liquide ne soit exprimée à travers les pores du sarcolemme.

---

1. D'après Preyer certaines personnes peuvent percevoir des sons de 15 à 25 vibrations seulement par seconde, et, d'après lui, le son musculaire ressemble beaucoup au son de 18 à 20 vibrations, ce qui s'accorde très-bien avec les données de Helmholtz.

Le changement de forme qu'éprouve chaque fibre musculaire en particulier est certainement plus important que le changement de forme du muscle total. On peut observer ce changement, sur des muscles minces et plats, au moyen du microscope, et il est facile de constater que chacune des fibres devient plus courte en même temps que plus épaisse. Quand on met un muscle de ce genre sur le porte-objets du microscope, il semble conserver son raccourcissement lorsque l'irritation a disparu. Mais en réalité les fibres reprennent immédiatement leur longueur primitive dès que l'irritation a cessé, en se pliant en zigzag tant qu'elles ne sont point de nouveau tendues par une force extérieure. Je mentionne ici ce fait, parce qu'il a un intérêt historique. En effet, les premiers observateurs qui ont vu ce phénomène (Prévost et Dumas) ont cru que le raccourcissement des muscles était dû à ce plissement de la fibre musculaire. Ils n'étaient point alors à même de produire, avec leurs appareils imparfaits, une irritation durable du muscle, et ils ont ainsi confondu l'état de relâchement musculaire avec l'état de contraction.

7. Nous allons étudier maintenant un des phénomènes les plus curieux de la physiologie générale des muscles, c'est-à-dire le changement qu'éprouve l'élasticité pendant la contraction musculaire. E. Weber, qui a suivi le premier avec précision les phénomènes de la contraction, avait déjà démontré que le muscle en activité était plus fortement allongé par le même poids que le muscle inactif. Ceci est d'autant plus étonnant que le muscle devient plus court et plus épais pendant la contraction et que par conséquent il devrait être moins long. Nous avons vu plus haut, en effet, que l'allongement par un poids déterminé est d'autant plus fort que le corps est plus long, et d'autant moins fort que ce corps est plus épais. Si cependant un muscle actif est plus allongé, par le même poids, qu'un muscle inactif, il faut en conclure que ce phénomène est produit par un changement de l'élasticité musculaire. Il est très-difficile de dire comment ce changement se produit. Mais nous pouvons expliquer les phénomènes de la contraction en admettant que le muscle possède *deux formes* naturelles : la première est celle

qu'il prend à l'état de repos : la seconde, celle qu'il possède pendant l'état actif. Lorsqu'un muscle en repos est forcé, par une irritation, de passer à l'état actif, le début de ce mouvement lui donne une forme qui n'est plus sa première forme naturelle; il se raccourcit alors jusqu'à ce qu'il ait pris sa seconde forme naturelle. Le muscle est-il tendu par un poids, l'irritant l'oblige bien encore à se contracter, mais seulement jusqu'à une longueur correspondante à l'extension qu'a produite le poids sur

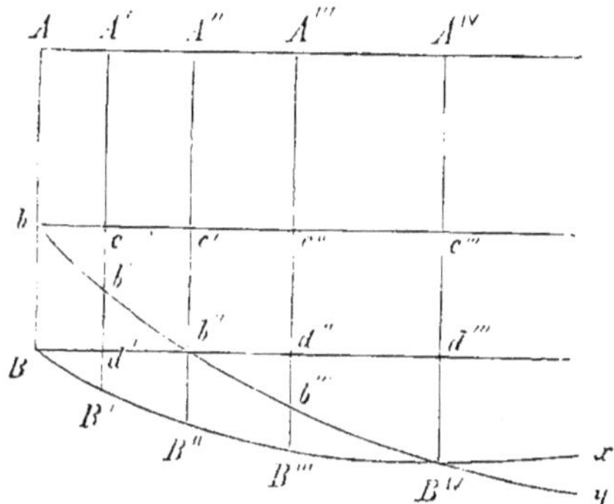

Fig. 16. — Changements d'élasticité pendant la contraction.

sa forme nouvelle. Supposons que AB (fig. 16) soit la longueur du muscle en repos et non chargé, Ab la longueur du muscle en travail et non chargé. Lorsque le muscle en repos sera irrité il se raccourcira nécessairement de la quantité $AB - Bb = bB$; bB est par conséquent la hauteur de soulèvement du muscle non chargé. Si le muscle est chargé d'un poids p, il sera allongé, pendant le repos, d'une quantité déterminée $B'd'$ en sorte que sa longueur est $AB + B'd' = A'B'$. Lorsque nous l'irritons en ce moment, il se contractera et prendra une longueur qui sera nécessairement égale à $Ab + cb' = A'b'$, puisque Ab est la longueur naturelle du muscle actif et sans charge et cb' l'allongement que le muscle subit par le même poids p. $A'B' - A'b' = b'B'$ est donc la hauteur de soulèvement du muscle lorsqu'il est chargé du poids p. Nous avons appris, par des expériences antérieures, que la hauteur de soulèvement diminue avec des charges croissantes. La hauteur de soulèvement bB avec la charge 0 est, par conséquent, plus forte que celle $b'B'$, quand le muscle est chargé de p. Il résulte de là, que l'allongement cb' doit être plus grand que l'allongement $d'B'$ ou, en d'autres termes : le même poids p produit un allongement plus grand du muscle actif que du muscle en repos. Con-truisons, d'après ces principes, les courbes d'allongement du muscle actif et du muscle en repos; nous obtiendrons, pour le premier, la courbe $bb'y$, et pour le second la courbe $BB'x$ qui se rapprochent graduellement et se rencontrent enfin au point B^{iv}. Ce point B^{iv} qui correspond au poids P, nous indique qu'avec cette charge les longueurs du muscle actif et du muscle inactif sont égales. Lorsque par conséquent le muscle est chargé du poids P et que nous l'irritons, nous n'obtiendrons plus de hauteur de soulèvement. Le muscle n'est pas capable de soulever ce poids, fait que nous avons déjà rencontré dans nos premières recherches [1].

Mais considérons encore un fait très-intéressant qui ressort de ces expériences sur les changements qu'éprouve l'élasticité musculaire. Pour une certaine charge k, l'allongement du muscle actif est égal à $c'b''$, c'est-à-dire que le muscle actif atteint absolument la même longueur que le muscle inactif et sans charge. Nous pouvons disposer notre expérience de façon que le muscle en repos ne soit pas allongé par le poids k. Pour cela nous attachons ce poids au muscle, mais nous le soutenons par un support de façon qu'il ne puisse pas allonger le muscle ; si nous irritons alors ce dernier, il ne pourra évidemment pas soulever le poids. En recherchant quel est le poids qui suffit exactement à produire ce résultat, nous trouverons évidemment une valeur pour exprimer l'énergie avec laquelle le muscle tend à passer de son état naturel à l'état de raccourcissement. On appelle cette énergie la *force du muscle*. Nous apprendrons plus tard à connaître un moyen de mesurer exactement cette force.

8. Dans toutes les recherches entreprises jusqu'ici, on a vu que

1. Voyez, à l'Appendice : Remarques et Additions, n° 1.

les muscles éprouvant une seule secousse agissent absolument comme les muscles tétanisés. Ce que nous avons dit de la hauteur de soulèvement et du travail mécanique qui en dépend, ainsi que du changement d'élasticité, convient aussi bien aux secousses qu'au tétanos. Le changement de forme seul peut être difficilement observé, à cause du temps infiniment court pendant lequel s'effectue la secousse ; mais on est parvenu à obtenir, même dans ce cas, des évaluations exactes, surtout depuis que Helmholtz, en 1852, s'est occupé de ce sujet.

L'art de l'expérimentation possède des méthodes diverses pour mesurer exactement des durées de temps très-brèves et étudier des phénomènes de courte durée pendant cet intervalle. Non-seulement on a pu mesurer la vitesse d'un boulet, depuis le moment où il s'échappe par la bouche du canon jusqu'au moment où il atteint son but, mais on a encore pu calculer le temps, beaucoup plus court, qu'il faut à l'explosion de la poudre. Seule la durée d'une étincelle électrique a échappé jusqu'à présent à toute mesure. Nous pouvons donc la considérer comme instantanée, ou du moins comme plus petite que toute grandeur mensurable. Certains observateurs estiment cette durée à moins de $1/24000$ de seconde.

Les moyens de mesurer des laps de temps très-courts, ceux du moins dont on se sert le plus avantageusement, consistent d'abord à faire dessiner, sur une surface plane qui se déplace rapidement, le phénomène qu'on veut mesurer, ou bien à se servir d'un courant électrique dont l'action sur un aimant dépend de la durée de ce courant. Les deux méthodes ont été employées pour les expériences sur les muscles.

Supposons une surface plane, par exemple une plaque de verre, mue dans son propre plan avec une grande vitesse : il est évident qu'un stylet dirigé perpendiculairement à cette plaque de verre dessinera sur elle une ligne droite. Si la plaque est enfumée, cette ligne deviendra visible. Que ce stylet soit fixé à un ressort en vibration, comme un diapason, il ne tracera plus de ligne droite sur la plaque en mouvement, mais une ligne ondulée. On peut reconnaître le nombre des vibrations exécutées par le ressort, au son qu'il fait entendre, et l'on sait alors que la distance entre deux élévations de la ligne correspond à une durée de temps fixe. Que notre ressort fasse, par exemple, 250 vibrations par seconde; il est évident alors que la distance comprise

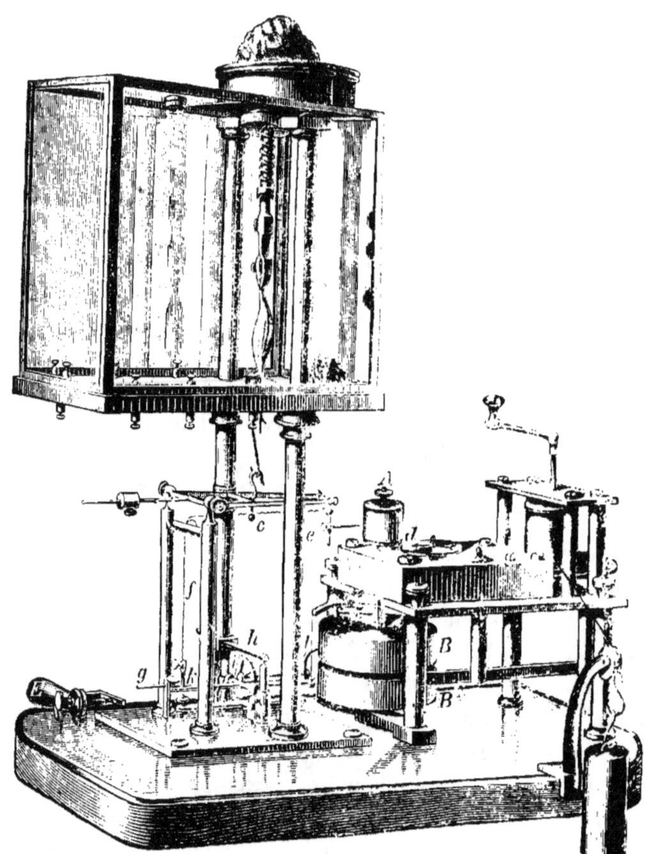

Fig. 17. — Myographe de Helmholtz (1/4 de grandeur naturelle).

entre deux élévations de la ligne ondulée indique que la plaque a avancé de cette quantité en 1/250 de seconde. Si, sur la même plaque, nous pouvions faire dessiner une secousse musculaire, nous pourrions comparer la distance des diverses parties de ce

dessin avec les ondes que le ressort a tracées et nous pourrions
préciser exactement la durée du temps. C'est sur ce principe
qu'est fondé le myographe de Helmholtz. Dans sa forme primitive, cet appareil consistait en un cylindre de verre tournant
rapidement autour de son axe. Cet appareil a été souvent modifié depuis. Notre figure 17 le représente sous la forme que lui
a fait donner du Bois-Reymond.

Un mouvement d'horloge, contenu dans la boîte a d, fait
tourner le cylindre A. L'axe du cylindre porte un disque lourd B
présentant à sa face inférieure des ailes en laiton verticales plon-
geant dans de l'huile. L'huile est contenue dans le vase cylindrique B'. On peut graduer la résistance en soulevant ou en
abaissant ce vase. Ce dispositif et la grande inertie du disque B
font que la vitesse de rotation du cylindre A ne s'accroît que
très-lentement. A-t-on obtenu une vitesse suffisante, on irrite le
muscle ; celui-ci, pendant le raccourcissement, soulève le levier
c, et le stylet e qui y est fixé trace une courbe sur le cylindre.

Pour exécuter l'expérience, on fixe le muscle à une pince
placée dans la boîte en verrre qui le garantit de la dessiccation ;
on l'attache au levier, puis on recouvre le cylindre d'une couche
de noir de fumée et on le fixe solidement sur son axe ; l'on applique enfin la pointe du stylet sur le cylindre au moyen du fil f.
Quand on tourne lentement ce cylindre avec la main, la pointe
trace une ligne horizontale donnant exactement la longueur du
muscle en repos. Le disque A porte à sa circonférence un bec
saillant. Lorsque le disque et le cylindre qui lui est relié se trouvent dans une certaine position, le bec vient butter contre un
levier courbé en baïonnette l. Ce levier repoussé, soulève, au
moyen de la pièce courbe i, un second levier h et produit ainsi une
interruption du courant qui passait du levier h à la petite colonne
située devant lui. Le courant d'une pile électrique passe par le
point de contact cité et à travers la première bobine d'un appareil à induction ; la seconde bobine est reliée au muscle. Quand
on tourne de côté le levier l on produit une irritation du muscle et
par conséquent une secousse : le stylet est soulevé et trace sur le
cylindre une ligne verticale équivalente à la hauteur de soulève-

ment du muscle. En appuyant le doigt sur g, on soulève un peu l'extrémité en baïonnette l, et l'on éloigne un peu le stylet e du cylindre. On fait alors marcher le mouvement d'horlogerie ; le cylindre tourne d'abord lentement, puis graduellement un peu plus vite ; mais le muscle reste en repos et le stylet ne peut rien tracer. Dès que le cylindre a acquis une vitesse convenable, on cesse de presser en g ; le levier l retombe, est bientôt saisi par le bec du disque et repoussé, le muscle est irrité et éprouve une secousse, qui est dessinée sur le cylindre en rotation.

Puisque cet appareil a provoqué de lui-même l'irritation du muscle, celle-ci a dû se produire dans une position déterminée du cylindre, c'est-à-dire dans celle où le bec est venu frapper le levier l. Cette position est évidemment la même que celle où nous avons fait éprouver une secousse au muscle, lorsque le cylindre était en repos. La ligne verticale tracée alors détermine exactement la position du cylindre lorsque l'irritation se produit. Le point où cette ligne verticale coupe la ligne horizontale précédemment tracée indique donc la place où se trouvait le stylet au moment de l'irritation musculaire. C'est de ce point que nous devons mesurer les distances qui nous serviront à estimer la durée du temps.

Pour calculer cette durée, il est nécessaire de connaître exactement la rapidité de la révolution du cylindre, puisque dans cet appareil nous n'avons pas de pièce qui marque en même temps les vibrations du ressort. Nous avons déjà vu que cette rotation n'est point uniforme, qu'elle est au contraire accélérée. Mais cette accélération est très-faible, à cause de la pesanteur du disque et à cause de la résistance que l'huile y apporte. Lorsque la vitesse est un peu considérable, cette résistance est si forte qu'il n'y a plus d'accélération et que la vitesse devient constante. On peut estimer à l'avance cette vitesse au moyen du compteur d. En plaçant convenablement le bassin à huile, on peut disposer facilement l'appareil de façon que le cylindre fasse exactement une révolution par seconde.

Quand on a obtenu ce résultat, il ne s'agit plus que de connaître la circonférence du cylindre, pour traduire en mesures de temps le dessin tracé sur ce cylindre. Afin de mesurer plus commodément des portions isolées de la courbe, nous détachons avec précaution le cylindre de son axe, nous le serrons dans une fourchette, et nous le roulons sur un morceau de gélatine humide et très-mince. Toute la couche de noir de fumée s'attache à la gélatine gluante : on la fixe ensuite, par son côté noirci, sur un fond blanc ; la courbe blanche se détache alors sur fond noir et l'on peut facilement la mesurer.

Notre figure 18 est une copie fidèle d'une courbe ainsi dessinée par le muscle du mollet d'une grenouille. Le point où

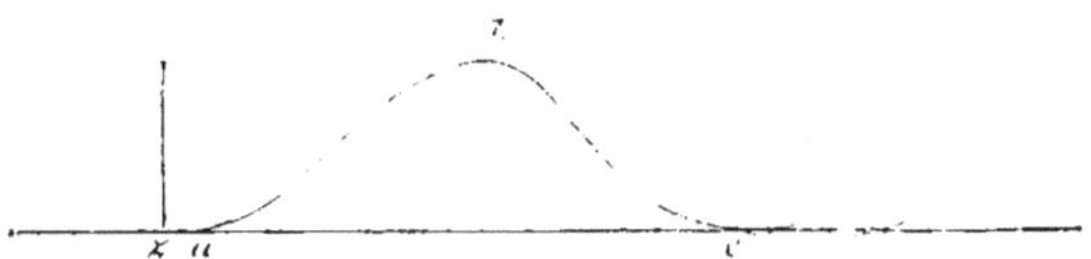

Fig. 18. — Courbe d'une secousse musculaire.

l'irritation musculaire a eu lieu est marqué par la lettre z. Ce qui frappe surtout dans ce dessin, c'est que le soulèvement du stylet ne commence pas en ce point, mais seulement en a. Nous devons conclure de ce fait que le raccourcissement musculaire ne se produit pas au moment de l'irritation, car le cylindre du myographe a eu le temps de parcourir l'espace z a, avant que le stylet ne fût soulevé par le raccourcissement du muscle. Il se passe donc un certain temps avant que le changement provoqué dans le muscle par un irritant ne détermine la contraction. La longueur de ce temps, qui peut être calculée aisément par la longueur de la ligne z a, correspond à peu près exactement à 1/100 de seconde. On l'appelle *période d'irritation latente*, parce que l'irritation ne produit pas encore de résultats visibles. A partir du point a, le muscle se raccourcit, ce qui est indiqué par le soulèvement du stylet du point a jusqu'au point b, sommet de la courbe tracée. De là, le muscle s'allonge de nouveau jusqu'à ce qu'il ait repris, au point c, sa longueur primitive. Le temps écoulé depuis le début du raccourcissement jusqu'à son maximum s'appelle *période d'énergie croissante;* le temps écoulé depuis le maximum jusqu'au moment où le muscle a repris sa longueur primitive s'appelle *période d'énergie décroissante*. Toute la durée d'une secousse musculaire, depuis le début du raccourcissement musculaire en *a* jusqu'à l'extension complète en *c*, varie à peu près de 1/10 à 1/6 de seconde.

9. On peut aussi mesurer, au moyen de courants électriques, la durée des intervalles successifs dont se compose une secousse musculaire. Voici en quoi consiste ce procédé. Supposons qu'un pendule lourd soit frappé d'un choc subit; ce pendule est dévié de sa position verticale de repos, et l'angle que forme cette déviation dépend évidemment de la force du choc qui a frappé le pendule. Ces pendules lourds, dont on se sert pour mesurer la vitesse des boulets de canon, ont reçu à cause de cette circonstance le nom de *pendules balistiques*. On peut aussi considérer comme pendule un aimant suspendu à un fil et dirigé du nord au sud. Dans ce dernier cas, la pesanteur est remplacée par la force directrice du magnétisme terrestre, qui oblige l'aimant à prendre une position déterminée. Quand ce dernier pendule reçoit un choc subit, nous pouvons aussi calculer la force de ce choc par la déviation de l'aiguille. Lorsqu'on fait passer, parallèlement à l'aiguille de ce pendule, un courant électrique constant, l'aiguille est déviée et fait un angle avec le courant, angle dont la grandeur dépend de la force du courant. L'aiguille magnétique prend une nouvelle direction, dans laquelle la force répulsive du courant et la force directrice du magnétisme terrestre se font équilibre. Mais, si le courant n'agit pas d'une façon constante, et ne dure que peu de temps, l'aiguille magnétique n'éprouve qu'une secousse, ne fait qu'une oscillation, et revient à sa position primitive de repos. La grandeur de la déviation est nécessairement proportionnelle à la force du courant et à sa courte durée. Si la force du courant est connue et constante, on peut donc en déterminer la durée d'après la grandeur de la déviation. Ces déviations sont généralement très-petites. Pour les mesurer cependant avec exactitude, on emploie un procédé dont l'illustre mathématicien Gauss s'est servi le premier. On fixe un petit miroir *o* à l'aimant *m*, et l'on

observe, au moyen d'une lunette, l'image d'une échelle graduée
ss, qui se forme sur le miroir. Pendant l'état de repos de l'aiguille aimantée, l'échelle est parallèle au
miroir. Lorsqu'on dirige la lunette perpendiculairement à la surface du miroir et de
l'échelle, il est évident que l'on doit voir dans
le miroir l'image du point *a* de l'échelle,
point situé au-dessus du centre de la lunette.
Si l'aiguille aimantée dévie, elle entraine le
miroir ; un autre point *c* de l'échelle immobile projettera son image à travers la lunette,
et l'observateur regardant le miroir par la
lunette verra, en apparence, l'échelle se dé-
placer dans le même sens que le miroir en-
trainé par l'aiguille aimantée. L'étendue de
cette déviation permet de lire directement
l'angle compris entre les deux directions de
l'aimant.

10. Il faut maintenant appliquer cette
méthode (qui nous permet de mesurer avec
la plus grande exactitude la durée de courants électriques) au sujet de nos études,

Fig. 19. — Mensuration
de petites déviations
angulaires au moyen
d'un miroir et d'une
lunette.

c'est-à-dire au calcul de la durée d'une secousse musculaire.
Pour atteindre ce but, il est nécessaire d'adapter à l'instrument
un dispositif qui permette de produire un courant électrique au
moment où le muscle est irrité, et d'interrompre ce courant à
l'instant où le muscle se contracte.

Cette recherche a été aussi entreprise pour la première fois
par Helmholtz. L'appareil dont il s'est servi est représenté (dans
notre fig. 20) avec les modifications indiquées par du Bois-Reymond. Sur une table solide se trouve une colonne portant une
pince forte et mobile, destinée à fixer l'extrémité supérieure du
muscle. L'extrémité inférieure de ce muscle s'attache, par l'intermédiaire de la pièce *ih*, à un levier qui peut tourner autour
d'un axe horizontal *a a'*. Ce même levier se prolonge inférieurement en une tige courte qui, passant par un trou de la table,

porte en bas un plateau destiné aux poids dont on veut charger le muscle. Le levier possède, à sa partie antérieure, deux

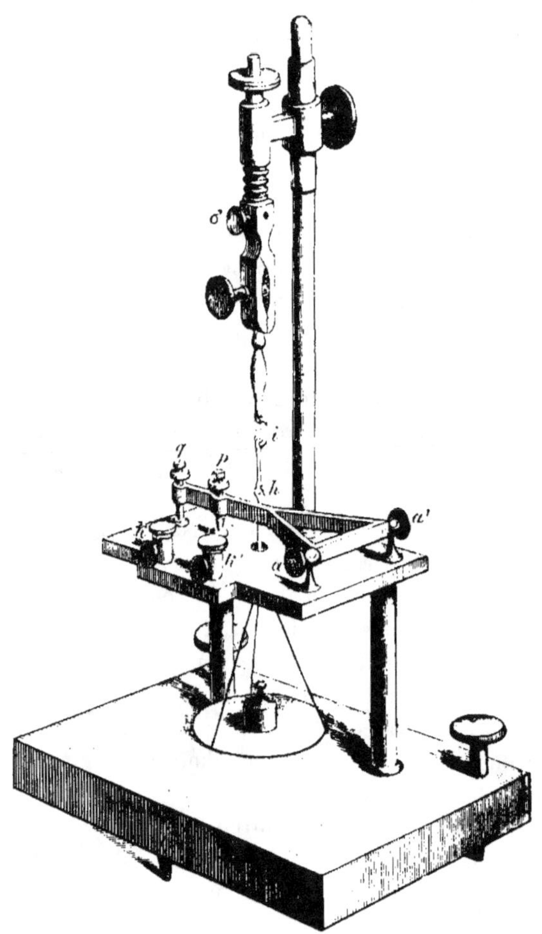

Fig. 20. — Appareil pour la mesure du temps pendant la contraction musculaire.

vis p et q, dont la première se termine inférieurement par une pointe en platine, qui repose elle-même sur une plaque de platine. La seconde de ces vis se termine par une pointe de cuivre

amalgamé qui plonge dans une cupule remplie de mercure. La
plaque de platine et la cupule à mercure sont isolées de la table,
et isolées aussi entre elles : on peut cependant les faire communiquer, la première avec la borne à vis k', la seconde avec k.

Lorsqu'on fait passer entre k et k' un courant qui doit agir
sur l'aiguille aimantée mobile, ce courant traverse la cupule
à mercure, puis la portion du levier située entre p et q, la
plaque de platine, etc., tant que ce muscle ne se contracte pas.
Mais, dès que le muscle se contracte, il interrompt le courant
entre p et la plaque de platine. Lorsqu'on dispose l'appareil de
façon que le courant soit fermé au moment où le muscle est
irrité, ce courant circule jusqu'à ce que le muscle l'interrompe
en se contractant. On peut mesurer cet intervalle au moyen des
méthodes indiquées dans le paragraphe précédent, et cet intervalle de temps correspond exactement à celui qui s'écoule entre
le moment où le muscle est irrité et celui où il commence à se
contracter.

Il faut cependant tenir compte encore d'une autre circonstance, pour arriver à une mesure exacte. Lorsque le muscle est
irrité, il se raccourcit ; mais ce raccourcissement ne dure que
quelques fractions de seconde, et le muscle reprend ensuite sa
longueur primitive. Pendant l'expérience précédente, le courant,
interrompu par le raccourcissement musculaire, serait donc
bientôt fermé de nouveau, et l'aiguille subirait une seconde
déviation, même avant que sa première oscillation fût achevée.
Pour éviter cet inconvénient, Helmholtz a eu recours à un petit
artifice facile à comprendre en consultant la figure 21.

Cette figure représente, comme on le voit, l'extrémité du
levier de l'appareil décrit plus haut, avec les deux vis p et q, la
cupule à mercure et la plaque de platine : kk désignent les fils
qui réunissent ces deux dernières parties de l'appareil à un courant au moyen des bornes à vis. Le mercure contenu dans la
cupule Hg peut être élevé ou abaissé au moyen de la vis s.
Si on élève le mercure jusqu'à ce que la pointe q y plonge, et
si on l'abaisse ensuite, une partie de ce mercure adhérera à
la pointe amalgamée, et s'étirera ainsi en un fil très-fin qui four-

nira un passage au courant. Mais si le muscle vient à se raccourcir, ce fil de mercure se rompra, le mercure reprendra sa surface convexe habituelle, et, lorsque le levier retombera à cause de l'allongement du muscle, la pointe *p* touchera, il est vrai, la plaque de platine, mais la pointe *q* restera séparée du mercure par une couche d'air, et le courant sera interrompu d'une manière permanente.

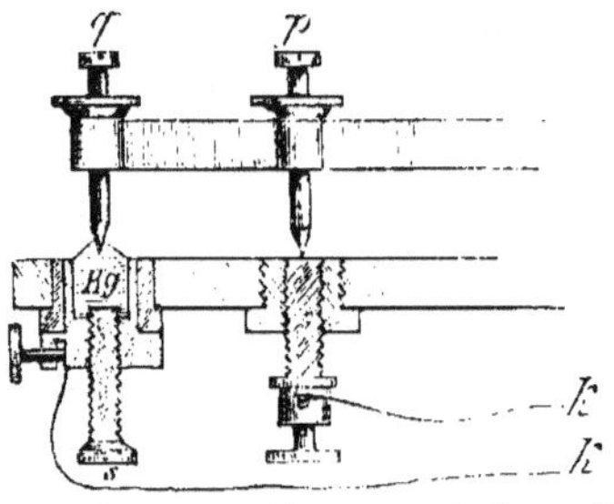

Fig. 21. — Extrémité du levier de l'appareil à mesurer le temps, présentant la cupule à mercure.

Il nous reste encore à dire au moyen de quel dispositif on peut obtenir que l'irritation du muscle et la fermeture du courant, destinées à mesurer le temps, se fassent au même moment. On nous comprendra facilement, en jetant un regard sur la figure 22, qui représente schématiquement toute la disposition de l'expérience. On y voit de nouveau le muscle et l'appareil représenté sur la figure 20. Le muscle est relié à la bobine secondaire J' de l'appareil à induction. La bobine primaire J livre passage à un courant produit par la pile K. Ce courant traverse la plaque de platine a et sa pointe a' : a' est fixée sur un levier de bois dur a' b' et pressée contre la plaque de platine a au moyen d'un ressort. A l'autre extrémité du levier se trouve une autre plaque de platine b', reliée à un des pôles de la batterie électrique B. Le second pôle de cette batterie est relié au galvanomètre g, et celui-ci à la cupule à mercure de l'appareil représenté par la figure 20. Enfin, au-dessus de la plaque de platine b' se trouve une pointe en platine b, qui ne la touche pas, mais qui est fixée sur un levier conducteur s, relié lui-même par le fil p' à la plaque de platine de l'appareil. Lorsqu'on abaisse le levier au moyen du manche, la pointe en platine b se met en contact avec la plaque de platine b', et le courant destiné à mesurer le temps se trouve fermé. Mais, en même temps, l'extrémité a' du levier a' b' se trouve soulevée, et le courant de la pile K est interrompu : cette interruption fait naitre un courant induit dans la bobine *J'*, courant qui irrite le muscle. De cette manière, l'irritation du muscle se fait au moment précis où est fermé le courant qui mesure le temps.

Dès que le muscle se contracte, il interrompt le courant qui

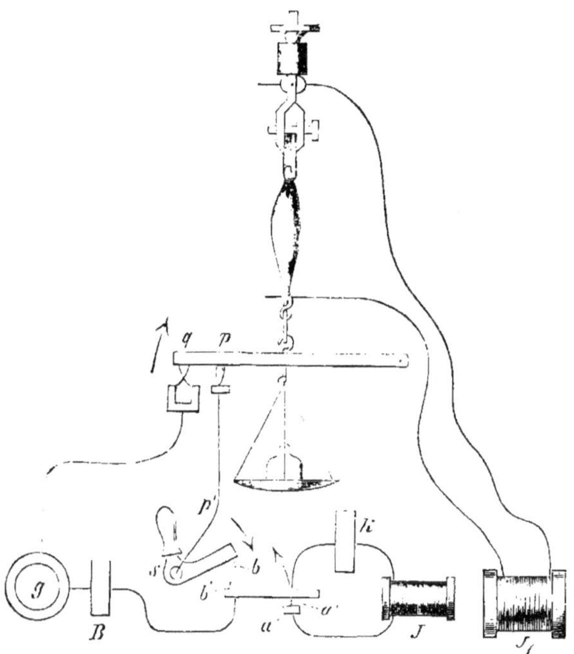

Fig. 22. — Disposition de l'expérience pour mesurer le temps par l'électricité.

mesure le temps. Ce courant se produit donc exactement, depuis le moment précis où le muscle est irrité jusqu'au moment de la contraction musculaire. Voilà le moyen de mesurer la *période d'irritation latente*, comme nous l'avons désignée plus haut. Mais, en mettant des poids sur le bassin de notre appareil (fig. 20), on obtient des déviations différentes de l'aiguille magnétique, et ces déviations sont d'autant plus fortes que la charge est plus pesante. Comme le levier auquel le muscle est attaché repose sur la plaque qui le soutient par-dessous, on comprend que les poids mis dans la balance ne peuvent étendre ce muscle : ils augmentent seulement la pression par laquelle la pointe de platine p est serrée contre la plaque de platine inférieure. Le muscle doit-il se contracter, sa force de contraction devra être plus puissante que la pression, ou plutôt que la traction exercée par les poids situés dans le plateau d'en bas. Quand le muscle s'efforce de soulever le levier et que les poids tendent au contraire à l'abaisser, il est évident que la plus puissante de ces deux forces prendra le dessus. Il résulte de ce que nous venons de dire plus haut, que le muscle n'acquiert pas immédiatement la force de se contracter ; il ne l'acquiert que par degrés. Quand la force de contraction du muscle dépasse un tant soit peu la force de traction des poids, le muscle devient capable de soulever le levier et d'interrompre ainsi le courant qui mesure le temps.

Lorsque, dans une série d'expériences successives, on charge le plateau de l'appareil de poids de plus en plus forts, et qu'on mesure les déviations données par l'aiguille aimantée, on peut calculer les divers intervalles de temps qu'il faut au muscle pour atteindre la force de contraction correspondante à chaque poids. Nous appellerons ces valeurs les *énergies du muscle*. Tant que le muscle ne se contracte pas, c'est-à-dire pendant toute la période d'*irritation latente*, son énergie sera $= 0$. En employant des poids de plus en plus élevés, nous constaterons, d'après les temps écoulés, que l'énergie augmente d'abord rapidement, et ensuite plus lentement ; elle n'arrive à son maximum qu'au bout d'un dixième de seconde seulement. Lorsque ce maximum est atteint, le muscle ne peut plus se contracter ; son énergie diminue, et disparaît à la fin, de sorte qu'il retourne à son état naturel.

11. Dans les expériences que nous venons de relater, on avait mis le muscle en relation avec des poids qu'il était obligé de soulever dès qu'il se contractait. Mais ces poids n'agissaient point sur lui, tant qu'il restait en repos. Le muscle n'était donc point chargé, dans la signification que nous avons précédemment admise, car les poids attachés ne pouvaient pas l'allonger.

Le poids, peu considérable, du levier tendait seul à allonger le muscle, et il peut seul être considéré comme une charge au sens ordinaire du mot. Pour distinguer la charge, comprise dans ce dernier sens, des charges qui entrent seulement en action au moment de la contraction, nous désignerons ces dernières par le mot de *surcharges*. La charge d'un muscle peut être forte ou faible ; dans l'expérience que nous venons de décrire elle était égale au poids du levier. On peut la rendre plus forte en plaçant un poids sur le plateau, et en faisant remonter le muscle au moyen de la vis qui se trouve au sommet de l'appareil, jusqu'à ce que la pointe de platine p ne touche plus qu'à peine la plaque de platine. Le muscle est alors allongé par le poids employé. Si nous ajoutons encore un poids à celui que nous avons déjà mis dans le plateau, le poids primitif sera la charge du muscle, et le second constituera la surchage. Quand le muscle se contractera, il sera obligé de soulever les deux poids.

Revenons à notre première expérience, dans laquelle la charge était $= 0$, ou du moins très-faible. Si on place maintenant successivement dans le plateau des poids de plus en plus lourds, il arrivera un moment où le muscle ne pourra plus soulever ces poids. Pour préciser ce moment, lançons par k et k' le courant d'un électro-aimant. Ce courant traverse la pointe en platine, puis le levier et la cupule à mercure, enfin la spire de l'électro-aimant. Celui-ci est aimanté et attire une pièce à échappement. Mais, dès que le courant est interrompu par le raccourcissement du muscle, l'électro-aimant laisse retomber la pièce à échappement, qui vient frapper une cloche, et donne, par conséquent, un signal indiquant que le muscle s'est raccourci. Nous sommes ainsi mis à même de constater des raccourcissements extraordinairement faibles. Quand on augmente peu à peu les poids qui agissent comme surcharge et contrarient la tendance qu'a le muscle à se raccourcir, on arrive finalement à une limite où, malgré l'irritation du muscle, le courant de l'électro-aimant n'est plus interrompu. Le muscle a cependant été irrité, et il a fait une tentative de contraction ; mais celle-ci n'était pas assez puissante pour vaincre la résistance du poids, et le muscle n'a pas pu se raccourcir. On détermine de cette manière jusqu'à quelle limite peut croître la tendance du muscle à se contracter, ou, comme nous l'avons appelée plus haut, l'énergie du muscle. Cette limite extrême de l'énergie a reçu le nom de *force musculaire*. C'est la même puissance dont nous avons déjà reconnu théoriquement l'existence (page 42), à la suite des changements d'élasticité du muscle pendant la contraction. Tout muscle possède une force déterminée, qui dépend de sa forme et des conditions dans lesquelles s'accomplit sa nutrition. En comparant divers muscles d'un même animal, on acquerra la certitude que cette force est tout à fait indépendante de la longueur des fibres musculaires, mais qu'elle dépend au contraire du nombre de ces fibres, c'est-à-dire de l'épaisseur du muscle : elle s'accroît en proportion directe de la coupe transversale, de sorte qu'un muscle d'épaisseur double possède aussi une force double. On a l'habitude de ramener la force musculaire à l'unité de coupe transversale, en divisant la force par la surface de la coupe : on calcule ainsi quelle serait la force d'un muscle dont la surface transversale aurait un centimètre carré [1]. On a trouvé que cette force musculaire est de 2, 8 à 3 kilogrammes par centimètre carré, pour les muscles de la grenouille : c'est-à-dire qu'un muscle d'un centimètre de coupe transversale peut atteindre un maximum de force contractile que l'on ne pourrait vaincre qu'avec un poids de 3 kilogrammes. Cette valeur de la force, réduite ainsi à l'unité de surface transversale, a été désignée sous la dénomination de *force absolue* du muscle.

On a cherché aussi à évaluer la *force musculaire absolue* de l'homme. C'est E. Weber qui a tenté, le premier, cette évaluation au moyen d'un procédé ingénieux. Il choisit pour ses

---

1. Pour évaluer la surface transversale, on procède, d'après Ed. Weber, de la façon suivante : on prend exactement le poids du muscle au moyen de la balance; on divise ce poids par le poids spécifique de la substance musculaire, et l'on obtient ainsi le volume du muscle. On mesure alors la longueur du muscle, puis on divise le volume par la longueur et l'on obtient enfin la surface transversale.

expériences le muscle soléaire. En contractant ce muscle lorsqu'on est debout, on soulève de terre le talon et par conséquent tout le corps [1]. La force totale des deux muscles soléaires
dépasse donc la résistance du poids du corps. Si l'on charge
l'homme de poids, on finit par arriver à une limite où le soulèvement n'est plus possible. Le poids du corps et les poids
ajoutés forment donc un total qui représente la force contractile des deux muscles : mais il ne faut pas oublier que la
force et le poids ne sont point placés sur le même bras de
levier, et que la puissance (la traction des muscles soléaires)
agit obliquement sur le levier. Il est évident que l'on ne peut
déterminer, sur le vivant, la coupe transversale des muscles
soléaires : on la déterminera donc sur un cadavre ayant la
même stature que la personne qui a fait les essais.

Plus récemment, Henke a déterminé aussi la valeur de la
force absolue de l'homme : il s'est servi pour ces détermina-
tions des fléchisseurs de l'avant-bras
(fig. 23). Sur cette figure, *a* désigne l'os
du bras, *b* l'avant-bras : le premier
est dans une position verticale, le second est horizontal, *c* désigne les muscles qui soulèvent ou fléchissent le bras.
(Ces muscles sont en réalité au nombre de deux, le *biceps* et le *brachial
interne*.) Supposons ces muscles tendus :
on place des poids sur la main jusqu'au
moment où les muscles ne sont plus
capables de soulever le bras : nous avons alors, comme dans

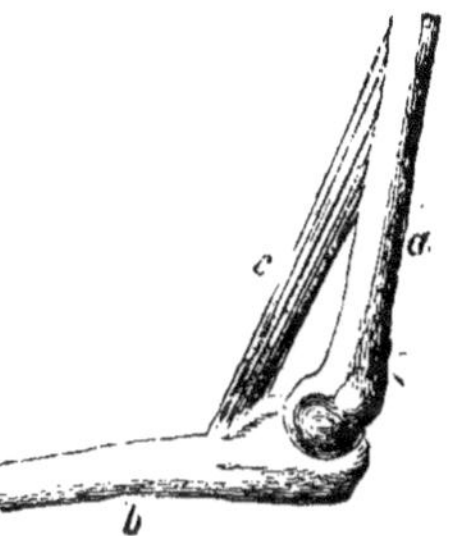

Fig. 23. — Représentation schématique des fléchisseurs de
l'avant-bras.

nos expériences sur les muscles de la grenouille, un équilibre
entre la force contractile du muscle et la pesanteur des poids. Il
faut cependant remarquer que les muscles agissent sur un bras
de levier court, et les poids sur un bras de levier plus long, puis
tenir compte du poids de l'avant-bras lui-même. En faisant la

---

1. Les gymnastes allemands désignent cet exercice par le mot de *Wippen*.
faire basculer.

part de toutes ces circonstances et de la coupe transversale des muscles mis en activité, Henke a trouvé que la *force absolue* des muscles de l'homme équivaut à 6 ou 8 kilogrammes, par centimètre de muscle bien entendu. Il fit des expériences semblables sur les muscles du pied, qui lui donnèrent des chiffres moins élevés. Weber était arrivé, avec les muscles soléaires, à des valeurs trop faibles; mais il est évident que des erreurs de calcul expliquent les différences obtenues par les deux expérimentateurs. On peut aussi se servir d'un dynamomètre, comme

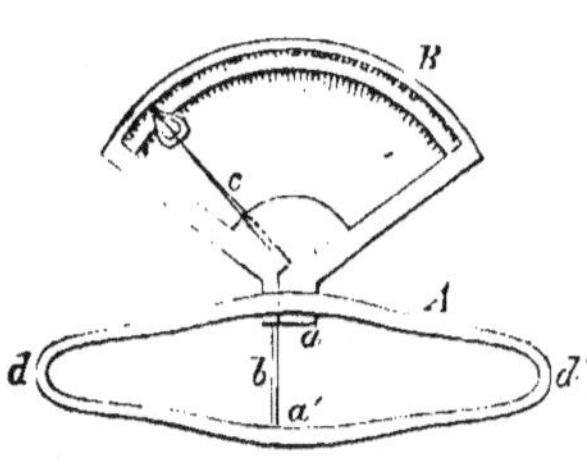

Fig. 24. — Dynamomètre.

celui que représente la figure 24, pour calculer la force des muscles de l'avant-bras, qui courbent les doigts. On saisit des deux mains le fort ressort *A* et on le comprime aussi fortement que possible. La déformation que le ressort subit aux points *d* et *d'* est transmise, par le levier coudé *a b a'*, à l'aiguille *c*, qui indique, sur le cadran *B*, la force employée traduite en kilogrammes. Pour apprécier d'après cette indication la force absolue des muscles de l'avant-bras mis en mouvement, il faudrait avoir recours à des calculs assez compliqués. Mais, lorsqu'on connaît la force que les hommes peuvent régulièrement développer, cet appareil permet de constater des modifications sensibles de cette force, par exemple au début de paralysies ou d'autres maladies de l'appareil locomoteur. Le dynamomètre est donc devenu un appareil important pour l'examen des malades.

12. On a vu plus haut que le muscle n'atteignait pas du premier coup toute sa puissance au moment de la contraction; il n'y arrive que progressivement. On a vu aussi comment l'on peut, au moyen des méthodes électriques, mesurer le temps nécessaire au muscle pour atteindre les divers degrés de son énergie. Lorsque le muscle se meut librement ou qu'il est peu chargé, il indique ces divers degrés d'énergie par l'accélération qu'il communique à l'extrémité libre ou au poids faible qui y est attaché.

Nous pouvons donc nous poser la question suivante : lorsque le muscle est arrivé à un certain point de son raccourcissement, la moitié par exemple, quelle est la force qu'il peut encore développer. Schwann qui a posé, le premier, cette question, attachait un muscle, par l'un de ses bouts, à l'une des branches du fléau d'une balance, chargeait de poids l'autre branche du fléau, et la soutenait afin que les poids ne pussent allonger le muscle. Il pouvait ainsi déterminer la force du muscle, comme nous l'avons fait précédemment, avec l'appareil (fig. 20), construit du reste d'après les mêmes principes.

L. Hermann a répété les expériences de Schwann avec ce même appareil, qui est plus commode pour atteindre le but que nous nous proposons. Après y avoir fixé un muscle non chargé ou peu chargé, et d'une manière assez exacte pour que la pointe en platine p touche à peine la plaque, on détermine d'abord la force du muscle par la méthode indiquée aux pages 56 à 58. On fait ensuite descendre la pince d'une quantité déterminée, par exemple d'un millimètre. Lorsqu'on irrite alors le muscle, il peut se raccourcir d'un millimètre avant d'exercer une traction sur le levier h; s'il doit se raccourcir davantage, il sera obligé de soulever le levier et le poids qui y est attaché. On peut donc constater ainsi quel est le poids qu'un muscle peut encore soulever, après s'être raccourci déjà d'un millimètre. On fait de nouveau descendre la pince et l'on répète la même expérience, etc.; on obtient ainsi une série de valeurs, qui représentent la force du muscle aux divers degrés de son raccourcissement. Les expériences ont démontré que la force du muscle diminue lentement au début de la contraction, mais très-rapidement plus tard. Quand le muscle s'est raccourci autant que possible sans être chargé, il est évident qu'il ne peut plus soulever de poids, et que toute son énergie est épuisée.

Ces expériences présentent un véritable intérêt, parce qu'elles confirment, dans un autre ordre d'idées, ce que nous avons exposé plus haut (p. 42) sur le changement de l'élasticité du muscle pendant la contraction. Elles déterminent, en effet, les poids qui conviennent aux diverses longueurs du muscle, et on peut en déduire immédiatement la courbe d'extension du muscle en activité, courbe que nous n'avions pu construire jusqu'ici que d'une manière théorique. La concordance des résultats obtenus par cette méthode et par la méthode précédente, est une vérification importante de la justesse des considérations émises plus haut sur l'importance des phénomènes d'élasticité, au point de vue du travail musculaire.

CHAPITRE IV

1. Les relations entre l'élasticité et le travail du muscle nous
ont conduit à croire que le muscle a, pour ainsi dire, deux
formes naturelles : l'une qui appartient au muscle en repos, et
l'autre, plus courte, qui appartient au muscle en activité. Une
irritation détermine le muscle à passer de l'une de ces formes
à l'autre, et c'est pour cela qu'il se raccourcit. Mais ce que nous
venons de dire est plutôt une description du raccourcissement
qu'une explication. Comme le muscle est capable de soulever
des poids en se raccourcissant, et qu'il produit ainsi un travail,
on doit se demander quelle est la cause de cette production
de travail. D'après la loi de la conservation de l'énergie, cette
production de travail ne peut être effectuée qu'aux dépens
d'une autre énergie. Or, il est facile de montrer qu'il se développe, pendant le raccourcissement du muscle, un travail chimique interne, et que les réactions chimiques fonctionnant déjà
dans le muscle en repos, sont activées à ce moment-là. Le travail mécanique est donc produit aux dépens de ces réactions, et
il devient nécessaire de prouver que le résultat de ce travail est
en rapport exact avec les transformations chimiques.

Il est facile de démontrer qu'il y a des transformations chimiques dans le muscle; mais il est moins aisé de les déterminer quantitativement; aussi est-on encore bien éloigné de la solution du problème que nous venons de poser.

Helmholtz a prouvé, il y a déjà bien longtemps, que les principes solubles dans l'eau diminuaient dans le muscle pendant la contraction, et que les principes solubles dans l'alcool y devenaient, au contraire, plus abondants. Du Bois-Reymond a montré qu'il se formait un acide dans le muscle en activité, probablement l'acide sarco-lactique. Les muscles en repos contiennent une certaine quantité d'une substance amiloïde nommée glycogène : Nasse et Weiss ont fait voir que ce glycogène disparaît en partie pendant la contraction, et se transforme en sucre et en acide lactique. Enfin on peut prouver qu'il se produit de l'acide carbonique dans le muscle en contraction. Toutes ces transformations chimiques développent de la chaleur et du travail.

Mais il surgit encore une autre difficulté, lorsqu'on veut déterminer si la totalité du travail engendré peut dériver de cette source ; c'est la production simultanée de chaleur et de travail mécanique, ce qui du reste existe aussi dans d'autres machines. Lorsqu'un muscle se contracte, il s'échauffe en même temps, ainsi que l'a prouvé Béclard, et, d'une manière plus exacte, Helmholtz. Certains instruments très-sensibles peuvent même constater cette augmentation de chaleur pour une seule contraction.

Notre connaissance de la composition chimique des muscles est encore bien imparfaite. Même lorsqu'on fait abstraction des substances principales des muscles, c'est-à-dire des matières albuminoïdes, pour lesquelles la chimie ne possède pas encore de méthode de recherche suffisamment exacte, il se présente une nouvelle difficulté, c'est la variabilité des autres substances qui composent le muscle vivant.

Les procédés ordinaires de la chimie pour séparer et isoler les principes immédiats font ici complètement défaut, parce qu'ils modifient profondément l'état du muscle. Nous devons donc nous contenter, pour le moment, de savoir que le muscle contient plusieurs substances albuminoïdes, — dont l'une semble particulière au muscle et a reçu le nom de *Myosine*, — deux corps non azotés, le glycogène et l'inosite, un peu de graisse, et une série de sels parmi lesquels prédominent les sels potassiques.

On ne sait pas encore si l'acide sarco-lactique, que l'on rencontre toujours dans les muscles, quoique en petite quantité, est un principe normal de ces organes, ou un produit de décomposition. Il en est de même de l'acide carbonique à l'état gazeux, — probablement formé, comme l'acide lactique, pendant l'activité du muscle, — et des petites quantités de corps azotés que l'on y trouve, comme la créatine par exemple, lesquelles proviennent sans doute de la décomposition des substances albuminoïdes.

2. Ces connaissances insuffisantes ne nous permettent d'affirmer avec certitude qu'une seule chose, à savoir que, pendant l'activité musculaire, une fraction de la substance musculaire se combine avec de l'oxygène, pour produire, en partie de l'acide carbonique, et en partie des produits moins oxygénés.

Il n'est pas étonnant de voir de la chaleur se dégager pendant ces oxydations, et nous en avons déjà parlé. Helmholtz a employé la méthode thermo-électrique pour constater cette production de chaleur. On sait qu'il naît un courant électrique dans un circuit composé de deux métaux différents, fer et cuivre par exemple, lorsque ces métaux possèdent une température différente aux deux points où ils se touchent ou sont soudés entre eux. La force de ce courant est proportionnelle à la différence des températures, et ceci nous met à même de calculer la température de l'un des points, lorsque la température de l'autre est connue. Dans le cas particulier où il ne s'agit pas de déterminer des températures absolues, mais de constater simplement une augmentation de température, la méthode d'observation est simplifiée. Il suffit d'amener les deux points de soudure à la même température, ce que l'on reconnaît facilement à l'absence de tout courant, et l'on peut alors déterminer directement le degré d'échauffement d'après la force du courant qui se produira plus tard.

Pour exécuter cette expérience, Helmholtz introduisit, dans une boîte fermée, les deux cuisses d'une grenouille récemment tuée : les métaux destinés à la mesure de la température étaient disposés de façon que l'une des soudures fût enfoncée dans les muscles d'une cuisse, et l'autre dans les muscles de la seconde cuisse.

Il attendit alors que la température des deux muscles devînt égale, de manière qu'en reliant les métaux à un multiplicateur, ce dernier n'accusât point de courant. Puis, il provoqua un fort tétanos dans les muscles de l'une des cuisses en y faisant arriver convenablement des courants induits, tandis que les muscles de l'autre cuisse restaient en repos. Les muscles contractés s'échauffèrent et communiquèrent leur chaleur à la soudure qui y était enfoncée : il se produisit alors un courant dont la force fut déterminée. L'échauffement des muscles, calculé d'après ces données, était d'environ 15 centièmes de degré. Cet échauffement, qui pourrait paraître faible, ne l'est cependant point; en effet on a opéré sur une masse musculaire très-petite, qui a dû perdre une partie de sa chaleur par rayonnement et par communication aux parties voisines.

Pour nous rendre compte de la quantité de chaleur produite dans ce cas, nous supposerons la chaleur spécifique du muscle égale à celle de l'eau. Comme le muscle est principalement composé d'eau, la supposition que nous venons de faire ne peut pas différer beaucoup de la vérité [1]. On désigne, sous la dénomination de chaleur spécifique, la quantité de chaleur nécessaire pour échauffer d'un degré un gramme de la substance, laquantité nécessaire à l'eau étant prise pour unité. D'après notre hypothèse, il faudrait à peu près une unité de chaleur pour échauffer d'un degré un gramme de substance musculaire. Dans l'expérience citée, chaque gramme de substance musculaire a produit *au moins* 0,15 d'unité de chaleur. Mais

---

1. D'après une assertion récente du Dr Adamkiewicz, la chaleur spécifique du muscle serait plus forte que celle de l'eau, tandis qu'on admettait jusqu'ici que l'eau avait la chaleur spécifique la plus forte de toutes les substances connues, à l'exception du gaz hydrogène.

nous savons que chaque unité de chaleur équivaut à 424 unités de travail mécanique, c'est-à-dire que, lorsque la chaleur est employée pour produire un travail mécanique, chacune des unités de chaleur peut soulever 424 grammes à un mètre de hauteur. S'il n'y avait pas de chaleur mise en liberté pendant le tétanos musculaire, si elle était tout entière convertie en travail, chaque gramme de substance musculaire pourrait soulever à un mètre de hauteur $0,15 \times 424 = 63,6$ grammes. Cette valeur représente le minimum de travail intérieur du muscle pendant le tétanos.

On peut mesurer des modifications de températures bien inférieures à celles qui se produisent dans le tétanos, en soudant une série de petits barreaux formés alternativement de deux métaux différents, et en disposant toutes les soudures sur deux plans. On appelle ces appareils *piles thermo-électriques*. Heidenhain fit construire une de ces piles, avec des barreaux d'antimoine et de bismuth; puis, il recouvrit chacun des plans de soudure avec les muscles soléaires d'une grenouille, et attendit que ces muscles fussent arrivés à la même température. Il excita alors l'un des muscles : la sensibilité de l'appareil lui permit, non-seulement de déterminer l'échauffement produit par une seule secousse, mais encore de noter les différences de cet échauffement selon les circonstances qui accompagnaient la secousse (charge du muscle, etc.).

On pourrait croire, d'après la loi de la conservation de l'énergie, que, dans les cas où le muscle produit un travail mécanique plus considérable, la production de chaleur devrait être moindre, et réciproquement. Lorsqu'on charge un muscle de poids, la production de travail augmente jusqu'à une certaine limite, comme nous l'avons déjà vu. Dans ce cas, la production de chaleur devrait diminuer. Les expériences faites par Heidenhain n'ont pas confirmé ces prévisions. On ne peut point croire que la loi de la conservation de l'énergie, universellement vérifiée dans la nature, ne soit pas applicable aux muscles; il faut donc admettre qu'il n'y a point égalité de transformations chimiques dans toute secousse musculaire. Nous sommes ainsi obligés de croire qu'une plus grande proportion de substances est brûlée dans le muscle, quand il doit soulever un poids plus considérable, de sorte que la production de chaleur et de travail mécanique varie d'après la tension du muscle, lors même qu'on lui applique le même irritant. Mais il est tout à fait conforme à cette loi que le muscle tétanisé produise une plus grande quantité de chaleur, puisqu'alors il n'y a point production de travail extérieur. Le travail musculaire interne est, dans ce cas, entièrement transformé en chaleur; cette chaleur échauffe le muscle, et nous pouvons la mesurer d'une façon au moins approximative.

3. Une conséquence des transformations chimiques qui se font dans le muscle en activité, c'est que les principes constitutifs de cet organe sont en partie consumés, et qu'à leur place il doit s'en déposer d'autres. Tant que le muscle se trouve encore inaltéré dans le corps de l'animal, une partie des substances transformées sont entraînées, et de nouveaux matériaux de nutrition lui sont amenés pour remplacer les substances employées. Nous pouvons donc retrouver dans le sang de l'animal les produits de décomposition nés pendant l'activité musculaire ; ces produits passent du sang dans des organes excrétoires particuliers, qui les éliminent du corps. Voilà pourquoi la proportion d'acide carbonique éliminée augmente beaucoup pendant le travail musculaire, et comment nous retrouvons dans l'urine les autres produits de décomposition du muscle, comme la créatine, et son dérivé l'urée, l'acide lactique, etc.

Les produits de décomposition sont d'autant plus rapidement entraînés que la circulation est plus active dans le muscle. Cette élimination est naturellement presque nulle dans un muscle réséqué. On s'explique dès lors pourquoi un muscle extrait du corps ne reste actif que pendant un laps de temps très-court. Lorsque nous tétanisons un tel muscle d'une façon continue, nous voyons que le raccourcissement, très-fort au début, devient bientôt plus faible, et ne tarde pas à cesser. Nous disons alors que le muscle *est fatigue*. Accordons-lui quelque repos, il se rétablira, et pourra être excité de nouveau à se raccourcir. Mais ce rétablissement n'est jamais complet; il devient de plus en plus imparfait lorsqu'on répète les expériences: les pauses qu'il exige sont de plus en plus grandes, et, finalement, le muscle devient incapable de se raccourcir de nouveau. Il peut, au contraire, rester fort longtemps actif, lorsqu'on lui applique seulement des excitants momentanés qui provoquent des secousses isolées. Nous devons donc admettre, ou bien qu'une partie des produits décomposés revient à son état primitif, ou bien que le muscle contient une grande provision de matériaux décomposables, qui ne peuvent être transformés que peu à peu.

Tant que le sang traverse le muscle, les matériaux de décomposition sont bientôt entrainés, ainsi que nous l'avons déjà dit; mais, comme la fatigue se produit aussi dans ce cas, on est forcé d'en conclure également que les principes musculaires sont soumis à une décomposition lente, et qu'il est toujours nécessaire d'intercaler des pauses entre les périodes successives d'activité. Mais le muscle resté dans l'organisme intact se distingue surtout du muscle arraché, par ce fait qu'il reçoit l'équivalent complet de ses pertes. C'est pour cela qu'il n'exige point un intervalle de repos à chaque contraction nouvelle. Lorsque les principes nutritifs qui lui sont amenés dépassent les matériaux décomposés, il peut même produire ensuite un travail plus considérable qu'auparavant. Voilà comment on s'explique que les muscles deviennent plus forts par une alternance convenable d'activité et de repos.

4. On peut se demander quels matériaux détruit l'activité du muscle? Le muscle se composant surtout de substances albuminoïdes, on en a conclu que ce sont elles qui, par leur décomposition, produisent le travail mécanique. Mais nous savons qu'il y a aussi dans le muscle des corps non azotés, du glycogène et de l'inosite; nous avons encore vu que, pendant l'activité musculaire, il se forme de l'acide lactique, lequel ne peut dériver que de cette dernière substance. Il serait sans doute impossible de déterminer exactement les produits de décomposition d'un muscle isolé; mais nous pouvons le faire pour le corps entier, lorsque son activité dure un certain temps; car les produits de

décomposition sont éliminés finalement par les organes d'excrétion. Tous les matériaux qui augmentent dans les sécrétions peuvent être considérés comme une mesure pour les décompositions produites dans les muscles en activité. Les principes azotés du muscle, presque sans exception, s'éliminent finalement par l'urine, sous forme d'urée ; la quantité d'azote contenue dans les autres produits d'excrétion est si faible qu'on peut sans erreur les passer sous silence.

Nous pouvons aujourd'hui déterminer très-exactement la quantité d'urée contenue dans l'urine. Il se fait un travail considérable dans le corps, même pendant le repos, par les mouvements du cœur, des muscles respirateurs, etc. Mais la quantité d'urée excrétée dépend alors uniquement de la quantité d'azote introduite par les aliments. Avec une nourriture complétement exempte d'azote, l'excrétion d'urée diminue dans une certaine mesure, et reste alors constante pendant quelque temps ; si l'on exécute plus tard un travail plus considérable, la quantité d'urée excrétée augmente ordinairement un peu.

Il est facile de calculer la quantité de substances albuminoïdes qui a dû se transformer pour fournir ce surplus d'urée. Nous connaissons l'équivalent calorifique des corps albuminoïdes, c'est-à-dire que nous savons combien la combustion d'un poids donné de substance albuminoïde produit de chaleur ; comme on connaît aussi l'équivalent mécanique de la chaleur, nous pouvons calculer combien de travail mécanique sera fourni, dans les cas favorables, par ces corps albuminoïdes. En comparant cette valeur avec celle du travail réellement engendré, on obtient toujours un chiffre trop faible. Il résulte évidemment de ce fait que les principes albuminoïdes brûlés dans le corps ne sont pas capables de produire tout le travail exécuté. Nous sommes ainsi obligés d'admettre, qu'outre ces corps, il en a été brûlé d'autres qui ont contribué à la production du travail et en ont même fourni la plus grande partie.

Si on fait une comparaison analogue entre la quantité d'acide carbonique excrétée par un homme en repos et celle qu'exhale le même homme en exécutant un travail continu, on verra l'acide

carbonique augmenter beaucoup dans le dernier cas; en calcu-
lant le travail produit, — par le poids de charbon qu'il faudrait
brûler pour obtenir cette quantité d'acide carbonique, — on
trouve des valeurs qui se rapprochent beaucoup de la quantité
de travail réellement fourni.

Ces expériences prouvent que les muscles exécutent leur travail,
non pas aux dépens des substances albuminoïdes, mais plutôt
grâce à la combustion de substances non azotées. Or, les matières dont le corps a besoin pour rester capable de travail sont
évidemment de même nature que les matières comburées.

Il résulte de là une conséquence très-importante au point de
vue de l'alimentation, c'est que les hommes destinés à exécuter
de forts travaux ont besoin d'une nourriture riche en carbone.
On a cru autrefois le contraire, en se fondant sur ce fait que
les ouvriers anglais, nourris principalement de viande, fournissent en général plus de travail que les ouvriers français. On
a aussi invoqué l'exemple des grands animaux carnassiers, qui
se nourrissent exclusivement de chair, et se distinguent cependant par leur grande puissance musculaire. Ces deux exemples
ne prouvent pas ce qu'on voulait en déduire. Lorsqu'on examine soigneusement le mode d'alimentation ordinaire des ouvriers anglais, on s'aperçoit bientôt, qu'à côté de la viande, ils
consomment une proportion très-notable d'aliments riches en
carbone, tels que pain, pommes de terre, riz, etc. Quant aux animaux carnivores, on ne peut nier qu'ils ne soient capables de
fournir une quantité de travail considérable; mais un examen
plus approfondi montre bientôt que la somme de travail qu'ils
fournissent est très-faible, comparativement au travail continu
qu'exécute un cheval de trait ou un bœuf.

La relation qui existe entre la nourriture et le travail mécanique du muscle est identique à celle qu'on peut constater entre
le combustible d'une chaudière à vapeur et le travail exécuté
par la machine. Or, personne n'ignore que c'est le charbon
brûlé au-dessous de la chaudière qui est transformé finalement
en travail par le mécanisme de la machine. On obtiendrait, sans
doute, le même résultat par la combustion de matières azotées;

mais il faudrait en employer des quantités beaucoup plus considérables.

On ne charge pas la machine-muscle de charbon pur, parce que les conditions dans lesquelles fonctionne l'organisme ne lui permettent pas de convertir le charbon pur en travail mécanique : en effet, le charbon n'est pas digéré, et ne peut pas non plus être comburé à cause de la faible température du corps. Mais les substances renfermant beaucoup de carbone, comme les hydrocarbures (amidon, sucre, etc.) et les graisses, sont au contraire facilement brûlés dans l'organisme, et fournissent, à poids égal, des quantités de travail mécanique beaucoup plus considérables que les corps azotés albuminoïdes. Si le muscle est capable de produire du travail mécanique par la combustion de ses principes non azotés, c'est évidemment par un procédé analogue à celui de la machine à vapeur, dans laquelle le travail provient de la combustion du charbon.

On a objecté à cette théorie que la proportion des substances non azotées est très-faible; mais cette objection est à peine soutenable. Si nous prenions toute la machine à vapeur, avec la chaudière et le charbon qui couvre la grille, et si nous la soumettions à l'analyse chimique, il est clair que le résultat total de l'analyse nous donnerait une proportion centésimale très-faible de carbone. Ce n'est pas la quantité de charbon présente à un moment donné qui produit le travail de la machine, mais la quantité totale du charbon que le chauffeur introduit peu à peu et pour ainsi dire continuellement. Le sang remplit, dans le muscle, le rôle du chauffeur. Il lui amène constamment des substances nouvelles, et les produits brûlés par le travail s'échappent du muscle, comme l'acide carbonique s'en va par la cheminée de la chaudière.

On pourrait déterminer la quantité de charbon brûlée par la machine, en recueillant le gaz acide carbonique au sortir de la cheminée, et en l'analysant. C'est la méthode employée pour le travail musculaire. Le poumon représente la cheminée du muscle; on recueille l'acide carbonique qui s'en échappe et on calcule d'après cela quelle est la quantité de charbon brûlé.

Tout ce qui ne s'échappe pas sous forme de gaz, pendant la combustion du charbon, reste sous forme de cendres. L'urée et les autres matières qui passent par l'urine correspondent pour ainsi dire aux cendres produites par la machine à vapeur. La somme de ces deux valeurs (acide carbonique et urée) doit représenter exactement le total des produits de combustion engendrés par le muscle.

Quoique la petite quantité de substances non azotées contenues dans le muscle n'empêche pas de considérer ces substances comme la principale source du travail musculaire, nous devons cependant signaler une différence entre la machine-muscle et la machine à vapeur, à laquelle elle ressemble d'ailleurs d'une manière si frappante. Nous avons vu que l'excrétion d'urée éprouve une augmentation, quoique faible, lorsque l'activité musculaire s'accroît. Il est donc évident qu'il se produit alors une destruction plus considérable de la substance composant principalement le muscle, ou du tissu musculaire, tissu que l'on peut comparer aux parties métalliques de la machine à vapeur. Sans doute, il y a aussi usure des parties métalliques de la machine ; mais cette usure est, toute proportion gardée, extraordinairement faible. La machine musculaire n'est pas composée de matériaux aussi solides ; elle s'use donc proportionnellement davantage dans chaque période d'activité. Les principes éliminés par l'organisme sont beaucoup plus oxydés que lorsqu'ils faisaient encore partie du muscle ; il faut bien qu'il y ait aussi production de chaleur et de travail dans cette combustion partielle. La machine musculaire fonctionne donc, en partie, aux dépens des principes qui la constituent ; et, si cette machine doit travailler d'une façon continue, il faut qu'elle récupère continuellement, non-seulement ses matériaux de chauffage, mais encore les matériaux nécessaires pour reconstituer sa propre substance. Mieux l'alimentation employée répond à la composition des principes usés, plus complète est aussi la régénération musculaire.

Nous avons vu déjà que l'usure des substances non azotées est relativement considérable : cela montre combien il serait absurde de vouloir obvier à l'usure uniquement par des substances azotées. Les observations recueillies sur l'alimentation des hommes et des animaux qui travaillent ont pleinement confirmé cette idée. Il est nécessaire de donner des aliments azotés, lorsqu'on veut entretenir les muscles en bon état ; mais il n'est pas moins indispensable de donner des aliments riches en carbone, comme les corps non azotés, pour fournir les éléments chimiques nécessaires à la production du travail. Les bûcherons tyroliens, qui sont si forts et qui font un travail si pénible, consomment pour ce motif, outre une certaine proportion de matières azotées, des quantités énormes d'aliments riches en carbone. Ils vivent presque uniquement de farine et de beurre. Une seule fois par semaine, le dimanche, ils mangent de la viande et boivent de la bière. Pendant les six autres jours, ils sont réduits à se nourrir de ce qu'ils peuvent emporter dans la forêt ; il est par conséquent facile de contrôler la façon dont ils s'alimentent. C'est surtout à la grande proportion de matières grasses qu'ils consomment journellement, qu'ils doivent la force nécessaire pour exécuter des travaux aussi fatigants. Les chasseurs de chamois et les montagnards en général emportent, dans leurs excursions, du lard et du sucre. L'expérience leur a enseigné que ces principes, richement carbonés, les rendent capables d'exécuter de grands travaux. Le sucre surtout est d'autant mieux approprié à ce but, qu'étant très-soluble, il passe très-rapidement dans le sang et peut, par conséquent, servir aussitôt à réparer les forces perdues. Mais le sucre ne peut pas être employé longtemps comme aliment exclusif, ni même comme aliment principal, car, lorsqu'on en consomme beaucoup, il se convertit, dans l'estomac, en acide lactique, et trouble par conséquent la digestion.

5. Lorsqu'un muscle séparé du corps est abandonné pendant quelque temps, il s'y produit une transformation, et il perd complétement la faculté de se raccourcir au contact d'un irritant. Cette transformation s'opère encore plus rapidement lorsque le muscle est souvent mis en activité par des irritations répétées. Le temps nécessaire à cette transformation est très-variable, et

dépend surtout de l'espèce d'animal et de la température. A la
température moyenne, les muscles de mammifères ont déjà
perdu la faculté de se contracter au bout de 20 à 30 minutes ; les muscles de la grenouille ne perdent leur contractilité
qu'au bout de quelques heures, et le muscle du mollet de cet
animal la conserve même souvent pendant deux jours , à la
température ordinaire d'une chambre. Par une température
de 0 à 1° C., ce muscle peut même conserver cette faculté
pendant une huitaine de jours. Une température de 45° au-
dessus de zéro la lui fait perdre, au contraire, en quelques minutes. Tous ces phénomènes se reproduisent chez le muscle
encore intact dans le corps, si la circulation musculaire est interrompue, soit par la mort générale de l'animal, soit par la ligature locale des vaisseaux. On désigne cette perte de contractilité
sous le nom de *mort du muscle*. La mort du muscle ne coïncide
donc pas exactement avec la mort de l'animal ; elle ne succède à
celle-ci qu'au bout d'une demi-heure, ou même de plusieurs
heures.

6. L'aspect d'un muscle mort de grenouille diffère essentiellement de l'aspect d'un muscle frais. Il n'est plus aussi
translucide, et devient au contraire terne et blanchâtre ; au
toucher, il semble plus dur, pâteux, moins élastique et plus
extensible, enfin d'autant plus friable et facile à déchirer que la
modification qu'il éprouve est plus avancée. Les mêmes changements se produisent dans les muscles du cadavre. On désigne
cet état sous le nom de *rigidité cadavérique*. Du Bois-Reymond a
démontré que, pendant la rigidité cadavérique, la réaction alca-
line ou neutre passait à la réaction acide. Ceci provient probablement de la transformation du glycogène et de l'inosite, qui
sont neutres, en acide lactique : cet acide, combiné aux alcalis
du muscle, forme des sels à réaction acide. C'est cette réaction
qui produit aussi, peu à peu, le ramollissement de la viande de
boucherie ; car cette chair, bouillie immédiatement après la mort,
reste, comme on sait, dure et coriace. Lorsque la viande est, au
contraire, conservée quelque temps après la mort, la rigidité
cadavérique disparaît, les faisceaux musculaires adhèrent moins

entre eux, et, dans cet état, elle convient mieux pour la préparation des aliments; elle est en effet plus tendre et plus facile à mâcher, de sorte que le suc gastrique peut aussi plus facilement l'imbiber.

La rigidité cadavérique a donc une certaine analogie, au point de vue chimique, avec les transformations qui se passent dans le muscle vivant et actif. L'activité musculaire développe aussi un acide; mais cet acide est neutralisé par l'alcalinité du sang, puis entraîné. La neutralisation ne peut pas se faire dans la rigidité cadavérique, parce que la circulation n'existe plus. C'est pour cela que la rigidité cadavérique se produit beaucoup plus vite dans les muscles fortement irrités avant la mort, par exemple sur le gibier vivement poursuivi. Or, la quantité d'acide ne peut devenir très-grande dans le muscle vivant, tandis que l'acide s'accumule en grande proportion dans le muscle atteint de rigidité. Cet acide exerce son action en ramollissant le tissu connectif qui relie les fibres, et celles-ci se dissolvent alors plus facilement. Mais une autre modification se produit encore en même temps dans le muscle.

Quand on examine au microscope une fibre musculaire vivante et une fibre rigide, cette dernière paraît trouble et opaque; ses stries transversales sont plus étroites, plus rapprochées les unes des autres, et son contenu n'est pas, comme dans le muscle vivant, mobile et liquide, mais solide et friable. Lorsque la rigidité cadavérique atteint des muscles non allongés, ils se raccourcissent un peu et deviennent plus épais. Cette modification frappe surtout dans les muscles si mobiles de la face; les traits du visage, flasques immédiatement après la mort, reprennent une certaine expression pendant la rigidité. Quant aux extrémités d'un cadavre, elles présentent une certaine raideur, de sorte qu'elles conservent la position dans laquelle elles se trouvaient accidentellement au moment de la mort : d'où la désignation de rigidité cadavérique.

La rigidité ne se manifeste pas en même temps dans toutes les parties d'un cadavre : elle débute ordinairement par la face et la nuque, puis descend graduellement, de sorte que les muscles de la jambe sont atteints en dernier lieu. La résolution de la rigidité a lieu dans le même ordre.

Le raccourcissement qu'éprouvent les muscles pendant la rigidité a été considéré autrefois comme une véritable contraction, et comme une dernière manifestation que produisait l'activité musculaire avant de prendre, pour ainsi dire, congé de l'être vivant. Mais rien ne prouve que la rigidité cadavérique (qui peut du reste être empêchée par des charges très-faibles), ait la moindre analogie avec l'état actif régulier. Tous les phénomènes de la rigidité s'expliquent au contraire très-bien, en admettant que l'un des principes qui composent le muscle, liquide sur le vivant, se coagule et devient solide après la mort. La rigidité cadavérique serait donc un phénomène tout à fait analogue à la coagulation du sang, qui se manifeste aussi après la mort ou lorsque le sang s'écoule des vaisseaux : cette coagulation se produit de même, puisque l'un des principes du sang, la fibrine, se sépare et prend l'état solide. Cette manière de voir, émise par E. Brücke, a été confirmée plus tard par Kühne.

Faisons passer, avec une seringue, un liquide inoffensif (une solution faible de sel marin) à travers un muscle de grenouille, pour le débarrasser de tout le sang qu'il contenait. En pressant ce muscle, nous obtiendrons un jus qui renfermera une partie du contenu fluide de ses fibres. Si on expose alors ce liquide pendant quelques heures à la température habituelle d'une chambre, il s'y produira un coagulum floconneux, et ce coagulum se formera au moment même où d'autres muscles du même animal prendront la rigidité cadavérique. Le liquide musculaire fraîchement exprimé est complétement neutre, mais devient peu à peu acide lorsque le coagulum se forme. L'analogie des phénomènes qui se produisent dans ce liquide musculaire et dans le muscle permet d'admettre qu'il y a aussi, dans le muscle intact, une coagulation, accompagnée en même temps d'une production d'acide, et que cette coagulation est la véritable cause de la rigidité cadavérique.

Nous avons déjà dit que la rigidité se manifeste d'autant plus rapidement que la température est plus élevée. Le jus musculaire présente absolument la même propriété. Lorsqu'on le chauffe à 45° C., il se coagule au bout de quelques minutes et devient en même temps acide. Les muscles chauffés à 45° C. prennent de même la rigidité cadavérique en quelques minutes. Lorsqu'on les chauffe encore plus, à 73° et au-dessus, ils se contractent en une masse informe, deviennent durs et blancs, et prennent l'aspect d'un tissu solide et compact, analogue à du blanc d'œuf cuit. On peut conclure de ce fait, qu'outre la matière qui se coagule pendant la rigidité cadavérique, le muscle contient encore d'autres substances albuminoïdes solubles, qui ont des propriétés analogues à celles de l'albumine ordinaire du sang ou du blanc d'œuf, car cette albumine se coagule aussi lorsqu'on l'échauffe à 73° C.

Le muscle contient donc plusieurs espèces d'albumine. Celle qui se coagule immédiatement à 45° degrés, ou plus tard à la température ordinaire, a reçu le nom de *Myosine*. Ce corps, soluble en principe, paraît devenir insoluble sous l'action de l'acide qui se produit dans le muscle. La rigidité cadavérique serait donc la conséquence de cette production d'acide. Mais nos connaissances sur ce point sont encore très-incomplètes, et elles le resteront jusqu'à ce que la chimie nous ait mieux éclairés sur la nature des corps albuminoïdes.

CHAPITRE V

CONSTITUTION DU SYSTÈME MUSCULAIRE

1. Formes diverses des muscles. 2. Attache des muscles aux os. 3. Tension élastique. 4. Fibres musculaires lisses. 5. Mouvements péristaltiques. 6. Mouvements volontaires et involontaires.

1. Dans les études précédentes sur les propriétés des muscles, nous considérions pour ainsi dire un muscle idéal; nous supposions que toutes les fibres étaient parallèles et d'égale longueur. Il y a, en effet, des muscles de ce type ; mais ils sont rares. Lorsqu'un muscle ainsi formé se contracte, chacune de ses fibres agit absolument comme toutes les autres, et l'action totale du muscle est égale à la somme des actions isolées de toutes les fibres. Mais généralement les muscles n'ont pas une structure aussi simple. Les anatomistes distinguent les muscles, d'après leurs formes et la manière dont les fibres sont disposées, en muscles courts, longs et plats : ces derniers présentent ordinairement des exceptions à la situation parallèle des fibres. Les fibres musculaires attachent parfois l'une de leurs extrémités à un tendon large, et tendent toutes à se réunir en un même point, d'où part un tendon court et arrondi, par l'intermédiaire duquel le muscle est fixé à l'os (muscle en éventail). D'autres fois, les fibres s'insèrent obliquement à un tendon, dont elles se séparent en suivant toutes la même direction (muscle semi-penné), ou bien en suivant deux directions opposées, comme les barbes d'une plume (muscle penné). Pour les muscles radiés ou en éventail, la traction des fibres s'exécutera nécessairement dans diverses directions. Chacune des parties du muscle peut agir isolément, ou bien toutes les parties agissent en même temps, et alors leurs forces se composent d'après le parallélogramme des forces, comme cela a lieu pour toutes les forces agissant dans des directions différentes.

On peut citer, comme exemple de cette forme, un muscle dont nous avons déjà parlé, dans le chapitre II, comme élévateur du bras, et qui a reçu le nom de muscle deltoïde à cause de sa forme triangulaire. Les muscles en éventail présentent réellement des contractions partielles d'un certain nombre de fibres. Lorsque la partie antérieure du muscle se contracte seule, le bras est soulevé en avant ; si c'est la partie postérieure qui se contracte isolément, le bras est soulevé en arrière ; enfin, si toutes les fibres agissent à la fois, les effets de tractions isolées se combinent en une diagonale, qui produit l'élévation du bras dans le plan même de sa situation habituelle.

Pour les muscles semi-pennés et pennés, la ligne de réunion des deux points d'attache ne coïncide pas avec la direction des fibres. Lorsque le muscle se contracte, chaque fibre agit comme force de traction, dans la direction de son raccourcissement. Mais toutes ces forces nombreuses ne produisent qu'une résultante, placée dans la direction que le mouvement doit réellement suivre, et l'action totale du muscle est la somme de toutes les composantes calculées pour chaque fibre séparément. Pour évaluer la force qu'un tel muscle peut exercer, et la hauteur à laquelle il pourrait élever un poids, il faudrait connaître le nombre des fibres, l'angle qu'elles font avec la direction définitive du mouvement, et la longueur relative de chacune des fibres, car elles ne sont pas toujours égales. On voit que ce problème mettrait la patience à une rude épreuve, ne voulût-on le résoudre que sur un seul muscle. Il n'est heureusement pas nécessaire, pour notre but, d'avoir recours à des recherches aussi fastidieuses. Nous pouvons déterminer directement la force d'un grand nombre de muscles, en expérimentant d'après la méthode indiquée chap. III, p. 59. Il est encore plus facile de déterminer la hauteur à laquelle le muscle élève un poids. Quant au travail produit par le muscle, il est très-indifférent que les fibres musculaires soient parallèles et agissent dans leur propre direction, ou qu'elles fassent un angle avec la direction de leur action [1].

2. Mais la direction dans laquelle agissent les muscles dépend moins encore de leur structure que de la façon dont ils s'attachent aux os. La forme des os et de leurs articulations, les ligaments qui les maintiennent, ne permettent à ces os que des mouvements compris entre certaines limites, parfois même seulement dans des directions déterminées. Examinons par exemple une articulation à charnière, comme l'articulation du coude, où l'extension et la flexion sont seules possibles (v. chap. II. p. 18). D'après la structure de cette articulation, il ne peut s'y produire que des mouvements exécutés dans le même plan ; par conséquent, les muscles qui ne sont pas dirigés suivant ce plan n'agissent efficacement qu'avec une partie de leur force de traction, partie que nous pourrons déterminer par le parallélogramme des forces, en recherchant la composante située dans le même plan.

Il n'en est pas de même pour les articulations en forme de segments de sphère ; celles-ci permettent des mouvements dans tous les sens, mais d'une étendue limitée. Lorsqu'un grand nombre de muscles entourent une articulation de ce genre, chacun de ces muscles, quand il agit seul, attire l'os dans la direction de sa traction ; si deux ou plusieurs muscles agissent à la fois, leur action sera la résultante des tractions spéciales de chaque muscle, résultante que l'on pourra encore déterminer par le parallélogramme des forces.

Mais l'action des muscles est soumise aussi à d'autres conditions qui dépendent de leur mode d'insertion sur les os. On peut considérer les os comme des leviers qui tournent autour de l'axe articulaire. Le plus souvent toutefois la direction des muscles n'est pas perpendiculaire à celle de l'os ou du levier,

____

1. Voyez à l'Appendice : Remarques et Additions, n° 2.

mais fait au contraire un angle aigu avec elle. Dans ce cas, la force de traction totale du muscle ne peut pas non plus s'exercer, et la composante perpendiculaire au levier est la seule efficace. Il est nécessaire de remarquer que les os possèdent fréquemment, aux points d'attache musculaire, des saillies ou des proéminences sur lesquelles le tendon du muscle passe comme sur une poulie, pour s'attacher à l'os sous un angle favorable : d'autres fois encore, on rencontre, dans le tendon même, des indurations cartilagineuses ou osseuses (os sésamoïdes) qui agissent dans le même but. L'os de la rotule est le plus grand de ces os sésamoïdes; il est inséré dans le fort tendon des muscles antérieurs de la cuisse, et permet ainsi une attache plus favorable de ces muscles sur le tibia.

Parfois le tendon d'un muscle passe effectivement sur une véritable poulie, de sorte que la direction dans laquelle les fibres musculaires se contractent diffère absolument de celle dans laquelle se produit le mouvement.

3. Une dernière question importante, conséquence de l'insertion des muscles sur les os, c'est la tension qui en est le résultat. Lorsque, sur un cadavre, nous plaçons un membre dans la position ordinaire, dans celle même qu'il occupe habituellement pendant la vie, et qu'alors nous détachons un muscle de son insertion, nous le voyons se retirer et se raccourcir. La même chose arrive pendant la vie, comme on peut s'en assurer par les sections de tendon que les chirurgiens pratiquent pour obtenir le redressement des membres. Puisque le résultat est le même pendant la vie et après la mort, nous avons évidemment affaire à une manifestation de l'élasticité. On peut donc admettre que les muscles sont tirés par leur insertion sur le squelette, et qu'ils tendent à se raccourcir par l'effet de leur élasticité. Si plusieurs muscles sont insérés sur le même os, de manière à exercer leur traction dans des sens opposés, cet os sera obligé de prendre une position pour laquelle les forces de traction de tous ces muscles se feront équilibre : toutefois, ces forces se combineront pour presser les deux faces articulaires l'une contre l'autre, ce qui contribue évidemment à la solidité de l'ar-

ticulation. Mais, si l'un des muscles se contracte, il mettra l'os en mouvement dans la direction de la traction qu'il effectue, et par conséquent il allongera le muscle qui exerce son action dans le sens opposé ; celui-ci produira, à cause de son élasticité, une certaine résistance à l'action du premier, et ramènera le membre dans sa position primitive dès que la contraction du muscle opposé aura cessé. Cette position intermédiaire des membres, produite par l'élasticité des muscles, peut s'observer chez les personnes endormies, alors que toute activité volontaire des muscles est abolie : dans ce cas, tous les membres sont légèrement pliés de manière à déterminer des angles obtus entre leurs diverses parties.

Tous les muscles ne sont pas insérés sur des os : il y en a dont les tendons se perdent dans les parties molles, comme ceux des muscles de la face. Même dans ce cas, les muscles exercent les uns sur les autres une traction mutuelle, faible il est vrai, mais qui produit cependant un certain état d'équilibre, comme on peut le remarquer à la face par la position de la fente buccale. Si la traction exercée par ces muscles symétriquement placés n'était pas égale des deux côtés, la bouche prendrait une position oblique. Ceci arrive par exemple lorsque les muscles d'un côté de la face sont paralysés ; on voit bien alors que la tension élastique est incapable, à elle seule, de maintenir la position normale.

Les muscles insérés sur les os possèdent généralement une tension élastique beaucoup plus considérable, ce qui augmente naturellement leur action pendant la contraction.

4. Nos études ont porté jusqu'ici sur une seule espèce de fibres musculaires, celles que nous avons désignées, dès le début, sous le nom de fibres striées. Mais il en existe encore une seconde espèce, que nous avons indiquée aussi, les *fibres musculaires lisses* ou *cellules fibreuses musculaires*. Ce sont de longues cellules fusiformes, dont les extrémités aiguës sont souvent contournées en tire-bouchon, et qui présentent à leur centre un long noyau en forme de bâtonnet. Ces fibres ne composent pas des masses musculaires limitées, comme les fibres

striées; on les rencontre, au contraire, disséminées dans presque
tous les organes, et souvent rangées en couches ou en assises
plus ou moins épaisses [1]. Ces fibres, régulièrement agencées,
constituent parfois des membranes fort étendues, surtout dans
les organes tubuleux, les vaisseaux, le tube digestif, etc. Les
parois de ces organes, formées de différentes couches, en comp-
tent une ou quelquefois deux composées de fibres lisses. Ordi-

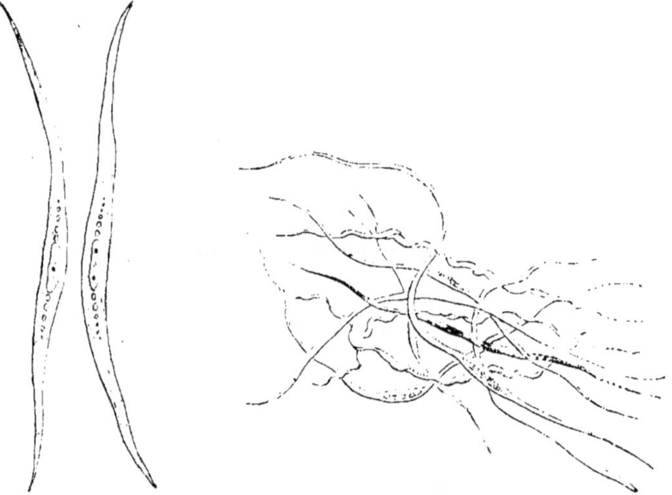

Fig. 25. —Fibres musculaires lisses.

nairement ces couches de fibres lisses comprennent deux stra-
tes, l'un formé de fibres annulaires entourant le tube, l'autre
de fibres longitudinales suivant la direction de l'axe de ce tube.

Lorsque ces fibres se contractent, elles rétrécissent ou raccourcissent le tube dont elles garnissent les parois. Ceci a surtout une grande importance pour les petites artères ; les fibres
lisses disposées en anneaux, peuvent en effet rétrécir beaucoup
leur calibre, ou même le boucher tout à fait : elles gouvernent

1. Le gésier des oiseaux présente un exemple de fibres lisses accumulées
en grand nombre. Ce gésier, abstraction faite des membranes externe et interne qui le tapissent, n'est composé que de fibres lisses réunies en couches puissantes.

ainsi la circulation dans les capillaires. D'autres fois, comme pour le tube digestif, ces fibres servent à mettre en mouvement les matières contenues dans les cavités. Alors leur contraction ne se produit pas d'ordinaire en même temps sur toute l'étendue du tube ; elle débute à un endroit et gagne peu à peu d'autres parties : les substances contenues dans l'intérieur du tube sont ainsi lentement poussées en avant. Ce sont surtout les fibres circulaires qui agissent en pareil cas : elles produisent une occlusion complète du tube en un de ses points ; pendant ce temps, la contraction des fibres longitudinales tire les parois du tube par-dessus les matières accumulées, ce qui favorise beaucoup le déplacement de ces matières.

On donne aux mouvements de ce genre le nom de *mouvements péristaltiques*. Ils existent tout le long du tube digestif, depuis l'œsophage jusqu'à l'anus ; ce sont eux qui provoquent le cheminement des matières alimentaires et l'expulsion finale des substances non digérées.

5. On peut très-bien observer le mouvement péristaltique en mettant à nu l'œsophage d'un chien ; il suffit d'introduire de l'eau dans la bouche de l'animal, pour le forcer à faire un mouvement de déglutition. On peut encore étudier ce phénomène sur des intestins mis à nu, ou sur les uretères : dans ce dernier cas, chaque goutte d'urine échappée du rein produit une espèce d'onde, qui se propage depuis le rein jusqu'à la vessie. Enfin, on peut aussi le provoquer, en excitant, soit mécaniquement, soit par l'électricité, un point quelconque de l'intestin et des uretères, ou même des nerfs qui se rendent à ces organes.

Ce qui frappe tout d'abord dans ces mouvements, c'est leur lenteur. L'excitation ne les fait naître qu'après un intervalle assez long pour être apprécié facilement sans moyens artificiels, et ils se propagent ensuite peu à peu, même quand l'excitation a été subite et passagère ; ils atteignent lentement une certaine force, puis diminuent de nouveau graduellement.

Les fibres lisses se distinguent des fibres striées par cette lenteur des mouvements. Cette différence n'est cependant pas essentielle ; elle ne consiste après tout qu'en une rapidité plus ou moins grande des phénomènes : nous avons observé aussi sur le muscle strié une période d'excitation latente, une période pendant laquelle le muscle se contracte peu à peu jusqu'à un maximum, enfin une période de détente graduelle. Mais, pour le muscle strié, ces phénomènes sont concentrés dans l'espace d'une minime fraction de seconde, tandis que, pour le muscle lisse, leur manifestation exige plusieurs secondes. Il n'est donc pas nécessaire d'employer des moyens artificiels pour distinguer entre elles les différentes périodes d'activité des muscles lisses.

Ces connaissances, toutes superficielles, sont les seules que nous possédions jusqu'à ce jour. Il est, en effet, très-malaisé de faire des expériences sur ces muscles, d'abord, parce qu'il est difficile de les isoler, ensuite, parce qu'ils perdent fort vite leur irritabilité lorsqu'ils sont détachés. Ainsi, nous ignorons tout à fait pourquoi l'irritation appliquée sur un point se transmet à d'autres fibres. Cette transmission n'existe pas pour les muscles striés. Lorsqu'on étend sur une plaque de verre un muscle strié long, mince et à fibres parallèles, et qu'on en irrite une portion très-restreinte, on voit l'irritation se propager longitudinalement dans les fibres atteintes par l'irritation. Il n'a pas été possible jusqu'ici, du moins tant que le muscle était frais, d'obtenir une contraction restreinte à une partie de la fibre striée. Cette contraction locale se produit cependant sur le muscle en train de mourir.

Chaque fibre musculaire forme donc un tout complet, où l'irritation d'un point se transmet à toute la longueur de la fibre. On a même pu mesurer la rapidité avec laquelle s'opère cette transmission. Puisque les muscles qui se contractent deviennent en même temps plus épais, cet épaississement soulèvera un petit levier posé sur la fibre, et l'on pourra faire dessiner cette élévation sur la plaque, rapidement déplacée, d'un myographe. Si on dispose deux de ces petits leviers près des deux extrémités d'un muscle long, et qu'on l'irrite ensuite à l'un de ses bouts, le levier le plus rapproché du point irrité sera soulevé le premier, tandis que l'autre ne le sera que plus tard. On peut donc lire sur la plaque du myographe l'intervalle qui sépare ces deux soulèvements, et calculer ainsi la rapidité avec laquelle l'excitation se propage. Aeby, qui a exécuté le premier des expériences de ce genre, a trouvé que la vitesse de propagation est de 1 à 2 mètres par seconde, c'est-à-dire que l'irritation communiquée à un point d'un muscle exige de 1/200 à 1/100 de seconde pour avancer d'un centimètre. Les nouvelles expériences de Bernstein et Hermann ont donné des valeurs un peu plus grandes, c'est-à-dire de 3 à 4 mètres par seconde. La vitesse devient de plus en plus faible, lorsque le muscle se rapproche de sa mort, et elle cesse tout à fait chez ceux qui sont près d'entrer en rigidité cadavérique ; on y remarque encore un épaississement au point irrité, mais cet épaississement ne progresse plus.

Dans tous les cas, l'irritation ne se communique qu'aux fibres excitées, et les fibres voisines restent au repos le plus absolu. Chez les muscles lisses, au contraire, la contraction, provoquée sur un point, se propage aussi aux fibres voisines.

La différence notable qui existe ainsi entre les muscles lisses et les muscles striés disparaîtrait sans doute, si les idées qu'Engelmann a émises, en examinant les uretères, venaient à se confirmer. D'après Engelmann, la musculature des uretères ne se composerait pas du tout, pendant la vie, de fibres musculaires isolées, mais formerait au contraire une masse continue et homogène, qui se diviserait seulement en fibres séparées au moment de la mort. Si l'on pouvait admettre ces idées, et les appliquer aux muscles lisses d'autres organes, il y aurait alors continuité de toute la membrane musculeuse, et la communication de l'irritation serait physiologiquement expliquée.

6. En général, les parties munies seulement de fibres lisses ne sont point mobiles volontairement, tandis que les fibres musculaires striées sont soumises à la volonté. C'est pour ce motif qu'on a désigné aussi les premiers sous le nom de muscles involontaires.

Le cœur présente cependant une exception : il possède des

fibres musculaires striées ; cependant la volonté n'a aucune influence immédiate sur sa contractilité, et ses mouvements sont excités et réglés indépendamment de l'intervention de la volonté[1]. Les muscles de cet organe présentent encore une autre particularité, c'est que leurs fibres manquent de sarcolemme. Ce fait est d'autant plus intéressant, que les irritations immédiates exercées sur un point quelconque du cœur se transmettent à toutes les fibres de l'organe. En outre, les fibres musculaires du cœur sont ramifiées ; mais on rencontre aussi des fibres musculaires ramifiées dans d'autres organes, par exemple dans la langue de la grenouille, où elles simulent les ramifications d'un arbre. Les muscles lisses, qui ne sont point soumis à la volonté, se contractent sous l'influence d'excitations locales, comme la pression des matières contenues dans les cavités, ou sous l'influence d'excitations provenant du système nerveux.

Remarquons en finissant qu'il ne peut y avoir de différence absolue entre les fibres musculaires striées et les fibres musculaires lisses, puisqu'il existe des formes intermédiaires, par exemple chez certains mollusques. Les muscles de ces animaux sont composés de fibres striées dans une partie seulement de leur étendue, et présentent en ces points la double réfraction. Il est probable que, dans ces parties, les disdiaklastes de Brücke sont rangés régulièrement en groupes, tandis que, sur les autres points, ils sont disséminés irrégulièrement, et par conséquent invisibles, comme cela a lieu pour toute l'étendue des fibres lisses.

Dans le cours ordinaire de la vie, les contractions des fibres musculaires striées ne dépendent que de l'influence du système nerveux. Il est donc nécessaire d'examiner maintenant les propriétés des nerfs ; nous essaierons ensuite d'expliquer la manière dont ils agissent sur les muscles.

---

1. Le tube digestif de la tanche (*Tinca vulgaris*) présente aussi des muscles striés, contrairement à ce qui existe chez tous les autres vertébrés. Il est cependant douteux, et même invraisemblable, que l'intestin de cet animal ait des mouvements volontaires.

CHAPITRE VI

1. Le système nerveux se présente dans le corps animal sous deux formes distinctes : la première ressemble à des cordons fins et isolés qui se divisent fréquemment et parcourent tout le corps, la seconde à des accumulations de grandes masses. Ces dernières sont renfermées, au moins chez les animaux supérieurs, dans les boites osseuses du crâne et de la colonne vertébrale ; on les désigne sous les dénominations de *centres nerveux* ou d'*organes centraux* du système nerveux, tandis que les cordons nerveux, partant de ces centres et atteignant les parties les plus éloignées du corps, ont reçu le nom de *système nerveux périphérique*.

L'examen microscopique des nerfs périphériques montre qu'ils sont composés de fibres très-fines, reliées par une enveloppe de tissu connectif qui en forme des faisceaux. Chacune de ces fibres, fraiche et examinée avec un grossissement de 250 à 300, présente l'aspect d'un filament transparent, d'un jaune pâle, dans lequel on ne peut pas distinguer d'autres parties constituantes. Bientôt cependant, cet aspect change ; les fibres deviennent moins transparentes, et l'on voit apparaître au centre une partie axilaire distincte de l'enveloppe extérieure. Cette partie interne est ordinairement plate, rubanée, et montre, à un grossissement plus fort, une rayure longitudinale très-

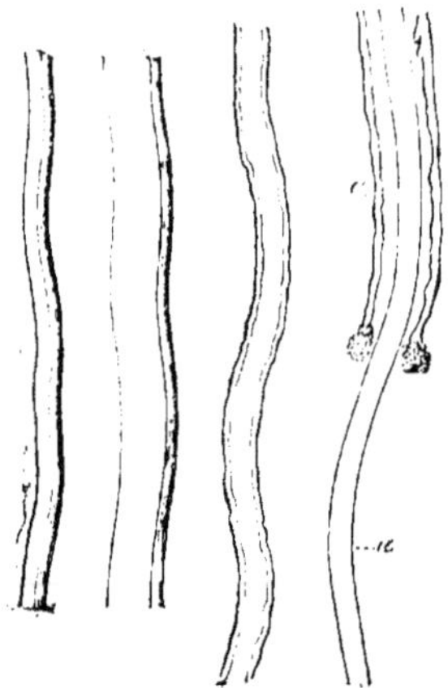

Fig. 26. — Fibres nerveuses. *aa*, cylindre-axe enveloppé en partie par la gaine médullaire.

fine, comme si elle était composée de filaments ou de fibrilles extrêmement ténues. Elle a reçu le nom de *cylindre-axe* ou de *fibre axe*. La partie extérieure présente un aspect grumeleux ; lorsqu'on la coupe, elle se gonfle, aux extrémités coupées, en gouttelettes qui se coagulent bientôt : on lui a donné le nom de *moelle nerveuse*. La moelle nerveuse enveloppe complétement le cylindre-axe ; mais, comme elle réfracte la lumière de la même manière que le cylindre-axe, on ne peut pas les distinguer à l'état frais, et on ne les voit se séparer à l'œil qu'après la coagulation de la moelle nerveuse. La moelle nerveuse et le cylindre-axe sont encore enveloppés par un tube dense et élastique, auquel on a donné le nom de *névrilemme* ou de *gaine nerveuse*.

Tous les nerfs périphériques ne possèdent pas ces trois parties. Quelques nerfs ne présentent pas de moelle nerveuse, et sont réduits à des cylindres-axes enveloppés directement par le névrilemme. Lorsqu'un grand nombre de fibres nerveuses sont réunies en faisceau, ces fibres sans moelle sont plus transparentes, et grisâtres : c'est pour ce motif qu'on leur a donné le nom de *fibres grises*. Les fibres nerveuses à moelle sont, au contraire, d'un blanc jaunâtre. Si l'on poursuit les nerfs jusqu'à la périphérie, on voit dans ce parcours une foule de petites branches se détacher du tronc, de sorte que tronc et branches finissent par devenir de plus en plus étroits. A la fin, on n'aperçoit plus que des fibres isolées, mais qui ont tout à fait l'apparence de celles qui sont contenues dans le faisceau. Souvent, les fibres munies de moelle la perdent en ce moment, et prennent alors l'apparence de fibres grises. Quelquefois aussi, le cylindre-axe se divise en parties plus déliées, de sorte que la fibre nerveuse, quoique déjà très-fine, embrasse une surface plus étendue. Un certain nombre de fibres nerveuses aboutissent à des muscles, d'autres à des glandes, d'autres enfin à des organes terminaux spéciaux.

Les organes centraux du système nerveux possèdent aussi un grand nombre de fibres, et ces fibres ne se distinguent point, à l'aspect, de celles qui composent le système périphérique. On rencontre en effet dans le système central des fibres avec cylindre-axe, moelle et névrilemme, d'autres sans moelle, d'autres enfin où l'on ne peut distinguer de névrilemme, et que l'on doit considérer par conséquent comme des cylindres-axes nus. Outre ces diverses sortes de fibres, on y trouve encore des fibrilles beaucoup plus fines que les cylindres-axes.

Mais, ce qui distingue les organes centraux du système nerveux, c'est la présence fréquente d'un second élément, qui ne manque pas complétement au système nerveux périphérique, mais qui se trouve isolé dans certaines de ses parties, tandis qu'il représente une fraction très-importante de la masse totale des organes centraux. Cet élément consiste en formations d'apparence cellulaire, qu'on a nommées *cellules nerveuses*, *cellules ganglionnaires* ou *globules nerveux*.

Chaque cellule ganglionnaire se compose d'un corps, à l'intérieur duquel se trouve un gros noyau, lequel renferme souvent lui-même un nucléole. Quelques-unes de ces cellules sont entourées d'une membrane, qui se soude fréquemment au névrilemme des nerfs en contact avec elles. Le corps de la cellule ganglionnaire est finement granulé, et formé d'une matière protoplasmique, qui devient trouble et opaque par la chaleur, mais qui, à l'état frais, est d'ordinaire faiblement transparente. La forme de ces cellules varie beaucoup. Elles sont quelquefois presque sphériques, et parfois elliptiques : d'autres sont irrégulières et munies de plusieurs prolongements. La plupart de ces cellules ont un ou plusieurs prolongements ; mais on en rencontre aussi qui n'en possèdent point : il est certain d'ailleurs que cette apparence est accidentelle, et que les prolongements des cellules ont été arrachés pendant la préparation. Ces cellules ganglionnaires sont quelquefois intercalées dans le parcours des

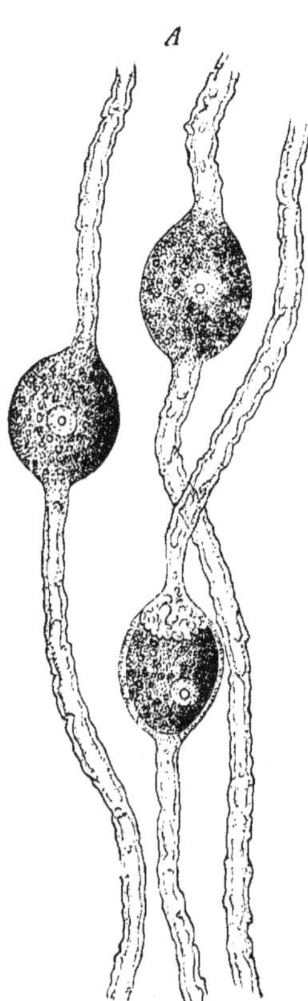

Fig. 27. — Ganglions nerveux avec prolongements nerveux.

fibres nerveuses, et leurs prolongements ne se distinguent alors en rien des véritables fibres nerveuses, comme on peut le voir sur la fig. 27. Les cellules ganglionnaires de la moelle ont plusieurs prolongements, et ces prolongements ont tout à fait la même apparence que le corps cellulaire, c'est-à-dire qu'ils sont finement granulés ; on les appelle prolongements protoplasmiques. Mais toutes ces cellules possèdent d'ordinaire un prolongement qui se distingue très-bien des autres par son aspect. Les prolongements protoplasmiques se rétrécissent peu à peu, se divisent fréquemment, et se réunissent en partie aux prolongements des cellules nerveuses voisines. Le prolongement qui se distingue des autres parcourt d'abord une certaine étendue, sous forme d'un cordon fin et cylindrique ; puis il devient subitement plus gros, s'entoure de moelle, et prend toute l'apparence des fibres périphériques à moelle. Il est très-vraisemblable, bien que fort difficile à démontrer, qu'une fibre de cette forme, en sortant de la moelle épinière, se change aussitôt en fibre nerveuse périphérique ; tandis que les prolongements protoplasmiques parcourent une partie du système nerveux central et servent à relier les cellules nerveuses entre elles.

Le système nerveux, dont nous avons maintenant appris à connaître grosso modo les éléments, sert, dans l'organisme, d'intermédiaire entre les mouvements et les sensations. Mais cette propriété appartient surtout au système nerveux central, qui contient les cellules ganglionnaires. Les nerfs périphériques servent d'appareil conducteur; ils transmettent, pour ainsi dire, certains phénomènes de la périphérie au cerveau et en ramènent d'autres du cerveau à la périphérie.

Avant de passer à l'examen des phénomènes du système nerveux central, il est nécessaire de s'occuper d'abord de ces appareils conducteurs et d'en étudier les propriétés.

2. Lorsque nous mettons un nerf à nu sur un animal vivant, et que nous lui appliquons les irritants que nous avons appris à connaître en parlant des muscles, nous voyons d'ordinaire se produire deux sortes d'effets. L'animal ressent de la douleur, et il exprime cette sensation par des mouvements violents ou des cris; mais, en même temps, quelques muscles se contractent. En poursuivant jusqu'à la périphérie le nerf irrité, nous verrons quelques-unes de ses fibres se rendre aux muscles qui se sont contractés. Nous savons déjà que l'autre extrémité du nerf est reliée au système nerveux central.

Si on coupe le nerf entre la partie excitée et le centre nerveux, des irritations successives provoquent encore des contractions musculaires; mais l'animal n'éprouve plus de douleur. Si, au contraire, on coupe le nerf dans une partie plus périphérique que la partie excitée, son irritation ne produit plus de contraction musculaire, mais au contraire de la douleur. Les nerfs périphériques, quand on les irrite sur un point de leur parcours, sont donc capables d'agir aussi bien à leur extrémité périphérique qu'à leur extrémité centrale, en supposant toutefois que la conductibilité du nerf soit intacte dans l'une et l'autre de ces directions.

Ceci nous permet de chercher d'une manière exacte l'action des nerfs sur les muscles : pour cela, nous mettons un nerf à nu avec le muscle auquel il se rend, sans détruire la connexion qui existe entre eux, et nous soumettons ensuite le nerf à des expériences ultérieures.

Les expériences préliminaires prouvent déjà que les nerfs sont irritables dans le même sens que les muscles. Mais, tandis que nous pouvons observer immédiatement sur le muscle les effets de l'excitation, le nerf, lui, ne révèle aucun changement de forme ni d'aspect. Nous ne pouvons rien découvrir, même avec les plus forts grossissements de nos microscopes, et nous ne saurions même pas que le nerf est véritablement irritable, si le muscle auquel il est relié ne prouvait, par ses contractions, que quelque chose a dû se passer dans le nerf. Nous nous servons donc du muscle, comme d'une espèce de réactif, pour indiquer les changements survenus dans les nerfs. Les expériences peuvent être exécutées sur des animaux à sang chaud aussi bien que sur des animaux à sang froid. Mais, comme les muscles des animaux à sang chaud perdent facilement leur activité lorsqu'ils sont soustraits à l'influence de la circulation, on choisit de préférence, pour ces essais, les nerfs et les muscles de la grenouille. On emploie ordinairement les muscles des cuisses de la grenouille, parce que l'on peut très-facilement isoler une longue portion du nerf sciatique jusqu'à son point de sortie de la colonne vertébrale. Dans certains cas, il est plus avantageux de se servir du muscle du mollet seul, avec le nerf sciatique, bien entendu ; le muscle est alors attaché de la même façon que dans les expériences précédentes, et son raccourcissement est indiqué aussi par un levier.

Lorsque nous avons ainsi fixé le muscle, et que nous comprimons le nerf avec une pincette, en un point quelconque de son parcours, le muscle se contracte aussitôt. Nous obtiendrions le même résultat en comprimant le nerf par une ligature, ou bien en coupant une partie de ce nerf avec des ciseaux. Toutes ces opérations constituent des irritations mécaniques. Nous pouvons aussi appliquer sur le nerf des acides ou des alcalis, et le muscle se contractera de même : ces agents, acides ou alcalis, sont des irritants chimiques. Nous pouvons encore échauffer une portion du nerf et l'irriter ainsi par la chaleur. Dans tous ces cas, le nerf perdra son irritabilité, tout de suite ou du moins très-rapidement, aux points touchés.

Enfin, en plaçant le nerf sur deux fils métalliques, et en faisant passer un courant électrique par une portion de ce nerf, nous pourrons l'irriter électriquement, à plusieurs reprises, et cette fois sans que son irritabilité soit détruite. Nous voyons donc que le nerf se comporte, sous ce rapport, de même que le muscle. Avec un courant constant, on obtient d'ordinaire une contraction à l'ouverture et une à la fermeture du courant; il y a quelquefois aussi un raccourcissement continu pendant que le courant traverse une portion du nerf. Avec des courants induits, on obtient une contraction pour chaque battement du courant, et, si ces battements se succèdent d'une manière très-rapide, le muscle sera tétanisé. Nous en resterons pour le moment aux courants induits.

Faisons passer un de ces courants à travers une portion du nerf, à une certaine distance du muscle : chaque battement du courant produira une contraction musculaire. Coupons maintenant le nerf entre le point excité et le muscle : toute réaction sur le muscle cessera. Il est même inutile de réappliquer avec soin les deux surfaces de la section l'une contre l'autre : ces deux surfaces se collent, et le nerf semble intact à un examen superficiel; mais les irritations appliquées au-dessus de la partie lésée ne peuvent plus agir sur le muscle. La même chose arriverait si nous pratiquions une ligature serrée sur le nerf, entre la partie excitée et le muscle. Mais, lorsque nous déplaçons les électrodes métalliques pour les appliquer à un nouvel endroit situé au-dessous de la section ou de la ligature, l'action du nerf sur le muscle réapparaît aussitôt.

3. Quelle conséquence pouvons-nous tirer de ces faits? Ou bien le nerf, quoique irrité dans une portion restreinte de son parcours, devient immédiatement actif dans toute son étendue; ou bien l'irritation agit seulement sur la partie irritée, et l'activité nerveuse produite en cet endroit se propage à travers les fibres, atteint ainsi le muscle et le force à se contracter. Si cette dernière hypothèse est fondée, nous devons en conclure que toute lésion d'une fibre nerveuse empêche ou abolit l'activité de cette fibre, et nous pouvons encore admettre, d'après l'expé-

rience faite au moyen de la ligature du nerf, que, les gaines nerveuses ne fussent-elles point lésées, la contusion exercée sur le
contenu du nerf suffit toute seule à rendre impossible la transmission de l'action nerveuse. — C'est bien l'hypothèse de la
propagation qui est la vraie.

Nous pouvons, en effet, déterminer le temps écoulé entre l'irritation du nerf et le commencement de l'action musculaire. On
se sert pour cela des méthodes appliquées déjà aux muscles. On
pourra prendre l'appareil électrique à mesurer le temps, ou le
myographe représenté par la figure 17. Comme il ne s'agit pas
ici de la forme de la courbe musculaire, mais seulement du
début de l'action, du Bois-Reymond a eu l'idée de donner à
l'appareil une forme plus simple, dans laquelle le dessin se
produit sur une plaque plane poussée en avant par un ressort
(fig. 28). Cet appareil repose sur une épaisse plaque de fonte,
aux deux extrémités de laquelle se trouvent deux puissants
supports en cuivre, *A* et *B*. Un léger cadre en cuivre contient
une plaque de verre poli, servant de tableau à dessin, longue
de 160 mm. et large de 50 mm. Le cadre se meut, avec le
moins de frottement possible, sur deux fils d'acier tendus parallèlement entre les supports. La distance de ces supports
est le double de la longueur du cadre, de sorte que la plaque de verre passe, dans toute sa longueur, devant le stylet,
lorsque le cadre est poussé d'un support à l'autre. Deux baguettes d'acier rondes sont vissées aux extrémités étroites du
cadre ; leur longueur est un peu plus grande que le chemin
qu'elles ont à parcourir, et elles passent, avec le moins de frottement possible, par des trous percés dans les supports *A* et *B*.
L'extrémité d'une de ces baguettes est entourée d'un ressort
d'acier en spirale. Lorsqu'on appuie ce ressort contre le support *B*, au moyen du bouton qui se trouve à l'extrémité de la
baguette, on fait avancer le cadre de *B* en *A*, c'est-à-dire dans
le sens opposé à celui qu'indique la flèche marquée sur la
plaque à dessin. Il arrive alors un moment où la détente, que
l'on voit sur le support *A*, engage un cran dans une entaille de la
baguette, en *a*, et empêche le ressort de se détendre. Le ressort

reste ainsi tendu jusqu'à ce que l'on exerce sur la détente une pression qui délivre le cadre : ce cadre est alors poussé, avec une vitesse qui dépend de la force du ressort, dans la direction de A en B, comme l'indique la flèche.

Pour marquer la secousse musculaire sur la plaque, on a placé à côté d'elle un levier, avec un stylet semblable à celui que nous avons employé pour marquer la hauteur à laquelle un muscle soulève des poids, et pour indiquer les allongements produits par l'élasticité (voir fig. 8, p. 25). On n'a pas représenté cette pièce sur la figure 28, afin de rendre la plaque

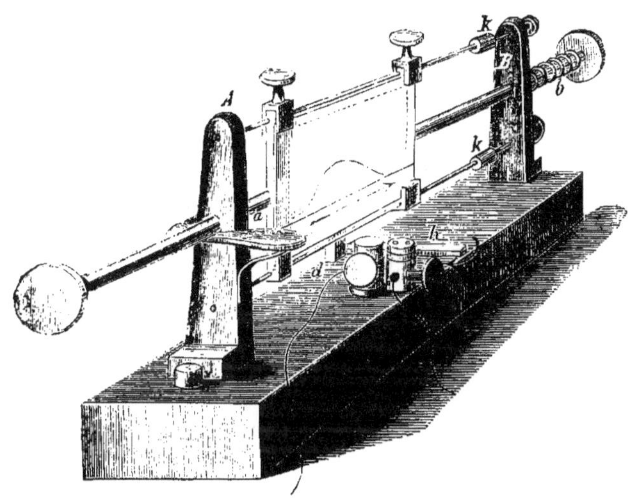

Fig. 28. — Myographe à ressort de du Bois-Reymond.

plus visible. — La vitesse avec laquelle la plaque de verre se meut, de A en B, s'accroît d'abord jusqu'au point où le ressort dépasse sa position de repos. Le cadre présente à sa partie inférieure une saillie d qui correspond exactement à ce point. Cette saillie fait tourner, en passant, un levier qui interrompt à son tour le courant principal d'une machine à induction; celui-ci engendre, dans la bobine secondaire, un courant induit qui traverse le muscle et l'irrite. Grâce à cette disposition de la machine, le muscle exige, pour être irrité, que le cadre occupe une position déterminée vis-à-vis du stylet. Quand on fait glisser d'abord le cadre vers *A*, puis qu'on le pousse ensuite lentement vers *B*, jusqu'à ce que la saillie *d* touche le ressort, et qu'on produit ainsi une contraction musculaire, le stylet soulevé par cette contraction trace une ligne perpendiculaire, dont la longueur est égale au raccourcissement du muscle. Ramenons maintenant le cadre en *A*, et laissons-le partir rapidement en pressant sur la détente : la contraction musculaire se fera de nouveau, dans la même position de la plaque que tout à l'heure, c'est-à-dire lorsque le stylet sera exactement vis-à-vis de la ligne verticale que nous avons obtenue. La contraction musculaire sera dessinée de même sur la plaque; mais, au lieu d'une ligne droite verticale, nous obtiendrons une ligne courbe, à cause de la rapidité avec laquelle le cadre s'est déplacé. La distance qui sépare le commencement de cette courbe de la ligne verticale tracée précédemment correspond à la période d'irritation latente.

Quand, au lieu d'irriter le muscle lui-même, on irrite une partie du nerf, le muscle dessine également sa courbe de contraction sur la plaque du myographe. Faisons donc dessiner successivement deux courbes de contraction, mais avec cette différence que, la première fois, nous irriterons une partie du nerf située près du muscle, et, la seconde fois, une autre partie très-éloignée du muscle; nous obtiendrons, sur la pla-

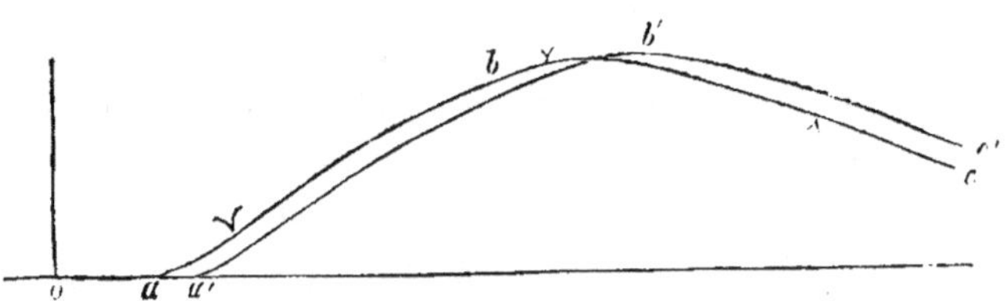

Fig. 29. — Transmission de l'excitation dans les nerfs.

que du myographe, deux courbes d'une ressemblance parfaite, mais ne se recouvrant pas. Elles seront, au contraire, déplacées dans toutes leurs parties, comme le représente la figure 29 [1]. La courbe *a b c* a été obtenue lorsqu'on a irrité la partie de nerf rapprochée du muscle : pour la distinguer plus facilement de l'autre, on y a joint de petits crochets; *a' b' c'* est la courbe obtenue immédiatement après, par l'irritation d'une partie de nerf plus éloignée du muscle. Cette courbe est, comme on le voit, plus reculée : elle commence à une plus grande distance du moment de l'irritation, qui est marqué par la ligne verticale *o*. Entre le moment de l'irritation et celui où le muscle s'est contracté, il s'est donc écoulé un temps plus long que dans la première expérience; cette différence tient à ce que, dans le second cas, l'irritation appliquée au nerf avait une distance plus longue à parcourir pour arriver au muscle, et que, par suite, ce dernier a dû se contracter plus tard.

On peut mesurer ce temps, quand on connaît la vitesse avec laquelle se meut la plaque, ou en faisant dessiner sur cette plaque les vibrations d'un diapason en même temps que la courbe musculaire. Ce temps, et la distance qui sépare les deux points du nerf que nous avons irrité, nous permettent aussi de calculer la vitesse avec laquelle l'irritation se transmet dans les nerfs. Helmholtz a fixé cette vitesse à 24 mètres par seconde, d'après ses expériences sur les nerfs de la grenouille. Cette vitesse n'est cependant pas constante; elle varie avec la température, s'accroît à une température élevée, et diminue par une température plus basse. On a aussi déterminé cette vitesse chez l'homme. On peut irriter les nerfs de l'homme, surtout lorsqu'ils sont superficiels, en plaçant sur la peau intacte qui les recouvre les fils d'un appareil à induction : la peau en effet n'est pas un corps isolant. Si l'on irrite de cette façon le même nerf, mais en deux endroits différents, on obtient des résultats tout à fait semblables à ceux que nous avons exposés plus haut au sujet des nerfs de la grenouille. Pour déterminer exactement l'instant de la contraction d'un muscle humain intact, on lui superpose un levier léger qui, au moment de la contraction, est soulevé par

---

1. Les courbes de la figure 29 sont dessinées sur une plaque mue plus rapidement que celle qui nous a donné les courbes de la figure 18; c'est pour cela que ces courbes sont plus allongées que dans la figure 18.

l'épaississement du muscle. Helmholtz a fait des expériences de ce genre sur les muscles du pouce. Le nerf qui se rend à ces muscles (*nerf médian*) peut être irrité au voisinage de l'articulation de la main et au voisinage du pli du bras. La différence des temps écoulés et la distance des deux points irrités ont donné, pour la transmission de l'irritation nerveuse chez l'homme, une vitesse de 30 mètres par seconde. Ce chiffre est plus fort que celui de la grenouille; mais il s'explique par la température plus élevée du nerf humain. En effet, cette vitesse se réduisit beaucoup, lorsqu'on eut refroidi le bras avec de la glace.

Ces calculs de la vitesse de transmission ont été faits dans l'hypothèse où cette vitesse serait constante. Rien ne prouve cependant qu'elle le soit. Il est même probable que cette transmission se fait d'abord rapidement, et ensuite avec moins de rapidité. On peut admettre ce fait, d'après une expérience de M. Munk. On fixe sur un nerf trois paires de fils métalliques, l'une tout près du muscle, l'autre au milieu, et la troisième à son extrémité, et l'on fait dessiner les trois courbes sur le myographe; ces trois courbes ne sont point également distantes les unes des autres : la première et la seconde sont très-rapprochées, tandis que la troisième est, au contraire, très-éloignée des deux premières. L'excitation a donc mis, pour arriver depuis l'extrémité supérieure jusqu'à l'extrémité inférieure, moins du double du temps employé à parcourir la moitié de cet espace, depuis le milieu jusqu'à l'extrémité inférieure.

L'explication la plus simple qu'on puisse donner de ce fait, c'est que l'irritation se ralentit peu à peu pendant sa transmission, de la même façon qu'une bille de billard se meut d'abord avec une grande vitesse, puis ensuite plus lentement. Chez la bille, le ralentissement est amené par le frottement exercé sur la table. On peut en conclure qu'il y a aussi, dans le nerf, une résistance à la transmission, résistance qui diminue peu à peu la vitesse. Cette résistance à la transmission est encore rendue probable par d'autres motifs sur lesquels nous reviendrons plus tard [1].

1. Voir à l'Appendice : Remarques et Additions, n° IV.

1. Toutes les fibres nerveuses d'un même tronc sont irritées en même temps, lorsqu'on irrite ce tronc. Quand on poursuit le nerf crural jusqu'à son point d'émergence de la colonne vertébrale, on s'aperçoit qu'il se compose en cet endroit de quatre branches, que l'on a nommées racines du nerf. On peut donc irriter séparément chacune de ces racines, et l'on constate des secousses ; mais ces secousses ne se montrent pas dans toute l'étendue du membre, elles atteignent seulement certains muscles, qui ne sont pas les mêmes quand l'irritation a porté sur l'une des racines ou sur l'autre. Or les fibres nerveuses sorties de ces racines sont réunies dans le nerf crural sous une enveloppe commune. L'expérience prouve donc que, malgré cela, l'irritation reste confinée dans chacune des fibres isolées et ne se propage pas aux fibres voisines.

Cela est vrai pour tous les nerfs périphériques. Partout où l'on peut irriter isolément des fibres nerveuses, l'irritation ne se communique pas aux fibres voisines. Nous verrons plus tard que ce transport de l'irritation d'une fibre à l'autre a lieu dans les organes centraux du système nerveux. Là, il est très-probable que les fibres nerveuses ne sont pas simplement placées les unes à côté des autres, mais qu'elles communiquent entre elles, d'une façon ou d'une autre, par des prolongements. Quant aux fibres nerveuses périphériques, elles se comportent comme des fils électriques entourés d'une enveloppe isolante.

On peut, en effet, comparer le nerf à un faisceau de fils télégraphiques protégés chacun contre le contact direct des autres par une enveloppe de gutta-percha ou de toute autre substance. Cette comparaison serait cependant superficielle, car on ne trouve nulle part autour de la fibre nerveuse des enveloppes isolantes pour l'électricité : toutes leurs parties sont, au contraire, bonnes conductrices. Nous verrons même plus tard que des phénomènes électriques se produisent effectivement dans le nerf, et que ces phénomènes sont en relation directe avec l'activité nerveuse.

Il faut donc bien admettre que l'isolation des fibres nerveuses est produite d'une autre façon que celle des fils télégraphiques. Mais, pour le moment, nous devons nous borner à constater le fait du transport isolé de l'action nerveuse, et renvoyer à plus tard l'explication de ce fait.

5. Lorsqu'on irrite un nerf par des courants induits, le muscle éprouve des contractions, tantôt faibles et tantôt fortes, selon l'intensité du courant. Tous les nerfs ne se ressemblent point sous ce rapport, et les parties d'un même nerf diffèrent même souvent entre elles. Nous sommes donc obligés d'admettre que les nerfs ne sont pas tous irritables au même degré.

Les physiologistes désignent ce fait sous le nom d'*impressionnabilité*, ou plutôt d'*excitabilité* nerveuse, et ils expriment par ce mot la plus ou moins grande facilité avec laquelle le nerf est mis en action par des excitations extérieures.

Pour mesurer l'excitabilité d'un nerf ou d'une certaine partie de ce nerf, on peut suivre deux voies : ou bien employer toujours le même excitant, et mesurer l'excitabilité d'après la force des contractions provoquées par cet excitant, ou bien changer d'excitant jusqu'à ce qu'on obtienne des contractions musculaires d'une force déterminée. Dans le premier cas, l'excitabilité est d'autant plus grande que la contraction musculaire provoquée par l'excitant est plus violente. Dans le second cas, nous dirons que l'excitabilité est d'autant plus forte que l'excitant appliqué pour produire des contractions d'une force déterminée est lui-même plus faible.

Chacune de ces méthodes a ses avantages et ses inconvénients. La première rend visibles de très-petites variations d'excitabilité, mais seulement dans des limites très-étroites. Lorsque l'excitabilité diminue, il se présente bientôt une limite en deçà de laquelle aucune contraction ne se produit ; lorsque l'excitabilité augmente, le muscle finit par atteindre son maximum de contraction au-delà duquel il ne peut plus se contracter. Au-dessous ou au-dessus de ces limites, les modifications passent donc inaperçues.

La seconde méthode est assez commode, en recherchant d'abord la force de l'excitation qui suffit tout juste pour provoquer la contraction musculaire. Cette méthode suppose d'ailleurs que nous possédons un moyen de diminuer à volonté l'intensité de l'excitation.

On peut obtenir très-rigoureusement cette diminution de la force excitante en employant les courants induits, et en faisant varier la distance entre la bobine primaire et la bobine secondaire de la machine. Quand on se sert de cette disposition, on détermine d'abord l'éloignement nécessaire entre les bobines pour obtenir les plus faibles contractions musculaires visibles, et on considère cette distance, facile à lire sur une règle divisée en millimètres, comme la mesure de l'excitabilité [1].

6. Lorsque nous plaçons un nerf fraîchement préparé sur une série de paires de fils électriques, et que nous déterminons successivement l'excitabilité de chacune des parties de ce nerf d'après la méthode indiquée ci-dessus, nous trouvons généralement que l'excitabilité des parties supérieures du nerf est plus forte que celle des parties inférieures. Cette relation n'est cependant pas tout à fait régulière. On rencontre parfois, au milieu du nerf, une place moins excitable que les parties situées au-dessus et au-dessous. Le plus souvent, l'excitabilité la plus forte ne se trouve pas immédiatement à l'extrémité coupée, mais à quelque distance plus bas, de manière que cette excitabilité s'accroît d'abord, lorsque nous procédons de haut en bas, et qu'elle diminue ensuite.

Pour suivre le fait, examinons le nerf pendant quelque temps, en déterminant, de 5 en 5 minutes, l'excitabilité de ses diverses parties : nous remarquerons qu'elle se modifie bientôt, surtout à la partie supérieure. Elle diminue d'abord, puis s'éteint entièrement au bout de quelque temps, de sorte que l'on ne peut plus obtenir la moindre secousse musculaire en irritant les parties supérieures du nerf avec les courants les plus puissants. Nous disons alors que les parties supérieures du nerf sont *mortes*. Cette mort gagne peu à peu les parties inférieures du nerf: au bout d'un certain temps, nous n'obtenons

1. Voyez à l'Appendice : Remarques et Additions, n° III.

plus de contractions musculaires qu'en irritant l'extrémité nerveuse la plus rapprochée du muscle, et, plus tard encore, celle-ci finit à son tour par n'en plus produire.

Lorsque le nerf est entièrement mort, on peut encore, pendant un certain temps, obtenir des secousses en irritant le muscle lui-même. En effet, le muscle meurt d'ordinaire plus tard que le nerf. Malgré cela, sur une préparation fraîche, le muscle est toujours moins irritable que son nerf, et il faut, pour irriter directement le muscle, employer des irritants plus énergiques que pour l'irriter par l'intermédiaire du nerf. Dans toutes ces expériences, on doit protéger soigneusement le nerf contre la dessiccation, car sans cela son excitabilité disparaîtrait fort vite et d'une façon irrégulière.

Nous avons vu que la mort gagne peu à peu le nerf de haut en bas. Mais cette mort du nerf ne consiste pas seulement en une diminution de l'excitabilité, depuis son degré maximum jusqu'à son annihilation complète. Lorsque nous examinons de temps en temps l'excitabilité d'une partie de nerf qui n'est pas trop rapprochée de l'extrémité coupée, nous la voyons d'abord devenir plus forte, atteindre un maximum, puis diminuer peu à peu, jusqu'à ce qu'elle soit complétement éteinte. Ces changements se produisent d'autant plus lentement que la partie examinée se trouve plus éloignée de la section ; mais en général la marche que suivent les phénomènes est partout la même.

On peut expliquer ce fait en admettant que les parties supérieures du nerf, qui montrent la plus grande excitabilité aussitôt après leur préparation, sont déjà véritablement altérées. Nous sommes obligés d'admettre aussi que ces altérations se produisent très-rapidement près de la section : il en résulte que les parties observées en cet endroit sont déjà parvenues au maximum d'irritabilité, maximum qui se présente plus tard dans les parties inférieures du nerf. Cette manière d'envisager les phénomènes est confirmée par l'expérience suivante.

Lorsqu'on a déterminé l'excitabilité d'une partie inférieure d'un nerf et qu'on fait une section au-dessus de ce point, l'excitabilité s'accroît dans le point examiné précédemment, et cet accroissement se produit d'autant plus vite que la section est plus rapprochée de ce point. On voit qu'il est aisé de mettre les parties les plus éloignées des nerfs, dans les mêmes conditions que la partie supérieure; il suffit de les rapprocher d'une section transversale. Il faut donc se représenter ces changements d'excitabilité comme les conséquences d'une action exercée par la section, qui augmenterait d'abord l'excitabilité des nerfs et la diminuerait ensuite jusqu'à extinction complète.

On pourrait croire, d'après cela, que l'irritabilité plus forte de l'extrémité d'un nerf fraîchement préparé est due à cette section. Il n'en est pas tout à fait ainsi. Nous pouvons, en effet, sur une grenouille vivante, isoler complétement un muscle et son nerf jusqu'à la moelle épinière, sans détacher le nerf de la moelle. Si nous irritons alors diverses parties de ce nerf, nous trouverons des différences d'excitabilité, faibles il est vrai, mais visibles, et les parties supérieures seront toujours plus excitables que les parties inférieures. On peut encore, comme il a été dit plus haut, irriter les nerfs intacts de l'homme, sur différents points de leur parcours, et toujours l'irritation exercera plus facilement son influence sur les parties supérieures que sur les parties inférieures du nerf.

Pflüger — qui a, le premier, appelé l'attention sur les différences que présente l'irritabilité aux différents points du parcours nerveux — croyait pouvoir expliquer ces faits en admettant qu'elle gagnait en intensité pendant ce parcours; il désignait même cette augmentation sous le nom de *grossissement en avalanche*. Cette hypothèse est contredite par l'action qu'exerce la section du nerf. En effet, l'irritabilité augmente quand on coupe une partie du nerf située au-dessus du point irrité, quoique, dans ce cas, la longueur du parcours de l'irritation dans le nerf reste la même. C'est donc un fait établi que l'excitabilité peut présenter des valeurs différentes en un même point du parcours du nerf. Dès lors, il est plus simple d'admettre que ces valeurs différentes tiennent à des variations dans l'excitabilité du point irrité, et non à des différences qui se produiraient seulement pendant le transport de l'excitation. Il est même très-probable, comme nous l'avons dit plus haut, que l'excitation rencontre des résistances pendant son parcours dans le nerf; par conséquent, loin de s'accroître, elle doit, au contraire, diminuer.

Jusqu'ici, d'ailleurs, on ne sait pas pourquoi l'excitabilité varie sur les divers points du parcours d'un même nerf. Tant que nous ignorerons le mécanisme intérieur de l'excitation nerveuse, nous devrons nous borner à réunir des faits isolés et à les relier entre eux autant que faire se pourra; quant à donner une explication complète de ces phénomènes, il faut y renoncer pour le moment [1].

7. Nous pouvons démontrer que le nerf se fatigue et se remet absolument comme le muscle. Lorsqu'on irrite plusieurs fois de suite la même place d'un nerf, les effets produits diminuent peu à peu et finissent par cesser complétement. Si on laisse alors le nerf en repos pendant quelque temps, on pourra de nouveau provoquer des secousses en irritant la même place. On ignore encore si cette fatigue nerveuse et ce délassement sont dus à des réactions chimiques produites dans le nerf : en général, nous ne savons presque rien des actions chimiques qui se passent dans les nerfs. Quelques auteurs prétendent que, pendant l'activité nerveuse, il y a formation d'un acide comme dans le muscle; mais ce fait est nié par d'autres observateurs. On a prétendu aussi qu'il y a production de chaleur pendant l'action nerveuse; mais cette opinion est très-douteuse. S'il y a, en effet, des actions chimiques dans les nerfs, ces actions sont probablement très-faibles et ne peuvent encore être démontrées dans l'état actuel de la science. Il est à croire qu'il se produit dans le nerf des mouvements des plus petites parties (molécules); mais, comme la forme extérieure du nerf ne change pas, et que, par conséquent, il ne se produit point de travail mécanique appréciable, il est facile de comprendre pourquoi ces actions peuvent être provoquées par de faibles changements des principes constitutifs du nerf.

1. Voir à l'Appendice : Remarques et Additions, n° IV.

Abstraction faite de la longueur du nerf, la rapidité avec laquelle se produisent la mort du nerf et les changements de l'irritabilité qui en résultent dépend surtout de la température. Plus la température est élevée et plus la mort est rapide. Par une température de 44° C., le nerf meurt au bout de quelques minutes; par une température de 75° C., il meurt en quelques secondes. Par une température moyenne, le nerf crural d'une grenouille, isolé dans toute sa longueur, peut rester irritable pendant 24 heures et plus. Le dessèchement augmente d'abord l'excitabilité, mais il l'amoindrit ensuite très-rapidement. Les agents chimiques, comme acides, alcalis, sels, etc., détruisent l'excitabilité, d'autant plus vite qu'ils sont plus concentrés. Le nerf se gonfle dans l'eau distillée et perd rapidement son excitabilité. C'est pour cela qu'il y a certains degrés de dissolution des sels dans lesquels le nerf conserve son irritabilité plus longtemps que dans des dissolutions plus faibles ou plus fortes. Les solutions de sel marin de 0,6 à 1,00 pour 0/0 sont presque sans effet, et conservent l'irritabilité du nerf presque aussi longtemps que l'air humide. L'huile d'olive fraiche, et non acide, est également considérée comme inoffensive; aussi s'en sert-on pour déterminer l'influence que la température, à divers degrés, exerce sur le nerf.

8. Nous avons déjà remarqué qu'un courant électrique constant, passant par un nerf, peut l'irriter, mais que cet effet irritant se manifeste surtout quand on ouvre ou qu'on ferme le courant, et moins fréquemment pendant la durée de celui-ci. Il était donc plus avantageux d'employer des courants induits pour atteindre le but que nous nous proposions, c'est-à-dire pour étudier l'excitabilité des nerfs; dans ces courants de courte durée, l'ouverture et la fermeture, le commencement et la fin sont, en effet, condensés pour ainsi dire les uns sur les autres.

Sans nous occuper, pour le moment, de savoir au juste pourquoi l'effet excitant du courant constant est moindre que celui du courant interrompu, nous allons examiner si les courants électriques dirigés dans un nerf peuvent encore agir sur lui d'une autre façon que par leurs propriétés irritantes.

Supposez que nous fassions passer un courant à travers un nerf entier, ou seulement à travers une partie de nerf. Au moment où nous fermerons le courant, le muscle éprouvera une secousse et prouvera par là qu'il s'est passé quelque chose dans le nerf : c'est ce quelque chose que nous avons désigné sous le nom d'*excitation*. Mais, pendant que le courant traverse le nerf d'une manière continue, le muscle reste tout à fait en repos, et rien non plus ne semble changé dans le nerf. Il est cependant facile de démontrer que le courant électrique a produit dans le nerf un changement profond, non pas seulement dans la partie traversée par le courant, mais encore dans les parties avoisinantes, situées au-dessus ou au-dessous du courant. Cette démonstration est d'autant plus importante, qu'elle nous révèle les relations qui existent entre les forces résidant dans les nerfs et les phénomènes des courants électriques : ces relations sont devenues très-importantes pour l'intelligence de l'activité nerveuse.

Dans l'état actuel de nos connaissances, nous ne pouvons pas encore comprendre toutes les modifications qui se produisent dans les nerfs sous l'influence des courants électriques. Nous ne pouvons parler maintenant que d'une seule de ces modifications, c'est-à-dire des changements de l'irritabilité. La propriété que possèdent les nerfs d'être mis en activité par des excitants est la seule de leurs manifestations vitales que nous ayons étudiée jusqu'ici. Nous pouvons déterminer quantitativement cette propriété, comme on l'a vu tout à l'heure (pages 102 à 105). L'expérience nous apprend que l'excitabilité peut être modifiée par des courants électriques. Lorsque l'on pose une petite portion de nerf sur deux fils métalliques, — de manière à la faire parcourir par un courant, — la partie du nerf parcourue par le courant n'est point la seule à subir des changements d'irritabilité ; d'autres parties, situées hors du courant, sont également ment affectées.

Pour mieux étudier le phénomène, appliquons le nerf *n n'* (fig. 30) sur plusieurs paires de fils ; faisons passer par l'une de ces paires, *c d*, un courant constant, qu'on peut accroître

ou affaiblir grâce à des dispositions particulières, ou même interrompre au moyen de la clef s. Faisons passer le courant d'une
machine inductrice à chariot par une autre paire de fils, par
exemple par *a b*, et cherchons quelle est la position exacte
que devra occuper la bobine secondaire, pour faire naître dans
le muscle des contractions modérément fortes, mais évidentes.
Déterminons maintenant quelle modification vont éprouver ces

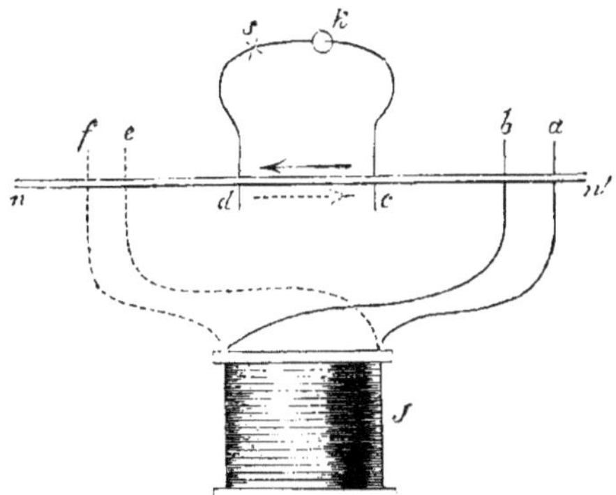

Fig. 30. — Electrotonus.

secousses, lorsque le courant de *c d* sera alternativement ouvert
et fermé. L'expérience prouve que ces modifications dépendent
d'abord de la direction du courant. Faisons passer le courant
de *c* en *d* : l'effet excitant du courant constant s'affaiblira dans
la portion *a b* du nerf, dès que nous aurons fermé le courant, et
il reprendra sa force primitive dès que nous l'aurons interrompu.
Dans ce cas, l'influence de la partie du courant constant, comprise
entre *c* et *d*, a diminué l'irritabilité nerveuse de la portion voisine *a b*. Mais, si nous retournons le courant de façon à lui faire
parcourir le fil dans le sens *d c*, nous voyons, au contraire,
l'effet de l'irritant augmenter en *a b* lorsqu'on ferme le courant,
tandis qu'il retourne à sa force primitive dès qu'on l'interrompt.
Dans ce cas l'effet du courant est donc augmentatif.

Relions maintenant les fils *e f* avec la bobine secondaire de
la machine à induction, et irritons encore le nerf, de manière à

faire naître des secousses musculaires faibles mais perceptibles. Ces secousses deviendront plus fortes lorsque le courant de la portion *c d* se dirigera de *c* en *d*; elles seront au contraire amoindries lorsque le courant sera dirigé en sens contraire. Dans ces deux séries d'expériences, la première fois, l'irritant était situé au-dessus du courant constant; la seconde fois, au contraire, il était situé au-dessous. Mais les deux cas nous présentent une analogie. En effet, lorsque l'irritant se trouvait du côté de l'*électrode positif*, Anode, (par lequel le courant entre dans le nerf), l'excitabilité était diminuée dans les deux cas. Mais, si l'irritant se trouvait du côté de l'*électrode négatif*, Kathode, (par lequel le courant sort du nerf), sa force était augmentée et l'excitabilité devenait plus forte.

Ces changements d'excitabilité produits par le courant constant peuvent être démontrés pour toute la longueur du nerf; mais ils deviennent plus forts dans le voisinage immédiat de la portion parcourue par le courant constant, et diminuent graduellement à partir des électrodes. Pour rechercher s'il se produit aussi des changements d'excitabilité dans l'intervalle compris entre les deux électrodes, nous ferons parcourir au courant une longue portion de nerf, et nous appliquerons l'irritant entre les deux électrodes. Nous pourrons aussi, dans ce cas, constater des changements divers, selon l'endroit où on appliquera l'irritant. Si l'irritant est placé près de l'électrode positif, l'excitabilité sera diminuée; s'il se trouve au voisinage de l'électrode négatif, l'excitabilité sera augmentée; entre ces deux points se trouve une place où l'influence du courant constant ne produit aucun changement appréciable de l'irritabilité.

Nous pouvons donc admettre, d'après ces expériences, qu'un nerf, parcouru dans une partie de sa longueur par un courant constant, subit une modification dans toute sa longueur, modification mise en évidence par les changements qu'éprouve son excitabilité. La partie du nerf située du coté positif présente une excitabilité *moindre*, tandis que la partie située du côté négatif présente une excitabilité *plus grande*. On a donné à ce changement d'état le nom d'*électrotonus;* pour distinguer ses deux modifications, nous désignons la première (qui se présente du côté du pôle positif), par la dénomination d'*anélectrotonus*, et la seconde (qui se présente du côté du pôle négatif), par l'expression de *katélectrotonus*. Au point où l'anélectrotonus et le katélectrotonus s'avoisinent, il y a, entre les électrodes, une place où l'irritabilité n'est modifiée en rien : nous l'appellerons *point indifférent*. Mais le point indifférent ne se trouve pas toujours au milieu de la ligne qui joint les électrodes ; sa place dépend, au contraire, de la force du courant. Si le courant est faible, le point indifférent se trouvera plus près du pôle positif ; si le courant est fort, il sera plus rapproché du pôle négatif ;

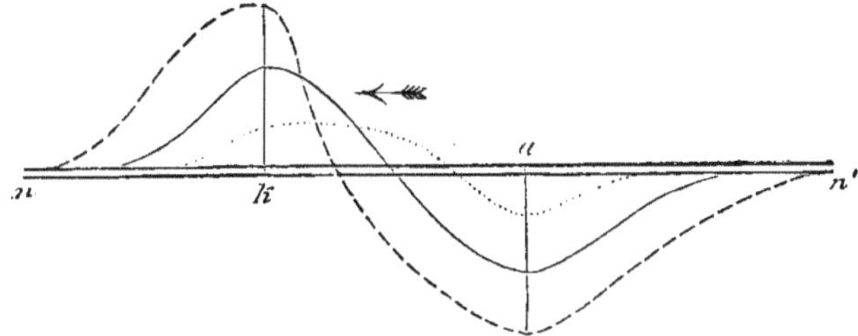

Fig. 31. — Electrotonus dans les cas de courants de force différente.

enfin, pour un courant de force moyenne, il pourra se trouver juste au milieu de l'espace qui sépare les deux pôles.

La manière dont le nerf se comporte à l'état d'électrotonus peut être rendue sensible par la figure 31. *nn'* représentent le nerf, *a* et *k* les électrodes, *a* le pôle positif et *k* le pôle négatif. Le courant a, par conséquent, la direction marquée par la flèche. Pour indiquer les changements qu'éprouve l'excitabilité sur un point particulier du nerf, élevons à ce point une ligne perpendiculaire à la direction de ce nerf, et traçons-la d'autant plus longue que le changement produit est plus considérable. Pour indiquer en outre que les changements opérés près du pôle positif se font dans un sens contraire à ceux qui se produisent au pôle négatif, nous traçons ces perpendiculaires au-dessous de la direction du nerf pour le pôle positif, et au-dessus de cette ligne pour le pôle négatif. En reliant ces têtes de ligne entre elles, nous obtenons une courbe qui représente graphiquement les changements d'excitabilité éprouvés par chaque point. Des trois courbes tracées sur la figure, celle qui est figurée par une ligne continue exprime les changements opérés par un courant de force moyenne; celle qui est représentée par de petits traits correspond à un courant fort, et celle qui est ponctuée, à un courant faible. Ces courbes montrent que les changements sont d'autant plus considérables que le courant est plus fort, qu'ils sont plus manifestes aux pôles, et qu'enfin le point d'indifférence occupe des places variables entre les électrodes suivant la force du courant.

9. Indépendamment de ces variations de l'excitabilité, que l'on remarque pendant toute la durée du courant constant à travers le nerf, on peut encore en observer d'autres qui se produisent au moment de la rupture de ce courant. Lorsque le courant est interrompu, l'irritabilité modifiée par l'électrotonus ne revient pas aussitôt à son état primitif. L'espace de temps qui s'écoule, entre cette excitabilité modifiée et son retour à l'état normal, est d'autant plus grand que le courant a été plus fort et a duré plus longtemps. Ces changements, que l'on appelle *modifications de l'excitabilité* pour les distinguer de l'électrotonus, ne sont pas de simples prolongations de l'état électrotonique; ils en diffèrent souvent tout à fait.

Lorsqu'on examine, par exemple, un point situé près du pôle positif, — point dont l'excitabilité a été diminuée pendant la durée du courant, — on y constate une augmentation d'excitabilité immédiatement après la rupture de ce courant : c'est plus tard seulement que l'excitabilité normale se rétablit. Du côté du pôle négatif, au contraire, l'excitabilité est diminuée pour quelque temps, puis elle augmente et revient peu à peu à l'état normal.

La durée de ces modifications ne dépasse point ordinairement quelques fractions de seconde. Mais, si le courant constant a parcouru le nerf pendant un temps assez long, elles peuvent persister plus longtemps. Elles sont difficiles à observer et à déterminer, à cause de leur caractère fugace.

Le changement d'état qui se produit dans le nerf, au moment de la rupture du courant, peut du reste engendrer des excitations, de sorte que l'on observe fréquemment une série de secousses, et même un état tétanique, lorsqu'on interrompt un courant qui a traversé longtemps un nerf : ce phénomène est connu depuis longtemps déjà sous le nom de *tétanos d'ouverture* ou *tétanos de Ritter*. La relation qui existe, entre ces changements d'excitabilité et le fait que le nerf est irritable par des courants électriques, a inspiré une théorie particulière sur l'irritabilité nerveuse, théorie que nous ne pouvons pas exposer avant d'avoir étudié plus exactement l'excitation électrique.

10. Lorsqu'on fait passer un courant constant à travers un nerf, et qu'on l'ouvre et le ferme alternativement, on est étonné de voir que l'irritation du nerf se produit très-irrégulièrement, tantôt à l'ouverture, tantôt à la fermeture du courant, et quelquefois dans les deux cas. Un examen plus attentif a prouvé qu'on peut cependant trouver des lois précises, en tenant compte de la force du courant et de sa direction dans le nerf.

Nous allons d'abord examiner ces phénomènes sur le nerf dans l'organisme. Comme l'état du nerf change très-vite au voisinage immédiat de la section, nous commencerons nos recherches sur un point plus éloigné d'un nerf dénudé, choisi d'ailleurs aussi long que possible. Pour exécuter facilement cette expérience, il faut avant tout un moyen commode de diminuer à volonté la force du courant employé. On s'est servi de plusieurs méthodes pour atteindre ce but. La meilleure est celle qui consiste à diviser le courant en plusieurs branches.

Lorsqu'on fait passer un courant par un conducteur qui se divise en deux branches, sur un point quelconque, le courant se divise aussi ; mais sa force n'est pas toujours la même dans les deux branches : elle varie au contraire en raison inverse de la résistance de chaque branche à la conductibilité.

Supposez que nous intercalions un nerf dans une des branches, et que nous changions la résistance de l'autre : il est clair que la force du courant sera modifiée dans le nerf, sans qu'il y ait eu de changement dans la branche contenant ce nerf. La force du courant dans le nerf augmentera nécessairement, si on augmente la résistance de l'autre branche; elle diminuera, au contraire, si on diminue la résistance de cette branche.

Comme la résistance d'un fil conducteur est proportionnelle à sa longueur, il suffit d'amener le courant dans un fil dont la longueur peut être modifiée par un procédé quelconque. Le moyen le plus facile d'atteindre ce but, c'est de tendre en ligne droite un fil sur lequel on fait glisser un coulant, de façon à pouvoir introduire à volonté dans le courant des parties plus ou moins longues du fil. Ce fil a reçu le nom de *rhéochorde* (de ρεος, courant, et χόρδη, corde), parce que le courant parcourt une corde

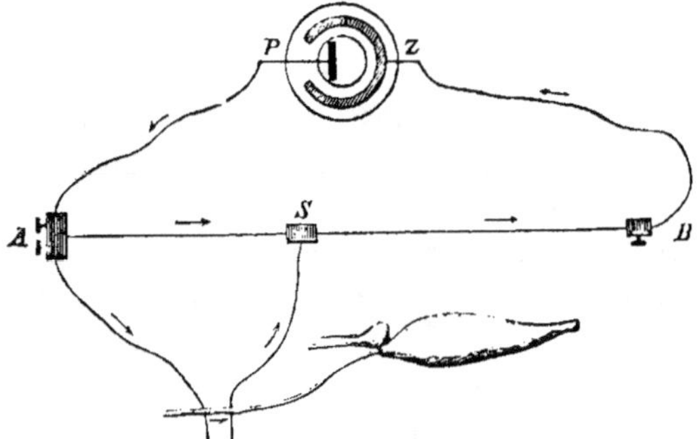

Fig. 32. — Rhéochorde.

tendue comme celle d'un instrument. La figure 32 représente un *rhéochorde* de la plus grande simplicité. Le courant de la pile *PZ* parcourt le fil *AB*. De *A* part un embranchement qui se rend au nerf et retourne au coulant S glissant sur le fil *AB*. La branche du courant qui passe par le nerf devient d'autant plus forte ou plus faible, que l'on éloigne le coulant de *A* ou qu'on l'en rapproche.

Avec ce rhéochorde, on peut rendre les courants tellement faibles qu'ils ne sont plus capables d'agir. Lorsqu'on augmente graduellement leur force, le muscle se contracte quand le courant est fermé, quelle que soit sa direction. Pour désigner le sens du courant, on est convenu d'appeler *courant descendant*

celui qui traverse le nerf de son extrémité centrale à son extrémité périphérique, et *courant ascendant* celui qui marche dans
le sens opposé.

Les courants ascendants ou descendants faibles ne donnent
que des secousses de fermeture. En augmentant la force du courant, peu à peu on obtient aussi des secousses au moment de
la rupture : c'est presque toujours le courant descendant qui
les fait naître le premier ; puis, quand l'intensité continue à
s'accroître, le courant ascendant les provoque à son tour. Les
quatre secousses finissent par devenir aussi fortes l'une que
l'autre. Mais, lorsqu'on augmente encore l'intensité du courant,
deux de ces secousses deviennent de nouveau plus faibles :
pour le courant ascendant, c'est la secousse produite par la fermeture, et, pour le courant descendant, la secousse produite
par la rupture du courant. On finit par arriver à un courant
d'une force telle, que ces secousses sont complétement abolies,
et qu'il ne se produit plus que la secousse de fermeture pour le
courant descendant, et la secousse de rupture pour le courant
ascendant. Ces phénomènes nous montrent que l'excitation nerveuse dépend de la force et de la direction du courant : on les
désigne sous le nom de *Loi des secousses*. Nous représenterons
cette loi par le tableau suivant : F y désigne la fermeture, O
l'ouverture du courant, S la secousse et R le repos, c'est-à-
dire l'absence de secousse ; les flèches indiquent la direction
des courants.

LOI DES SECOUSSES POUR UN NERF A L'ÉTAT FRAIS

	COURANT FAIBLE.		COURANT MOYEN.		COURANT FORT.	
↓	F. S.	O. R.	F. S.	O. S.	F. S.	O. R.
↑	F. S.	O. R.	F. S.	O. S.	F. R.	O. S.

Dès que le nerf dépérit, la loi des secousses se modifie beaucoup. Faisons agir sur le nerf frais des courants faibles, qui ne

donnent que des secousses de fermeture dans les deux directions. Ne changeons rien au sens de ces courants, mais examinons leur action sur le nerf, à des intervalles très-rapprochés : nous verrons bientôt apparaître des secousses au moment de la rupture des courants, et ces secousses deviendront peu à peu égales à celles de fermeture. Cet état se maintiendra quelque temps ; puis, la secousse de fermeture du courant ascendant et la secousse de rupture du courant descendant s'affaibliront et finiront par disparaître tout à fait. Ces phénomènes persisteront jusqu'à ce que l'excitabilité de la partie observée soit complétement abolie : pendant ce temps, les secousses deviendront de plus en plus faibles et finiront par s'éteindre.

On peut aussi représenter sous forme de tableau cette loi des secousses d'un nerf dépérissant ; nous y distinguons trois périodes d'excitabilité, et les lettres employées dans le premier tableau conservent la même signification primitive.

LOI DES SECOUSSES POUR UN NERF DÉPÉRISSANT

(AVEC DES COURANTS FAIBLES).

	1re PÉRIODE.		2e PÉRIODE.		3e PÉRIODE.	
↓	F. S.	O. R.	F. S.	O. S.	F. S.	O. R.
↑	F. S.	O. R.	F. S.	O. S.	F. R.	O. S.

On s'étonnera peut-être de trouver cette loi tout à fait semblable à la précédente, quoique les deux cas diffèrent entre eux. Les phénomènes observés sur le nerf dépérissant, traversé par un courant faible, sont identiques aux phénomènes provoqués dans un nerf frais par l'application de courants de force croissante. En d'autres termes, si l'on irrite un nerf avec des courants faibles et invariables, au bout de quelque temps, ces courants agiront comme des courants moyens sur le nerf frais, et, au bout d'un temps un peu plus considérable, comme des courants forts sur le même nerf frais. Pour comprendre ces faits, il faut se rappeler les résultats obtenus dans l'étude des modifications de l'excitabilité sur un nerf en dépérissement.

On sait qu'avant de disparaître, l'excitabilité augmente d'abord jusqu'à un maximum. Supposons un nerf frais, irrité par des courants de force constante, mais moyenne. Examinons-le de nouveau au bout de quelque temps, lorsque son excitabilité sera plus grande : les mêmes courants agiront sur lui comme s'ils étaient plus forts, et, quand l'excitabilité augmentera encore, ces courants agiront comme des courants très-forts. Les expressions de courants faibles, moyens et forts n'ont pas, du reste, de signification absolue pour tous les nerfs : ces expressions n'ont qu'une valeur relative à l'excitabilité nerveuse. Un courant, faible par rapport à un nerf, peut agir comme courant fort sur un autre nerf dont l'excitabilité est plus grande, et les diverses parties d'un même nerf peuvent réagir comme des nerfs distincts, lorsque leur irritabilité a été modifiée par le temps. Il n'y a donc aucune difficulté à comprendre que, pendant l'augmentation graduelle de l'irritabilité, les effets d'un courant faible finissent par devenir égaux à ceux d'un courant moyen ou fort.

Il reste cependant un fait étrange. L'irritabilité, après s'être accrue d'abord, diminue ensuite avant de s'éteindre : on pourrait donc croire que le même courant, après avoir agi comme courant fort lorsque l'excitabilité est au maximum, agira plus tard comme courant moyen, puis comme courant faible, avant de devenir tout à fait inactif. A la troisième période d'irritabilité, — pendant laquelle on observe une secousse de fermeture avec le courant descendant et une secousse de rupture avec le courant ascendant, — il succéderait ainsi une quatrième et une cinquième période, la quatrième étant égale à la seconde et la cinquième à la première.

Certains observateurs ont, en effet, soutenu l'existence de ces deux dernières périodes ; mais, en général, elles ont échappé aux recherches.

Pour expliquer ce fait, on a supposé que la diminution de

l'irritabilité, dans un nerf qui vient d'atteindre son maximum, n'est qu'une apparence. Il faut songer, en effet, que nous n'irritons pas seulement la surface de section, mais une partie plus ou moins longue du nerf : l'excitabilité constatée n'est donc que la moyenne des excitabilités de tous les points de cette partie de nerf. Or, on peut admettre, en outre, que l'excitabilité de chacun de ces points diminue pour ainsi dire instantanément, aussitôt après le maximum. Mais ce phénomène se produit d'abord sur les parties les plus centrales du nerf, et descend ensuite aux parties plus périphériques : il en résulte que la partie excitée du nerf sera transformée peu à peu, de haut en bas, en un fil inactif, mais encore conducteur de l'électricité. Alors, l'excitation n'aura plus lieu que dans les parties les plus périphériques du nerf, et elle se montrera toujours à son maximum, tant qu'elle pourra produire des effets [1].

11. Dans nos recherches sur la loi des secousses, nous avons considéré jusqu'ici ce qui se passe à l'ouverture et à la fermeture du courant, sans songer au temps pendant lequel il traverse le nerf. En général, le nerf reste inexcité pendant tout ce temps. On remarque cependant quelquefois, surtout avec des courants modérés, qu'il se produit dans le nerf une excitation constante révélée par un état tétanique du muscle. Le courant ascendant et le courant descendant n'ont pas tout à fait la même action dans ces circonstances. Un courant descendant un peu fort engendre facilement le tétanos, tandis qu'un courant ascendant ne produit ce phénomène que lorsqu'il est faible. Ce tétanos est toujours très-léger ; il ne peut pas être comparé à celui que l'on obtient par des irritations successives et fréquentes, comme les battements d'un courant induit, ou par l'ouverture et la fermeture, souvent répétées, d'un courant ordinaire. Cela montre que les courants variables sont plus aptes que les courants constants à provoquer l'irritabilité nerveuse.

1. Voyez à l'Appendice : Remarques et Additions. n° V, page 256.

Mais nous pouvons considérer les courants induits, qui ne durent qu'un temps très-court, comme des courants constants rompus aussitôt après leur fermeture. En effet, on est tout à fait sûr de produire des secousses avec un courant constant, lorsqu'à l'aide d'un dispositif approprié, on le ferme pour l'ouvrir immédiatement après.

La loi des secousses montre que la fermeture du courant suffit à elle seule pour produire une secousse, et qu'il en est de même de l'ouverture de ce courant. Nous savons, en outre, que le nerf subit, au moment de la fermeture du courant, une modification appelée électrotonus, et qui disparaît presque aussitôt après qu'on a rompu le courant. Ne peut-on pas admettre dès lors que l'excitation du nerf est produite par le passage de l'état naturel à l'état électrotonique, ou de l'état électrotonique à l'état naturel ? Ne peut-on pas supposer, en outre, que les plus fines particules nerveuses passent de leur position naturelle à une position différente, et que ce mouvement des particules est accompagné d'irritation dans certaines circonstances ?

Mais, pendant l'électrotonus, le nerf se divise en deux parties séparées, dont l'état est différent : dans l'un, le katélectrotonus, l'excitabilité est augmentée ; dans l'autre, l'anélectrotonus, l'excitabilité est déprimée. Il est donc possible que ces deux états ne soient pas identiques par rapport à l'excitation. Pflüger a émis en effet l'hypothèse que l'excitation se produit uniquement à la naissance du katélectrotonus et à la cessation de l'anélectrotonus.

On peut, en se fondant sur cette hypothèse de Pflüger, expliquer les phénomènes de la loi des secousses, et faire comprendre pourquoi on obtient quelquefois des secousses à l'ouverture ou à la fermeture d'un courant, tandis que, d'autres fois, ces secousses ne se produisent pas. Mais, pour bien saisir le sens de cette hypothèse et des explications qu'on en a déduites, il est nécessaire d'examiner, avec plus de détails que nous ne l'avons fait jusqu'ici, les divers phénomènes de l'électrotonus.

12. Nous avons vu plus haut qu'au moment de la fermeture d'un courant, l'excitabilité augmente du côté du pôle
négatif et diminue du côté du pôle positif. Bien qu'on démontre aisément cette loi, en se servant de courants faibles
ou moyens, il est très-difficile de la vérifier avec un courant
fort.

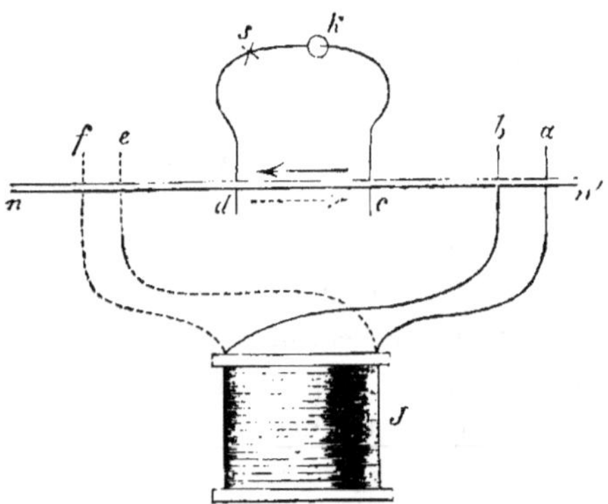

Fig. 33. — Electrotonus.

Admettons, comme plus haut (p. 109), que le nerf *nn'* (fig. 33)
soit traversé en *cd* par un courant ascendant, et irrité au-
dessus de la partie parcourue par le courant. Nous supposons
par conséquent le muscle situé en *n'*, ce qui était indifférent
dans nos recherches précédentes. L'irritation a lieu du côté du
pôle négatif. Dans ce cas, il devrait y avoir augmentation de
l'excitabilité. En effet, cette augmentation est facile à constater quand on se sert d'un courant faible. Mais, si l'on rend le
courant plus fort, on n'aperçoit pas d'augmentation, et, lorsqu'il devient très-puissant, toute excitation est abolie entre les
points *e* et *f*.

La loi des changements électrotoniques de l'irritabilité pré-
sente-t-elle donc une exception dans ce cas? Nous ne pouvons
pas tirer cette conclusion de l'expérience précédente. Il serait
possible, en effet, que l'excitabilité eût réellement augmenté,
d'après la loi, entre *e* et *f*. Mais, pour apercevoir l'effet de l'irritation produite à cette place, il faut qu'elle traverse la partie

électrotonisée du nerf et surtout la partie anélectrotonisée
située au-dessous. Or, on peut supposer que le passage de
l'excitation rencontre un obstacle invincible dans la partie anélectrotonisée. Il est, du reste, facile de prouver ce fait.

Renversons le courant, pour qu'il traverse le nerf en descendant, et l'irritation de la partie *ab* indiquera toujours une augmentation d'excitabilité, quelle que soit la force du courant.
Or la partie *ab* du nerf se trouve actuellement dans les conditions où se trouvait tout à l'heure la partie *ef* : n'est-il pas
tout à fait invraisemblable que le nerf se comporte différem-
ment dans deux cas identiques? La seule différence entre les
deux cas c'est donc que la partie katélectrotonique examinée en
dernier lieu se relie directement au muscle, et que les modifications de l'excitabilité se répercutent dans ce muscle sans
intermédiaire, tandis que, dans le premier cas, les modifications d'excitabilité produites en *ef* ont besoin, pour se faire
sentir dans le muscle, de parcourir les parties *cd* et *ab*, qui
sont elles-mêmes déjà modifiées.

D'autre part, la vitesse de transmission se modifie dans un
nerf électrotonisé. Dans la portion katélectrotonisée, elle augmente peut-être un peu; au contraire, dans la partie anélectrotonisée, elle est toujours fort amoindrie.

Ainsi donc, l'état anélectrotonique ne réduit pas seulement
l'excitabilité nerveuse; il rend aussi sa transmission plus difficile, et, quand cet état anélectrotonique est fort, la transmission devient complètement impossible.

13. On arrive ainsi à expliquer l'exception apparente à la
loi de l'électrotonus signalée plus haut, et à comprendre pourquoi les courants ascendants forts ne produisent point de secousse à leur fermeture. Nous savons que le courant ascendant
met la moitié supérieure du nerf en katélectrotonus et la moitié
inférieure en anélectrotonus. D'après l'hypothèse de Pflüger,
l'excitation du nerf se produit dans la partie où commence le
katélectrotonus; c'est par conséquent dans la partie supérieure
pour la fermeture d'un courant ascendant. Pour que cette
excitation puisse parvenir au muscle, il faut qu'elle traverse

la partie inférieure du nerf, et, comme cette partie est fortement anélectrotonisée, elle oppose un obstacle à la transmission de l'excitation. L'excitation engendrée dans la partie supérieure du nerf ne peut donc pas arriver jusqu'au muscle, et par conséquent la secousse de fermeture est empêchée.

Pour appliquer la même théorie au cas d'interruption d'un courant descendant, il faut avoir recours à une nouvelle hypothèse ; il faut admettre que la puissante modification négative entraînée par la disparition du katélectrotonus, qui diminue si sensiblement l'excitabilité, est, elle aussi, accompagnée d'un obstacle à la transmissibilité de l'excitation. Cette hypothèse n'a pas encore été vérifiée par expérience ; sa démonstration est fort difficile, à cause de la très-courte durée de la modification négative. Mais l'analogie de cette modification et de l'anélectrotonus, qui tous deux diminuent l'excitabilité, permet d'admettre que la transmission est entravée par la modification négative comme par l'anélectrotonus.

Avec cette hypothèse, l'explication donnée pour la fermeture du courant ascendant s'applique aussi à l'ouverture du courant descendant. D'après la théorie de Pflüger, l'excitation ne peut se produire, au moment de la rupture du courant, que dans la partie du nerf où disparaît l'anélectrotonus. Or, dans le cas d'un courant descendant, c'était la moitié supérieure du nerf qui était anélectrotonisée. Pour arriver jusqu'au muscle, l'excitation serait donc obligée de traverser toute la partie inférieure du nerf, où une puissante modification négative se produit au même moment. Cette modification arrête la transmission, et, par suite, la secousse d'ouverture du courant descendant ne se produit pas.

Pflüger a encore basé son hypothèse sur l'expérience suivante. Rappelons-nous d'abord le tétanos de Ritter, ou tétanos d'ouverture, dont nous avons parlé (p. 113) ; il se produit lorsqu'on interrompt un courant qui a parcouru longtemps un nerf. D'après l'hypothèse de Pflüger, cette excitation devrait avoir également son siége du côté du pôle positif. Si l'on fait parcourir le nerf par un courant ascendant, le côté positif se trouvera dans la moitié inférieure du nerf ; si, au contraire, le courant est descendant, le côté positif se trouvera dans sa moitié supérieure. Provoquons maintenant le tétanos au moyen d'un courant descendant ; puis, coupons le nerf entre les électrodes immédiatement après la rupture du courant, et le tétanos cessera aussitôt. Si l'on fait la même expérience avec un courant ascendant, la section du nerf n'a pas la moindre influence sur le tétanos.

Pflüger a encore donné une autre preuve de la justesse de son hypothèse, en instituant des recherches sur l'irritation des nerfs sensitifs par les courants électriques. Pour les nerfs sensitifs, l'appareil terminal qui révèle l'excitation est situé à l'autre extrémité du nerf. On devait donc s'attendre à ce que la loi des secousses produisît dans ces nerfs des effets tout contraires à ceux qu'elle fait naître dans les nerfs de la motilité. Pflüger a trouvé, en effet, que les courants ascendants forts ne produisent de contraction qu'à leur fermeture, et que les courants descendants énergiques n'en font naître qu'à leur rupture. L'explication de ces faits est absolument la même que pour les nerfs moteurs. A la fermeture du courant descendant, l'excitation naît dans la partie inférieure du nerf. Pour produire une sensation, cette excitation doit être transportée à la moelle épinière et au cerveau ; elle doit, par conséquent, traverser la partie supérieure du nerf, où elle est arrêtée par le fort état d'anélectrotonus de cette partie. La rupture du courant ascendant engendre aussi une excitation des parties inférieures du nerf. Pour progresser jusqu'à la moelle et au cerveau, cette excitation doit également traverser les parties supérieures du nerf ; mais elle en est encore empêchée, et, cette fois, c'est par la puissante modification négative qui s'est produite dans ces parties.

Pourquoi les courants faibles n'exercent-ils d'action qu'au moment de leur fermeture, et cela quel que soit leur sens ? Pour expliquer ce fait, on doit admettre que les modifications des nerfs commencent plus vite à la fermeture du courant qu'elles ne disparaissent au moment de la rupture. Les différences sont cependant très-faibles, et il suffit d'une augmentation peu sensible du courant pour faire naître aussi des secousses de rupture. Ceci est vrai surtout pour le courant descendant. Lorsque le nerf n'est plus tout à fait frais, on peut souvent observer des secousses de rupture avec des courants très-faibles qui ne donnent pas encore de secousses de fermeture. Cette différence provient de ce que l'excitabilité des parties supérieures du nerf est un peu plus considérable que celle des parties inférieures. La supériorité naturelle de la secousse de fermeture est ainsi abolie pour le courant descendant, et la secousse de rupture est par conséquent facilitée.

14. Les faits précédents conduisent à croire que toute excitation nerveuse est produite par des changements dans l'état du nerf, changements que nous avons pu constater au moyen des variations électrotoniques de l'excitabilité, quand nous avons employé un courant électrique comme excitant. Plus ces changements se produisent vite, et plus ils sont capables d'exciter le nerf.

Cette loi s'applique aussi aux excitants non électriques. On peut, en effet, avec une pression croissant par degrés insensibles, détruire complétement un nerf sans provoquer la moindre irritation, tandis que chaque pression subite est accompagnée d'irritation. On observe les mêmes phénomènes lorsque l'irritant est thermique ou chimique.

Nous pouvons conclure de ces faits que l'excitation est produite dans le nerf par une certaine espèce de mouvement de ses molécules, et qu'un choc subit provoque ce mouvement avec plus de facilité qu'une action modificatrice lente.

Haidenhain a prouvé que de petits ébranlements mécaniques sont capables de produire des excitations, sans que l'on ait besoin d'écraser le nerf. Cet observateur fixait à la machine de Wagner — dont nous avons parlé page 32 — un petit marteau d'ivoire, et plaçait le nerf sur une enclume, également en ivoire, de manière que le marteau tambourinait légèrement le nerf. Il provoquait ainsi un tétanos durant plusieurs secondes.

Pour acquérir une idée plus précise du mécanisme de l'irritation nerveuse, il faudrait savoir d'abord comment les particules nerveuses elles-mêmes sont disposées dans le nerf au repos normal. Nous apprendrons plus tard à connaître des phénomènes du nerf en repos qui nous permettront de tirer certaines conclusions au sujet de l'arrangement régulier de ses particules (chapitres IX et X. pages 182 et suivantes, et surtout page 201). Mais nous pouvons dès maintenant acquérir une idée claire des phénomènes de l'excitation.

Nous admettrons, pour cela, que les particules nerveuses sont maintenues par des forces moléculaires dans une situation déterminée. L'irritation ne pourra donc se produire que lorsque ces molécules seront forcées de sortir de cette situation pour se mettre en mouvement. Plus les forces qui maintiennent les molécules en équilibre seront puissantes, plus les forces qui tendent à les en faire sortir devront être puissantes à leur tour, et plus aussi l'irritabilité sera faible. Nous admettrons, en outre, que les diverses molécules nerveuses exercent une influence mutuelle les unes sur les autres, de manière que chacune d'elles agit sur les voisines pour les maintenir en équilibre.

Afin de rendre plus claire cette idée un peu compliquée, ayons recours à la comparaison faite par du Bois-Reymond. Une aiguille magnétique suspendue à un fil se place, comme on sait, suivant la direction magnétique de la terre, de manière qu'une de ses extrémités regarde le nord et l'autre le sud. Imaginons une série nombreuse d'aiguilles, toutes suspendues les unes à la suite des autres dans la même ligne méridienne, comme le montre la figure 34. Chacune de ces aiguilles sera maintenue

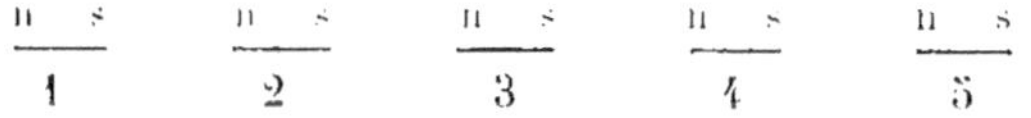

n   s   n   s   n   s   n   s   n   s

1   2   3   4   5

Fig. 34. — Série d'aiguilles magnétiques, comme schéma de l'arrangement des particules nerveuses.

encore plus fortement dans sa position de repos par les aiguilles qui l'avoisinent, puisque les pôles nord et sud de deux aiguilles voisines s'attirent mutuellement. Si nous voulons, par exemple, remuer l'aiguille médiane n° 3, il faudra employer une force plus considérable que si cette aiguille était seule. Lorsque nous serons parvenu à la faire tourner, les aiguilles voisines ne pourront rester en repos : elles seront également déviées; celles-ci feront dévier à leur tour les aiguilles suivantes, et ainsi de suite, de sorte que l'ébranlement produit sur une seule aiguille se propagera comme une onde dans toute la série.

Notre comparaison présente évidemment une grande ressemblance avec ce qui se passe dans les nerfs. Elle explique, non-seulement comment une excitation produite sur un point quelconque du nerf se propage à travers ce nerf, mais encore comment les diverses molécules nerveuses peuvent réagir les unes sur les autres. Nous avons vu plus haut que l'irritabilité d'un nerf augmente lorsqu'on coupe la partie de ce nerf située au-dessus du point irrité. Le schéma des aiguilles magnétiques fait voir aussi que chacune de ces aiguilles devient plus facile à mouvoir lorsque l'on enlève un certain nombre des autres.

Sans chercher à établir d'autres analogies entre les forces qui agissent dans l'aiguille magnétique et celles qui se développent dans le nerf, nous pourrons cependant continuer notre comparaison en supposant que le nerf est formé de petites molécules particulières, rangées les unes à la suite des autres dans le sens de la longueur du nerf, et qui se maintiennent mutuellement dans leur position. S'il existe des forces qui maintiennent encore plus fortement ces molécules dans leur position, il est donc évident qu'elles diminueront l'excitabilité : au contraire les forces qui tendent à faire changer ces molécules de place, et en même temps à diminuer la fixité de leur position, rendront par elles-mêmes le nerf plus excitable.

Les deux pôles d'un courant électrique agissent en sens contraire sur le nerf. Nous pouvons donc admettre qu'à l'un des pôles, le positif, les molécules nerveuses sont maintenues à l'état de repos, tandis que les molécules avoisinant le pôle négatif sont au contraire sollicitées au mouvement. Cette hypothèse permet de comprendre pourquoi l'excitation du pôle négatif ne se pro-

duit qu'à la fermeture du courant. Quant au pôle positif, son
excitabilité est augmentée par la rupture du courant; il s'y produit dans ce cas un mouvement des molécules, analogue à celui
qui se produit au pôle négatif lors de la fermeture du courant; et, par conséquent, une excitation pourra donc s'y manifester au moment de l'ouverture du courant.

Il est un fait de la plus haute importance que nous devons
étudier dans tous ses détails pour comprendre les phénomènes
nerveux : c'est que le nerf n'est point excité par des changements graduels, tandis qu'il l'est par des changements identiques, mais produits brusquement. Le moyen le plus sûr et le
plus facile pour démontrer ce fait consiste dans l'excitation
électrique, parce qu'on peut toujours augmenter ou diminuer
graduellement la force des courants.

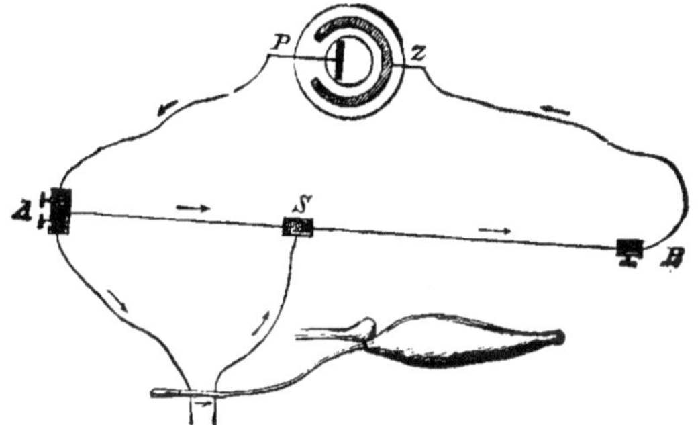

Fig. 35. — Rhéochorde.

La figure 35 montre la disposition de l'expérience : un courant, dont la force est modifiée par le déplacement du curseur
S, traverse le nerf. Une clef est intercalée dans le courant, et le
curseur S est disposé de telle façon que l'ouverture et la fermeture du courant provoquent des contractions. On place alors le
curseur S près de la vis de pression A : dans cette position, la
résistance de la branche $AS = 0$, et aucun courant ne passe par
le nerf. Puis on fait glisser lentement le curseur vers sa position primitive S : la force du courant qui traverse alors le

nerf augmentera progressivement, depuis 0 jusqu'à celle qu'il possédait dans la position *S*. Si on fait reculer lentement le curseur jusqu'en *A*, le courant diminuera aussi graduellement de force jusqu'à 0. Dans les deux cas, le nerf ne sera pas excité. Mais dès que, par un moyen quelconque, nous obtenons un déplacement rapide du curseur, le nerf est irrité et le muscle produit des secousses [1]. (Fig. 35.) Par conséquent, si le nerf est excité lorsqu'on ouvre ou qu'on ferme le courant au moyen de la clef, il faut attribuer cet effet à ce que le courant est porté brusquement de 0 à toute sa force, ou qu'il décline brusquement de toute sa force à 0.

Ces expériences nous expliquent pourquoi les battements du courant induit, où la fermeture et la rupture du courant sont pour ainsi dire accumulées, provoquent l'excitation nerveuse avec une si grande intensité. Mais tous les battements des courants induits ne sont point également propres à produire cet effet. Lorsque, dans l'appareil d'induction précédemment décrit, on ferme ou on interrompt le courant de la bobine primaire, il naît deux courants opposés dans la bobine secondaire, le *courant induit de fermeture* et le *courant induit de rupture*. Fait-on passer ces deux courants à travers un nerf, on voit que l'effet excitant du second est toujours plus considérable que celui du premier. Il est facile de démontrer ce fait en éloignant beaucoup la bobine secondaire de la bobine primaire. On rencontre toujours une place où le courant induit de rupture agit déjà, tandis que le courant induit de fermeture est encore inactif : quand on rapproche alors les deux bobines, ce dernier courant devient actif à son tour.

Lorsque l'on relie la bobine secondaire à un multiplicateur, quelle que soit la position relative des deux bobines, la déviation de l'aiguille magnétique est la même pour les deux courants induits. Le nerf nous révèle par conséquent une différence que le multiplicateur n'est pas capable de nous indiquer. Mais on a prouvé que la durée des deux courants est tout

---

1. Du Bois-Reymond a décrit un appareil de ce genre sous la désignation de *Rhéochorde d'oscillation*.

à fait différente. Le courant induit de fermeture s'accroît lentement et il diminue de même ; le courant induit de rupture acquiert, au contraire, très-vite toute sa puissance et il la perd avec la même rapidité. C'est certainement à cette différence que le dernier courant doit sa plus grande efficacité physiologique [1].

Reprenons encore une fois le dispositif de l'expérience avec le rhéochorde. Au lieu de faire glisser le curseur entre A et S, nous pouvons le faire mouvoir entre deux limites quelconques. Alors le courant ne cesse jamais dans le nerf ; il est seulement renforcé ou affaibli selon la direction qu'on fait prendre au curseur. Si le déplacement du curseur se fait brusquement. c'est-à-dire avec une grande vitesse, il pourra produire de l'excitation : jamais, au contraire, le nerf ne sera excité, lorsque le déplacement du curseur sera lent.

Il n'est donc pas nécessaire d'ouvrir ou de fermer un courant pour exciter un nerf ; il suffit d'un changement quelconque. — augmentation ou diminution, — pourvu qu'il soit assez fort et se produise avec une rapidité suffisante. La fermeture et la rupture ne sont que des cas particuliers de changements, dans lesquels l'une des limites de la force du courant est égale à 0.

Nous pouvons, par conséquent, poser, pour l'irritation électrique du nerf, la loi générale suivante : *Tout changement d'intensité d'un courant parcourant un nerf peut exciter ce nerf, si ce changement est assez considérable et se produit avec une vitesse suffisante.* Nous avons vu cependant que cette loi est sujette à de nombreuses exceptions : ainsi, dans certaines circonstances, un changement considérable — par exemple la fermeture d'un courant ascendant très-fort — reste sans effet, tandis qu'un changement plus faible en produit un.

Mais ces exceptions deviennent de simples apparences, si on admet que l'excitation existe tout de même, mais qu'elle n'a pu se manifester par suite d'obstacles extérieurs, par exemple,

1. Voyez à l'Appendice : Remarques et Additions. n° VI. page 257.

lorsqu'il n'y a pas eu transmission au muscle. Si on admet, en outre, que les modifications dans la force des courants n'agissent sur le nerf qu'en changeant son état moléculaire, et si l'on ajoute à ces faits ce que l'on sait aujourd'hui de l'action d'autres stimulants, on est conduit enfin à formuler la loi suivante pour l'excitabilité nerveuse : *L'excitation des nerfs a pour cause un changement d'état moléculaire. Elle se manifeste dès que ce changement se produit avec une vitesse suffisante.*

Nous pouvons encore ajouter que cette loi s'applique tout aussi bien au muscle. Il semblerait cependant que les molécules musculaires sont plus paresseuses que les molécules nerveuses, puisque des influences très-rapides y passent plus facilement sans produire d'effets [1].

1. Voyez à l'Appendice : Remarques et Additions, nᵒˢ VII et VIII, page 259.

LIVRE II

ÉLECTRICITÉ DES MUSCLES ET DES NERFS

CHAPITRE VII

L'ÉLECTRICITÉ ANIMALE ET SON ÉTUDE

1. Phénomènes électriques. 2. Poissons électriques. 3. Organes électriques. 4. Multiplicateur et boussole des tangentes. 5. Difficultés de l'expérimentation. 6. Vases conducteurs homogènes. 7. Force électromotrice. 8. Écoulement de l'électricité dans les fils. 9. Tension dans l'arc de fermeture. 10. Arc de dérivation. 11. Courbes des courants et courbes des tensions. 12. Tuyaux ou tubes de dérivation. 13. Méthode des compensations pour mesurer les différences de tensions.

1. Nous avons considéré jusqu'ici les propriétés essentielles des muscles et des nerfs; mais nous avons passé sous silence une série de phénomènes importants, communs à ces deux sortes d'organes; nous allons les exposer maintenant dans leur ensemble. Il s'agit des *phénomènes électriques* dont ces tissus sont le siège. Parmi les tissus organiques, ce sont les muscles et les nerfs qui produisent les phénomènes électriques les plus réguliers et les plus puissants. Les relations qui existent entre les courants électriques et l'irritabilité des muscles ou des nerfs font supposer que les phénomènes électriques de ces organes sont aussi en rapport avec leurs propriétés fonctionnelles.

Il est vrai qu'il se produit également des phénomènes électriques dans d'autres tissus animaux et végétaux : mais ils sont très-faibles et ne paraissent pas avoir d'importance [1]. Les courants électriques se forment très-facilement dans les circonstances les plus variées, et il ne faut pas s'étonner d'en trouver des traces presque partout. Nous devrons, par conséquent, dans les recherches qui vont suivre, nous efforcer d'exclure autant que possible ces courants accidentels, et, si nous n'y pouvons parvenir, tâcher au moins de les distinguer de ceux qui ont leur source dans les tissus mêmes.

En dehors des muscles et des nerfs, il paraît n'exister dans l'organisme qu'un seul tissu dont les phénomènes électriques soient puissants, c'est celui des *glandes*. Ce fait n'a pas encore été prouvé avec certitude ; mais il a été rendu très-vraisemblable. Cette analogie des glandes et des muscles présente évidemment un très-grand intérêt physiologique, surtout en présence de ce fait que les glandes et les muscles offrent les mêmes rapports avec les nerfs.

2. Il existe toutefois un tissu dans lequel les phénomènes électriques se montrent très-énergiques, et où on les avait constatés déjà depuis longtemps, avant de les découvrir sur les muscles et les nerfs. Ce tissu n'existe pas chez tous les animaux, mais seulement chez certains poissons, qu'on a nommés pour cela *poissons électriques*. On rencontre chez ces animaux des organes spéciaux, d'une structure particulière, dans lesquels naissent des courants d'une puissance considérable et tout à fait analogues à ceux d'une batterie électrique. La décharge de ces courants dépend de la volonté de l'animal ; elle lui sert d'arme défensive pour effrayer ses ennemis ou pour engourdir et tuer sa proie. Les décharges si puissantes des poissons électriques devaient attirer l'attention des observateurs longtemps avant que l'on eût une connaissance un peu précise de la nature physique de ces phénomènes remarquables. Le poëte latin Claudien nous en trace, en effet, dans le passage suivant,

1. Les phénomènes électriques des feuilles du *Dionaea muscipula* font peut-être exception à ce que nous venons de dire. Nous y reviendrons plus loin (pag. 189 .

un tableau très-pittoresque : « Qui n'a pas entendu parler de
« l'adresse de la cruelle Torpille, et du poison subtil qui lui
« a si bien mérité son nom [1]? Son corps n'est point couvert
« de dures écailles; sa marche lente semble la livrer à son en-
« nemi; et, languissante, elle imprime à peine sa trace sur le
« sable où elle se traîne. Mais la nature a muni son flanc d'un
« venin glacial; elle a fait circuler dans ses veines le froid qui
« engourdit tous les êtres, et a renfermé dans son sein des
« frimas qu'elle communique à son gré. La ruse en elle aide
« encore la nature : sûre de sa force, elle s'étend au milieu des
« algues; mais bientôt, joyeuse du succès, elle se relève, et
« dévore impunément ses victimes encore palpitantes. Si, par-
« fois imprudente, elle avale l'appât qui cachait un fer trom-
« peur, si elle se sent arrêtée par l'hameçon recourbé, elle ne
« fuit point, elle ne cherche pas à s'en délivrer par d'inutiles
« morsures : elle se rapproche au contraire, dans sa ruse, du fil
« trompeur; captive, elle n'oublie pas ses armes, et répand au
« loin, dans les eaux, le souffle empoisonné qui s'exhale de ses
« veines. Le venin glisse le long de la soie, s'élève au-dessus des
« flots pour atteindre son ennemi : un froid terrible se dégage
« du sein des eaux; suspendu au fil de l'hameçon, il se glisse
« à travers les nœuds du roseau, glace le sang du pêcheur,
« et enchaîne sa main victorieuse. Celui-ci repousse un fardeau
« si dangereux, abandonne sa proie rebelle, et revient désarmé,
« car sa ligne est perdue [2]. »

Lorsque les découvertes de Galvani et de Volta eurent fait
entrer la science de l'électricité dans une voie nouvelle, les
poissons électriques furent examinés à diverses reprises par
de nombreux observateurs. On démontra que la force qui réside
en eux est indubitablement de nature électrique. Les observations de Faraday sur le gymnote et celles de du Bois-Reymond sur le silure ont une importance particulière.

<hr>

1. Torpedo, dérivé de Torpor, raideur.
2. Claudien était natif d'Alexandrie et vivait à la fin du IVᵉ siècle. On
trouve des notices plus anciennes sur la Torpille électrique dans Aristote, Pline, Élien et Oppien. Le poëme de ce dernier sur la pêche paraît
avoir été consulté par Claudien.

Trois poissons surtout ont été reconnus capables de fournir des décharges électriques. Ce sont : 1° les deux espèces de Torpille de la Mer Adriatique et de la Méditerranée, *Torpedo electrica* et *Torpedo marmorata* ; 2° le Gymnote électrique (*Gymnotus electricus*), poisson d'eau douce que l'on rencontre dans les rivières de l'Amérique méridionale ; 3° enfin, le Malaptérure électrique (*Malapterurus electricus* ou *beninensis*), observé plus récemment, et que l'on rencontre dans les rivières qui se jettent dans la baie de Bénin, sur la côte orientale de l'Afrique. Nous ne pouvons nous empêcher de reproduire ici la description que Humboldt donne du Gymnote électrique et de ses décharges, dans ses *Tableaux de la nature* [1] :

« Ce ne sont pas seulement le crocodile et le jaguar qui dres-
« sent des embûches au cheval de l'Amérique méridionale ; il
« a aussi parmi les poissons un dangereux ennemi. Les eaux
« marécageuses de Bera et de Rastro sont peuplées d'une quan-
« tité innombrable d'anguilles électriques qui, de toutes les par-
« ties de leur corps tacheté et visqueux, déchargent à volonté
« des commotions violentes. Ces gymnotes ont de cinq à six
« pieds de long. Telle est leur force, et la richesse de leur appa-
« reil nerveux, qu'ils peuvent tuer les plus grands animaux,
« pourvu qu'ils fassent agir leurs organes avec ensemble et
« dans une direction favorable. On a dû changer le chemin
« qui traversait le steppe d'Uritucu, parce que les gymnotes
« s'étaient accumulés en si grande quantité dans une petite
« rivière, que, chaque année, un nombre considérable de che-
« vaux, en la passant à gué, étaient frappés d'engourdissement
« et se noyaient. Tous les autres poissons fuient le voisinage de
« ces redoutables anguilles. Le pêcheur même n'est pas à l'abri
« sur le bord élevé de la rivière. Souvent la ligne humide lui
« communique de loin la commotion. Ainsi, dans ce cas, la
« force électrique se dégage du milieu des eaux.

« La pêche des gymnotes offre un spectacle pittoresque. On
« rabat des mulets et des chevaux dans un marais, autour

---

1. Humboldt, *Tableaux de la nature*, trad. Jesierski, p. 48 et suiv.

« duquel les Indiens forment une haie serrée, jusqu'à ce que
« ces intrépides poissons, frappés d'un bruit inaccoutumé, se
« décident à engager l'attaque. On les voit nager sur l'eau à la
« manière des serpents et se blottir adroitement sous le ventre
« des chevaux. Un grand nombre de ceux-ci succombent par la
« violence de ces coups invisibles. D'autres, la crinière hérissée,
« couverts d'écume, expriment leur angoisse par les éclairs
« qui jaillissent de leurs yeux, et cherchent à fuir les atteintes
« de la foudre. Mais les Indiens, armés de longues cannes de
« bambou, les repoussent au milieu de l'eau.

« Peu à peu, cependant, l'ardeur de ce combat inégal se
« ralentit. Les poissons épuisés se dispersent comme des nuages
« déchargés de leur électricité ; ils ont besoin d'un long repos et
« d'une nourriture abondante pour reconstituer de nouveau ce
« qu'ils ont dépensé de force galvanique. Leurs corps s'affai-
« blissent de plus en plus ; effrayés par le bruit et par le trépi-
« gnement des chevaux, ils approchent du bord : mais aussitôt
« on les frappe de harpons, et on les traîne dans le steppe, au
« moyen de bâtons secs, mauvais conducteurs du fluide.

« Tel est ce singulier combat de chevaux et de poissons. La
« force qui fait l'arme vivante et invisible de ces habitants des
« eaux n'est autre que cette force, développée par le contact de
« parties humides hétérogènes, qui circule dans tous les organes
« des animaux et des plantes, embrase et fait retentir l'immense
« voûte du ciel, attache le fer au fer, et dirige la marche régu-
« lière et obstinée de l'aiguille aimantée. Tous ces phénomènes
« naissent d'une source unique, ainsi que les couleurs dans les-
« quelles se décompose le rayon lumineux ; tous se résolvent
« dans une force éternelle et universellement répandue. »

3. Tous les poissons électriques possèdent des organes spéciaux qui produisent la décharge électrique. Ces organes simulent, pour ainsi dire, de fortes batteries, mises en activité par la
volonté de l'animal, qui produisent des courants à travers l'eau
et viennent frapper, ou même tuer, les animaux qui se trouvent
dans leur voisinage. Ces *organes électriques*, ainsi qu'on les a
nommés, sont construits d'après le même plan dans les trois

genres de poissons dont nous venons de parler. Ils sont formés
par un grand nombre de plaques minces, rangées en couches les
unes sur les autres, ou les unes à côté des autres. Ces plaques
sont renfermées dans des espèces d'étuis formés de tissu connectif, et composent ainsi tout l'organe. Chez la torpille, l'organe est aplati et situé des deux côtés de la colonne vertébrale. Chez le gymnote et le malaptérure, il est très-allongé ;
chez le malaptérure, il constitue même une espèce de fourreau
fermé qui revêt l'animal entier, à l'exception de la tête et de la
queue. Les plaques de l'appareil sont, par conséquent, rangées
horizontalement chez la torpille, et, au contraire, verticalement
chez le gymnote et le malaptérure. Chacune de ces plaques
consiste en une membrane très-délicate, qui, pendant l'activité
de l'organe, s'électrise positivement sur une de ses faces et
négativement sur l'autre. Les courants produits par ces nombreuses plaques s'additionnent, comme dans une batterie, et
produisent ainsi, par leur ensemble, un courant extraordinairement puissant. Un filet nerveux se rend à chacune des plaques, et cette innervation permet à l'animal de décharger à
volonté son organe électrique, comme il peut, au moyen des
nerfs, provoquer la contraction de ses muscles. On peut aussi
irriter les nerfs de cet organe, et obtenir artificiellement une ou
plusieurs décharges, de la même façon que l'on obtient une ou
plusieurs contractions lorsqu'on irrite les nerfs musculaires. La
ressemblance entre l'organe électrique et le muscle est, en effet,
complète au point de vue physiologique.

Nous devons cependant faire remarquer que certains poissons, très-voisins des poissons électriques, comme le mormyrus
qui ressemble à la torpille, possèdent des organes tout à fait
semblables, sans qu'on ait pu y découvrir jusqu'ici le siége
de phénomènes électriques. On a supposé aussi que les organes
phosphorescents de certains insectes sont le siége de phénomènes
semblables ; mais ce fait n'a pas encore été non plus démontré.

4. Avant d'exposer les faits relatifs aux phénomènes électriques observés sur les tissus animaux, il me paraît nécessaire
de parler d'abord de ces phénomènes en général, et de faire

connaitre les moyens que l'on possède pour en étudier les
manifestations.

On sait qu'il se produit un courant électrique lorsque deux
métaux différents sont mis en contact entre eux et avec un
liquide. L'électricité se manifeste alors sous forme de mouvement ou de courant, tandis que, dans d'autres cas, on peut
l'observer à l'état de repos. Plongeons, par exemple, un morceau de zinc et un morceau de cuivre dans un verre contenant
de l'acide sulfurique dilué (fig. 36), et réunissons
ces deux métaux, en dehors du liquide, par un fil
métallique : l'électricité positive passera du cuivre
au zinc par le fil métallique, et du zinc au cuivre
dans le liquide. On se sert d'une aiguille magnétique pour démontrer l'existence de ce courant.
Un courant électrique, parallèle à la direction normale de l'aiguille magnétique, la fait dévier de
cette direction, et tend à lui en faire prendre une

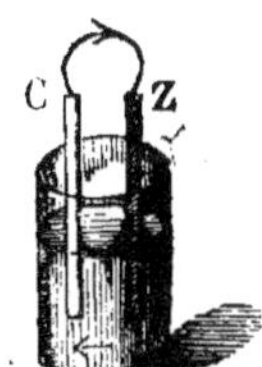

Fig. 36.
Courant élec-
trique.

autre, perpendiculaire à la direction normale. D'après la direction que suit le courant positif et d'après la situation du fil conducteur relativement à l'aiguille, le pôle nord de cette aiguille
est dévié tantôt à l'est, tantôt à l'ouest. L'aiguille aimantée ne
nous sert donc pas seulement à démontrer l'existence d'un courant, mais encore la direction de ce courant dans le fil. Ce
moyen simple ne donne cependant de résultat que lorsque le
courant est assez fort, car l'aiguille aimantée est maintenue
dans sa position par la force magnétique de la terre, et le courant est obligé de vaincre cette force pour faire dévier l'aiguille. Pour mettre en évidence un courant faible, on entoure
l'aiguille magnétique de plusieurs tours du fil qui conduit ce
courant. Comme chacun de ces tours tend à faire dévier l'aiguille, la force déviatrice devient plus considérable ; c'est pour
ce motif que l'on a donné à l'instrument fondé sur ce principe le nom de *multiplicateur* [1]. Pour rendre cet instrument

---

1. Dans certaines circonstances, que nous ne pouvons pas énumérer
ici, le même instrument peut servir à mesurer la *force* des courants. On
lui donne parfois pour ce motif le nom de *Galvanomètre*.

encore plus sensible, on cherche à annuler, autant que possible, la force magnétique de la terre, de façon que des courants très-faibles réussissent à produire des déviations. On y parvient en plaçant, à côté, au-dessus ou au-dessous de l'aiguille magnétique, un barreau aimanté fixe, qui agit sur l'aiguille dans un sens opposé à celui de l'action terrestre : en approchant plus ou moins ce barreau de l'aiguille, on trouve une place où l'effet du magnétisme terrestre est presque annihilé. On peut encore souder entre elles, au moyen d'une pièce intermédiaire fixe, deux aiguilles magnétiques aussi semblables que possible, mais dont on place les pôles de même nom dans des directions opposées. Le magnétisme terrestre, tendant à tirer chacune des aiguilles dans un sens contraire, s'annihilera ainsi presque complétement, et des courants électriques très-faibles, mais tournant d'une façon convenable autour de l'aiguille, pourront la faire dévier très-sensiblement.

Fig. 37. — Multiplicateur.

La figure 37 représente un multiplicateur fort commode pour les expériences physiologiques. Les deux aiguilles magnétiques, soudées entre elles, sont suspendues, au moyen d'un fil de cocon de soie, à l'arc *h h* : la vis *i* sert à élever le système à la hauteur convenable pour que l'une des aiguilles puisse se mouvoir librement au milieu du circuit du fil conducteur, et l'autre au-dessus de ce circuit, sur un cercle gradué qui permet de mesurer la déviation produite. Le fil conducteur, toujours très-mince, est entouré de soie et enroulé sur un cadre, C : les vis de pression ff servent à introduire les courants.

On se sert moins fréquemment aujourd'hui du multiplicateur pour les expériences physiologiques. Cela tient à ce qu'on a beaucoup perfectionné d'autres appareils, les *boussoles de tangentes*. L'avantage de ces boussoles consiste en ce qu'elles sont très-sensibles et permettent de mesurer en même temps la force des courants. On peut, en effet, admettre que les forces des courants sont proportionnelles aux tangentes trigonométriques des angles de déviation, lorsque les déviations de l'aiguille sont très-faibles [1]. Pour mesurer ces petites déviations, on emploie le procédé d'observation au miroir et à la lunette, déjà décrit plus haut (chap. III, pag. 51). L'aiguille aimantée sert elle-même de miroir, ou en porte un : elle est suspendue à un fil de soie dans une boîte en cuivre fermée par des plaques de verre. Le courant électrique est amené par les bobines B B', qui sont mobiles sur un chariot, et permettent ainsi, par leur plus ou moins grand écartement, d'augmenter ou de diminuer à volonté la sensibilité de l'appareil. Pour mesurer la déviation de l'aiguille, on dispose, parallèlement à la position du miroir, une règle divisée, dont l'image, réfléchie par le miroir, est observée à travers la lunette, comme on l'a dit précédemment (chap. III, pag. 51).

Cette boussole permet de rendre ces déviations visibles à un grand nombre de personnes : on éclaire le miroir avec une lampe assez brillante, et l'on projette son image sur un écran, au moyen d'une lentille. Pour augmenter la sensibilité de l'instrument, on suspend près de lui, de la manière décrite plus haut, un barreau aimanté dont le rôle consiste à diminuer l'influence magnétique de la terre.

5. Lorsqu'on s'est procuré un multiplicateur, d'un genre ou d'un autre, aussi sensible que faire se peut, on n'a plus qu'à le relier aux tissus à observer: on regarde s'il se produit ou non

---

1. Voyez à l'Appendice : Remarques et Additions, n° IX. page 261.

une déviation, et si, par conséquent, ce tissu possède ou ne possède pas de courant dans les circonstances où on l'examine. Cependant, plus ces multiplicateurs sont sensibles, et plus il est difficile de ne pas trouver de courant lorsqu'on les relie à un tissu animal quelconque; mais on commettrait une grave erreur si l'on considérait ces courants comme produits par les tissus.

En effet, lorsqu'on relie les deux extrémités d'un multiplica-

Fig. 38. — Boussole à miroir.

teur avec deux fils de même métal, de cuivre par exemple, et qu'on plonge ces fils dans un liquide conducteur, comme de l'acide sulfurique dilué, on obtient toujours une déviation considérable de l'aiguille, parce que les fils ne sont jamais assez homogènes pour ne pas produire un léger courant. Si, au lieu de fils de cuivre, on emploie des fils de platine, on peut rendre ces derniers homogènes par un nettoyage soigneux; mais cette homogénéité disparaît bientôt, et l'on trouve, même avec le platine, des courants qui dépendent simplement des inégalités de la surface métallique. Il y a heureusement des combinaisons de métaux et de liquides qui sont exemptes de ces défauts. Deux morceaux de zinc, que l'on a amalgamés à leur surface en les frottant avec du mercure, paraissent complétement homogènes lorsqu'on les plonge dans une solution de sulfate de zinc, et ils conservent leur homogénéité. même lorsqu'on fait passer des courants électriques à travers le métal et le liquide. On peut donc relier le multiplicateur à des bandes de zinc amalgamé. puis les plonger dans une solution de sulfate de zinc, sans que ce multiplicateur soit dévié, même quand il est très-sensible.

On pourrait être victime de graves illusions, si l'on reliait immédiatement les fils du multiplicateur aux tissus animaux à observer. car, dans ce cas, il se développe de l'électricité aux points de contact. Mais, en se servant de zinc amalgamé et d'une solution de sulfate de zinc, on exclut toute autre source d'électricité; lorsqu'on expérimente alors, avec certaines précautions. sur des tissus animaux, on peut être certain que les déviations de l'aiguille aimantée sont bien produites par des courants développés dans ces tissus. Il suffit donc, avec cette méthode d'observation, de placer les tissus dans une situation telle, que les courants qui s'y développent arrivent au multiplicateur uniquement par la solution de zinc et par les plaques de zinc amalgamé.

6. Du Bois-Reymond, auquel on doit la plus grande partie de ce que nous savons sur les phénomènes électriques des tissus animaux, a donné à l'appareil une forme très-avantageuse fig. 39). On réunit les deux extrémités du fil du multiplicateur à deux vases en zinc fondu : la surface extérieure de ces vases est vernie, leur paroi interne est, au contraire, soigneusement amalgamée. On verse dans ces vases une solution de sulfate de zinc. Des coussinets, formés d'un grand nombre de feuilles de papier brouillard imbibés de la même solution, sont placés à cheval sur les bords de ces vases; ils plongent dans la solution, par un de leurs bouts. tandis que l'autre se recourbe sur les bords du vase et se termine par une section verticale très-nette. De petits disques en caoutchouc durci maintiennent ces coussinets à l'aide d'anneaux aussi en caoutchouc.

Le multiplicateur n'est pas dévié. lorsqu'on rapproche deux de ces vases de façon à ce que les coussinets se touchent, ou encore lorsque, sur les deux coussinets, on en place un troisième. également trempé dans la solution de zinc, et servant

de conducteur. Il n'y a donc pas, dans ce cas, production de
courants. Maintenant, à la place du troisième coussinet, mettons le tissu qu'on veut examiner : si nous obtenons une déviation de l'aiguille, c'est que la cause du courant a son siége
dans le tissu lui-même.

Cette disposition présente un inconvénient : les tissus sont
attaqués et leurs propriétés vitales modifiées par le contact de
la solution concentrée de sulfate de zinc. Pour éviter cet incon-

Fig. 39. — Vases conducteurs homogènes de du Bois-Reymond.

vénient, on se sert de disques de préservation ; ce sont des
plaques légères, en terre de porcelaine mélangée avec une solution de 1/2 à 1 pour 0/0 de sel marin ; on les dispose sur les
coussinets de papier à la place que doit occuper le tissu organique en expérience. Ces disques le préservent du contact immédiat de la solution de sulfate de zinc ; mais, comme ils sont
bons conducteurs de l'électricité, ils n'empêchent pas les phénomènes électriques produits dans son sein d'arriver à la solution
de zinc et au fil du multiplicateur.

7. Si on expérimente sur des muscles ou des nerfs au moyen
de cet appareil, on sera étonné de constater, tantôt des courants faibles, tantôt des courants forts, tantôt enfin l'absence de

toute manifestation électrique, et cela, d'après la manière dont on aura disposé les tissus sur l'appareil. Un seul et même corps, un muscle par exemple, peut donner un courant très-fort, lorsqu'il est dans une certaine position, et n'en pas donner du tout dans une position différente. Pour comprendre ce fait, il faut se demander comment les courants qui parcourent le tissu examiné peuvent, dans cet appareil, se communiquer au fil du multiplicateur.

Revenons un instant encore au circuit simple (fig. 36, p. 137), au moyen duquel nous avons observé, la première fois, l'effet d'un courant électrique sur une aiguille aimantée. Ce circuit est formé par une lame de zinc et par une lame de cuivre, plongées toutes deux dans de l'acide sulfurique étendu, et dont les bouts supérieurs sont réunis par un fil métallique. Dans cet état, le circuit est *fermé*. Il s'y établit un courant, qui passe du cuivre au zinc à travers le fil, et du zinc au cuivre dans le liquide.

Examinons isolément le fil de fermeture : nous n'y découvrirons aucun courant, si ce fil n'est pas réuni au circuit. Nous n'observerons pas non plus de courant dans le circuit privé du fil de réunion. Pour qu'un courant puisse s'établir, il faut que le circuit soit fermé. Mais c'est le circuit qui contient la cause propre à faire naître un courant dans certaines circonstances, car, si on courbe en cercle le fil seul, on n'en obtient pas.

Nous pouvons aussi déterminer la cause qui produit un courant dans le circuit. Lorsque celui-ci est ouvert, c'est-à-dire non complété par le fil de réunion, et qu'on relie les extrémités supérieures du zinc ou du cuivre à un électromètre, les deux feuilles d'or deviennent divergentes : la partie des lames de métal qui ne plonge pas dans le liquide possède donc une tension électrique.

Cette tension est positive à l'extrémité cuivre et négative à l'extrémité zinc.

Si on joint les deux métaux par le fil métallique, les deux électricités tendent à se réunir, et produisent ainsi un courant dans ce fil. Mais la force qui a fait naître la tension électrique dans les deux extrémités métalliques est une force permanente;

elle produit donc un courant continu. On donne à cette force le nom de *force électromotrice*.

Lorsque le circuit est ouvert, la force électromotrice se manifeste par la tension des extrémités supérieures des métaux ou des *pôles* de la pile, et, lorsque ces pôles sont réunis par un fil, c'est-à-dire quand le circuit est fermé, elle y fait naître un courant.

Supposons maintenant que les deux métaux plongés dans le liquide ne fassent pas saillie au dehors, mais qu'ils se touchent dans le liquide même : le circuit sera évidemment fermé, avec la seule différence que le point de contact se trouvera dans l'intérieur du liquide. C'est ce point que le courant traversera en passant du cuivre au zinc, tandis qu'il se dirige du zinc au cuivre à travers le liquide.

Il est facile de le prouver. On voit des petites bulles de gaz se former à la surface des métaux plongés dans le liquide. Ces bulles ne sont autre chose que les produits de la décomposition de l'eau en ses éléments, décomposition opérée par le courant ; le côté cuivre dégage de l'hydrogène et le côté zinc de l'oxygène. Dans ce cas, le circuit est fermé par ses propres éléments, et nous n'avons pas d'arc de réunion extérieur qui puisse nous indiquer un courant par l'intermédiaire d'une aiguille magnétique. Cependant, au moyen d'un multiplicateur, en faisant appel au principe de la *division des courants électriques*, on peut démontrer l'existence des courants dans les métaux submergés et dans le liquide.

Supposons un circuit K, fermé, mais non pas immédiatement, par un fil métallique : deux fils, partis chacun d'un des pôles du circuit, viennent toucher un conducteur de forme quelconque, en A et en B. On peut démontrer, non pas seulement que les courants électriques traversent le conducteur suivant la ligne la plus courte A et B, mais qu'ils se divisent sur tout le corps, et prennent une foule de directions diverses, qui toutes se réunissent en A et B, points où les courants entrent dans le corps et en sortent. Il est facile de trouver, par le calcul, le tracé de ces voies de communication, lorsque le corps interca-

laire possède une forme simple : mais, lorsque ce corps est irrégulier, cette démonstration devient très-difficile. Cependant,
même dans ce cas, l'expérience démontre que l'électricité se
distribue à travers le corps tout entier, et permet de retrouver

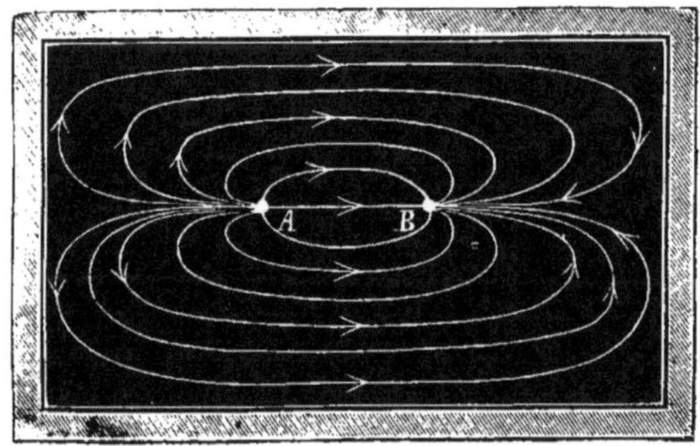

Fig. 49. — Ramifications d'un courant dans un conducteur irrégulier.

les routes diverses suivies par les différentes fractions du
courant.

Examinons un corps de forme simple, par exemple un cylindre épais, dans lequel l'électricité pénètre par l'une des extrémités et sort par l'autre : il est plus que probable, *à priori*,
que les directions suivies par les courants seront simplement
parallèles à l'axe du cylindre et dirigées dans le sens de la longueur de ce corps. Nous pouvons supposer que le cylindre est
composé d'un grand nombre de fils métalliques, et que chacun
des fils sert de conducteur à une fraction du courant total.
Si nous coupons maintenant un de ces fils, et si nous unissons
les deux bouts à un multiplicateur, il est évident que la fraction de courant qui parcourt ce fil passera par le multiplicateur, et produira une déviation de l'aiguille aimantée. Nous
obtiendrons même un courant distinct, sans couper le fil, en
unissant deux points du parcours de ce fil à un multiplicateur ; car, dans ce cas, d'après la loi de la division des courants,
une partie de ce courant devra se détacher pour parcourir le
multiplicateur.

8. Ces faits peuvent encore être rendus évidents par d'autres moyens. Nous avons vu qu'il existe une certaine tension électrique aux deux extrémités d'un circuit ouvert, et que les tensions opposées des deux pôles sont la cause du courant qui se produit dans le fil de réunion. Si les pôles avaient été chargés, pour un moment seulement, de quantités d'électricité correspondantes, ces quantités se seraient réunies à travers le fil et nous aurions obtenu un courant instantané. Mais, comme, par suite de la force électromotrice du circuit, la tension électrique est toujours renouvelée aux deux pôles, le courant devient continu. Les deux extrémités du fil de réunion possèdent donc toujours des tensions électriques opposées. Celles-ci réagissent sur l'électricité naturelle qui existe dans le fil, comme dans tout autre corps, et la mettent en mouvement. Il en résulte que les différents points du fil possèdent nécessairement des tensions différentes. Le point de contact du fil de réunion avec le pôle positif présente une certaine tension positive, le point où le fil touche le pôle négatif présente, de même, une tension négative, et il y a nécessairement, vers le milieu du fil, un point où la tension est nulle. Nous pouvons représenter ce fait graphiquement, en indiquant la tension de chaque point par une ligne perpendiculaire au fil, et dont la longueur exprimera la force de la tension en ce point. Désignons le fil par $a\,b$ (fig. 41) : la ligne $a\,c$ représentera la tension électrique à l'extrémité reliée au pôle positif. Pour indiquer que l'autre extrémité du fil possède une tension négative, par conséquent d'espèce contraire, nous tracerons la ligne $b\,d$ dans le sens contraire à $a\,c$, c'est-à-dire de haut en bas. Le milieu du fil présente une tension nulle. Dans tout point compris entre le milieu et l'extrémité a, en e par exemple, il y aura une tension positive, plus petite que celle de a, mais plus grande que 0 ; elle sera exprimée par la ligne $e\,f$. De même, chaque point compris entre le milieu et l'extrémité b, le point g par exemple, offrira une tension négative, que nous représenterons, pour le point g, par la ligne $g\,h$. Nous pouvons faire une construction analogue pour chacun des points de la ligne. Si le fil métallique que nous considérons est

parfaitement homogène, les tensions positives diminueront très-régulièrement de *a* au milieu de la ligne; il en sera de même des tensions négatives, depuis *b* jusqu'au milieu. Si on relie

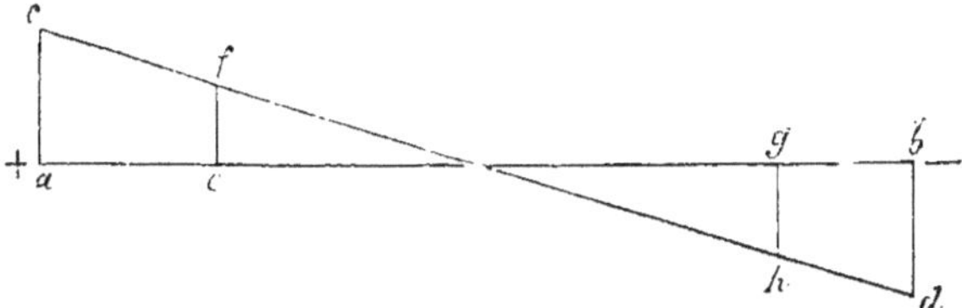

Fig. 41. — Décroissance de la tension électrique dans les fils.

entre elles les extrémités des lignes qui représentent les tensions, on obtient une ligne droite inclinée qui coupe le fil au milieu. Les lignes, telles que *e f*, *g h*, etc., reliant les points de la ligne oblique à ceux du fil, indiquent la tension électrique de chacun de ces points.

Cette décroissance uniforme des tensions dans le fil peut être prouvée au moyen de l'électromètre, lorsqu'on met celui-ci en communication avec des points isolés du fil. C'est encore cette décroissance uniforme des tensions qui fait naitre le mouvement de l'électricité dans le fil, car chaque portion du fil comprend des parties qui se touchent et dans lesquelles la tension s'affaiblit graduellement en allant de gauche à droite; l'électricité est ainsi sollicitée à se mouvoir elle-même de gauche à droite.

Il existe dans ce cas un phénomène tout à fait semblable à celui qui se produit dans un tuyau traversé par une masse d'eau, et où la pression de l'eau diminue graduellement d'une extrémité du tuyau à l'autre. Afin d'exprimer cette ressemblance, nous appliquerons aux courants électriques un terme emprunté à l'étude des liquides, et nous désignerons la diminution graduelle des tensions électriques sous le nom d'*écoulement électrique*.

Comparons entre eux deux fils d'inégale longueur, mais d'épaisseur égale, *a b* et *c d* de la figure 42. Si *a b* est intercale entre les deux pôles d'un courant, son écoulement électri-

que sera représenté par la ligne inclinée *e f*. Enlevons *a b*, et
intercalons *c d* entre les pôles du même courant : les tensions
seront identiques, et l'écoulement sera représenté, pour le fil *c d*,
par la ligne oblique *g h*. On voit que le fil le plus court donne
une oblique bien plus inclinée : l'écoulement y est plus rapide et

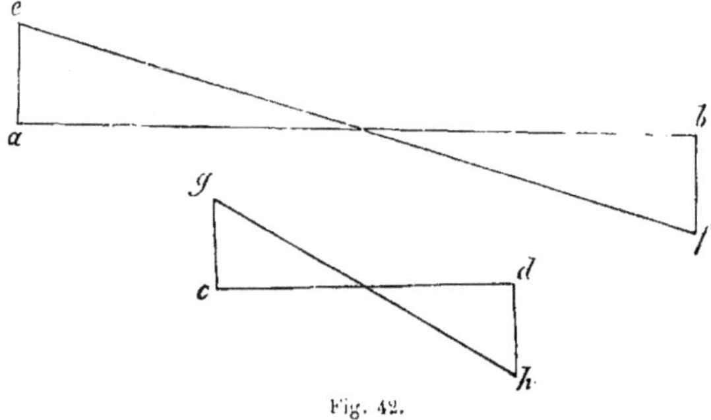

Fig. 42.

le courant électrique s'y meut avec une plus grande vitesse. Si
l'on admet que les deux fils sont reliés en même temps aux
pôles du circuit, les tensions seront encore identiques à leurs
extrémités, mais leur écoulement sera différent. Enfin, si, au
lieu de deux fils seulement, on en prend un grand nombre, la
loi s'appliquera à chacun d'eux isolément. Supposons maintenant que ces nombreux fils viennent à se souder, de façon à
ne plus former qu'un seul conducteur, et rien d'essentiel ne
sera changé dans l'écoulement électrique : on peut supposer
que le corps total est composé de fils séparés, ayant chacun
leur écoulement propre, et que l'inclinaison de la ligne oblique
dépend de la longueur du fil que l'on considère. Mais ces fils
supposés, ce sont les routes suivies par les courants électriques
et dont nous avons parlé tout à l'heure. Ces routes possèdent
chacune des écoulements déterminés, d'autant plus rapides que
les distances comprises entre l'entrée et la sortie du courant
sont plus courtes.

9. Reprenons le fil unique à travers lequel passe le courant.
Si l'on vient à relier deux points de ce fil avec deux électro-
mètres, ces instruments indiqueront des tensions différentes, et

la différence sera d'autant plus grande que les deux points examinés seront plus éloignés l'un de l'autre.

Unissons maintenant, par un fil métallique courbe, les deux
points examinés : les tensions différentes existant aux points
de contact dérangeront l'électricité naturelle du fil que nous
avons appliqué, et feront naître ainsi un courant dirigé du
point où la tension est la plus forte vers le point où elle est la
plus faible.

Lorsqu'on introduit un multiplicateur dans le fil intercalé,
l'aiguille aimantée est déviée. Le même phénomène se produit
sur un conducteur régulier ou irrégulier. Par exemple, lorsque
l'électricité se meut sur différentes lignes du corps $A\ B$ (fig. 43),
et que, sur l'une de ces lignes, il se trouve deux points possédant des tensions différentes, on fait nécessairement naître

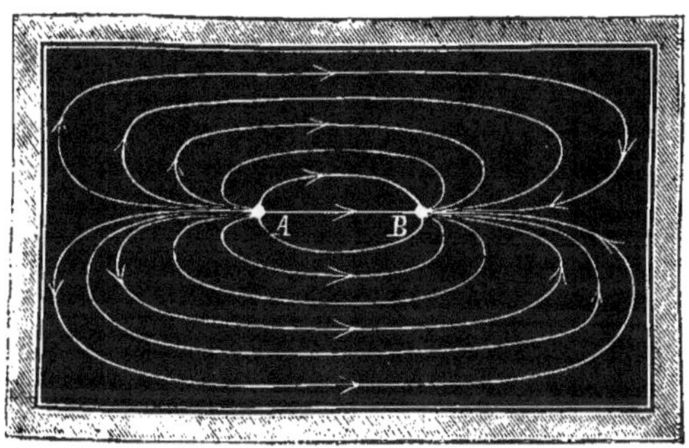

Fig. 43. — Ramifications d'un courant dans un conducteur irrégulier.

un courant en réunissant ces deux points par un fil métallique,
et, si ce fil traverse un multiplicateur, l'aiguille magnétique
sera déviée.

D'un autre côté, il existera toujours sur les différents parcours, des points possédant une tension égale. En effet, la tension
débute, pour chacun de ces parcours, par une certaine valeur
positive (en A), laquelle, passant par la valeur 0, arrive à une
certaine valeur négative (en B). L'aiguille du galvanomètre ne
sera donc pas déviée, si, au lieu d'appliquer le fil à deux points

de tensions différentes, on fait en sorte de le placer à deux points de tension égale.

Comme on le voit, il est facile de s'assurer, sur tout conducteur traversé d'une façon quelconque par des courants, si deux points ont une tension égale ou inégale. On peut donc de cette façon, c'est-à-dire par des recherches systématiques faites dans ce sens, arriver graduellement à se faire une idée convenable de la forme et de la direction des lignes conductrices du corps examiné.

10. Considérons maintenant la question à un autre point de vue. Si nous plaçons les deux extrémités d'un fil métallique courbe sur un conducteur traversé par des courants électriques, une partie des courants qui existent dans le conducteur passera par le fil métallique. Nous ferons ainsi sortir, ou dériver du corps, une partie du courant, pour la rendre accessible à nos recherches.

Dans certaines circonstances, cette dérivation peut produire une modification des courants qui existent dans le conducteur. Nous admettrons cependant qu'il n'en est pas ainsi, et que les tensions électriques des points touchés par le fil ne sont pas sensiblement altérées [1]. La direction et la force du courant dans l'arc ne dépendront que de la différence de tension des deux points touchés et de la résistance que le fil oppose au courant.

Nous donnons le nom d'*arc de dérivation* au fil ainsi appliqué sur le conducteur; les extrémités par lesquelles il est fixé sur ce conducteur sont les *pieds* de l'arc, et la distance comprise entre les deux pieds en constitue l'*écart*.

Il ne s'agit d'ailleurs nullement de la manière dont l'arc est composé. Il peut être formé d'un seul ou de plusieurs fils, contenir ou non des conducteurs liquides. Il faut cependant qu'il remplisse une condition : c'est que son contact avec le conducteur ne donne pas naissance à des phénomènes électriques.

1. Il serait trop long d'exposer ici les circonstances qui n'amènent pas d'altération de tension; mais on peut, par certaines dispositions des appareils, arriver à n'en pas produire.

Mais nous avons déjà vu tout à l'heure qu'on ne peut pas
éviter la production de ces phénomènes lorsqu'on met des fils
métalliques en contact avec des tissus animaux humides. C'est
pour cela que les extrémités de l'arc devront être reliées
aux vases d'écoulement en zinc dont nous avons parlé plus
haut ; les disques en argile, mouillés par la solution de sel
marin, représentent alors les véritables pieds de l'arc de dérivation. Un arc de ce genre ne donne lieu, ni par lui-même, ni
par son apposition sur le conducteur que l'on veut examiner, à
des manifestations électriques ; cette circonstance lui a valu le
nom d'*arc homogène*.

Pour se faire une idée complète de la distribution des tensions dans un corps conducteur, on serait obligé de mettre successivement tous les points de ce corps en contact avec les pieds
du même arc homogène. Cette observation, assez facile tant
qu'il ne s'agirait que de la surface du corps, deviendrait difficile,
et même le plus souvent impossible, pour les points situés à
l'intérieur. On est donc obligé de se contenter d'observer la
surface ; mais on peut cependant déduire de cet examen superficiel des conclusions d'une certaine valeur sur la distribution
de l'électricité à l'intérieur du corps.

11. Il faut distinguer deux cas. Ou bien le corps que l'on examine n'est point capable de produire de l'électricité : il est traversé par des courants amenés du dehors, courants dont on
veut examiner la distribution dans l'intérieur de ce corps. Ou
bien le corps possède lui-même des forces électromotrices, et
ce sont alors les courants produits par ces forces qui constituent
l'objet de nos recherches. Ce dernier cas est celui des tissus
organiques, qui, dans certaines circonstances, comme nous
l'avons vu précédemment, engendrent des courants électriques
lorsqu'on les met en contact avec les pieds d'un arc homogène.
Si, dans d'autres circonstances, ces tissus ne font point naître
de courant, il ne faudra pas s'en étonner ; dans ce cas, ce sont
des points à tension égale qui ont été mis en contact avec les
pieds de l'arc.

Soit BCDE (fig. 44) la coupe d'un corps contenant une force

électromotrice. Supposons, pour plus de simplicité, que ce corps soit un cylindre régulier, et que la force électromotrice soit située dans l'axe de ce cylindre. Il est clair d'ailleurs que les explications données sur la coupe BCDE s'appliqueront également à toutes les autres coupes du même corps. Si le

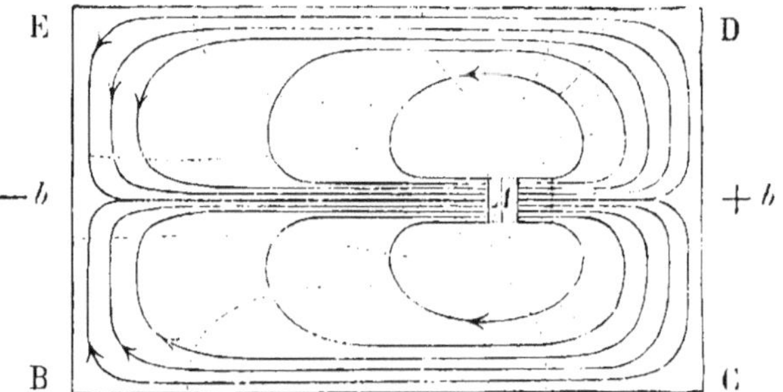

Fig. 44. — Courbes des courants et courbes des tensions.

point A est le siége d'une force électromotrice [1], qui fait mouvoir l'électricité positive vers la droite et l'électricité négative vers la gauche, tout le cylindre sera parcouru alors par des courants.

Nous sommes obligés d'admettre que ces courants forment des plans dans l'intérieur du cylindre, et nous obtenons ainsi des courants en surface qui se recouvrent à la manière des écailles d'un oignon; sur notre figure, ils sont représentés par des courbes fermées passant toutes au point A. Chacune de ces lignes possède, comme nous le savons, un écoulement déterminé. Cela veut dire que, sur chacune d'elles, le point le plus voisin de A, du côté droit, a la tension positive la plus forte, que cette tension diminue graduellement jusqu'au milieu de la ligne, où elle est nulle, qu'elle devient alors négative, et qu'enfin le point le plus voisin de A, mais à gauche, possède la tension négative la plus forte. Ceci s'applique à toutes les courbes. Sur chacune de ces

1. Pour donner à notre explication une base physique, nous supposerons que le cylindre est constitué par une substance liquide et qu'il renferme en A un corps composé moitié de zinc et moitié de cuivre.

lignes, il y a un point de tension nulle : à droite de ce point, s'en trouve un autre dont la tension est + 1, plus à droite encore, un point de tension + 2, et ainsi de suite, jusqu'à la tension la plus forte qui se trouve près de *A*. Il en est de même à la gauche du point de tension nulle; nous y rencontrons successivement des points dont la tension est — 1, — 2, etc., etc.

Réunissons maintenant entre eux tous les points à tension égale : nous obtenons un second système de courbes, perpendiculaires aux courbes des courants, et représentées sur notre figure 44 par des lignes ponctuées. On a ainsi une courbe passant par tous les points dont la tension est nulle, une autre passant par tous les points dont la tension est + 1, et ainsi de suite. Ces courbes peuvent être désignées par les dénominations de *courbes des tensions* ou de *courbes isoélectriques*. Ces courbes linéaires font partie de surfaces courbes, qui, dans le cylindre dont nous avons donné la section, coupent les courants plans : on peut appeler ces surfaces courbes *surfaces isoélectriques*. Celles-ci apparaissent à la surface du cylindre, et la coupent suivant des cercles parallèles, c'est-à-dire suivant des cercles coupant la surface latérale du cylindre parallèlement aux bases. La surface isoélectrique de la tension 0 coupe le cylindre près du milieu, et le divise en deux parties inégales, dont la droite est positive et la gauche négative. Les autres courbes isoélectriques coupent la surface du cylindre suivant des cercles parallèles, et les courbes de plus grande tension, positive ou négative, le touchent aux points centraux de ses surfaces terminales, ou bases, désignées sur la figure par + *b* et — *b*.

Les choses ne se passent pas toujours aussi simplement que dans ce cas. Lorsque le corps n'est pas un cylindre régulier et que la force électromotrice n'est pas située dans l'axe, la coordination des surfaces isoélectriques devient plus compliquée. Mais le corps est toujours occupé par des plans de courants se recouvrant les uns les autres, à l'aide desquels on peut construire un système de surfaces isoélectriques, qui viennent couper la surface du corps en courbes variables. Chacune des courbes de la surface qui correspondra à une surface isoélectrique présentera la même tension; la tension sera, au contraire, différente sur les courbes voisines. Si nous considérons seulement la surface du corps, nous pourrons dire que, s'il existe une force électromotrice dans le corps, il faut que cette force produise une distribution déterminée des tensions à la surface de ce corps. En étudiant la distribution des tensions à la surface, nous pourrons en déduire des conséquences sur le siége de la force électromotrice dans l'intérieur du corps.

12. Les vases d'écoulement en zinc (fig. 39), que nous avons décrits plus haut, ne suffisent pas toujours pour les recherches que l'on veut entreprendre. Il est souvent difficile de placer, entre les coussinets de papier, les tissus animaux que l'on veut examiner, et on ne réussit pas non plus toujours à mettre certains points de ces tissus en contact avec les coussinets.

Ceci serait de peu d'importance, si les courbes isoélectriques du tissu étaient parallèles, comme à la surface du cylindre dont il a été question page 152. Dans ce cas, on réussit toujours à disposer l'arète aiguë des disques d'argile de telle façon que tous les points qui la touchent appartiennent à la même courbe isoélectrique. Mais il en est déjà autrement lorsqu'on veut examiner les bases du cylindre. Les courbes isoélectriques de ces surfaces forment des cercles concentriques.

Dans des cas semblables, il faut remplir exactement les conditions théoriques du problème, c'est-à-dire placer l'arc de dérivation de manière à ce qu'il touche deux points du conducteur que l'on examine. On se sert, pour cette expérience, d'une autre espèce de vases, que du Bois-Reymond a recommandés dans le but d'éviter la polarisation électrique lorsqu'on veut diriger des courants dans les tissus.

Ces vases, qu'on nomme souvent *électrodes non polarisables*, sont représentés par la figure 45. Le support A soutient un tube en verre *a*, un peu aplati. L'articulation *e*, et le glissement qui peut s'opérer sur la colonne *h*, permettent de donner au tube toutes les positions qu'on veut. Ce tube contient une bandelette de zinc amalgamé *b*, laquelle peut être reliée à un multiplicateur au moyen d'un fil métallique. Il est fermé inférieurement

par un bouchon d'argile plastique, imbibé d'une solution de
sel marin, et dont l'extrémité saillante est taillée en pointe,
de façon à ne toucher le corps qu'on examine que sur une
surface aussi petite que possible. On verse dans l'intérieur du
tube une solution concentrée de sulfate de zinc, et l'on établit
ainsi, entre la bandelette de zinc et le bouchon d'argile, une
électrode homogène qui ne peut se polariser. Un second appareil, tout à fait semblable au premier, sert à faire sortir le
courant par l'autre point du conducteur.

Quel que soit l'appareil employé pour déterminer si les deux
points du conducteur, touchés par les extrémités de l'arc de

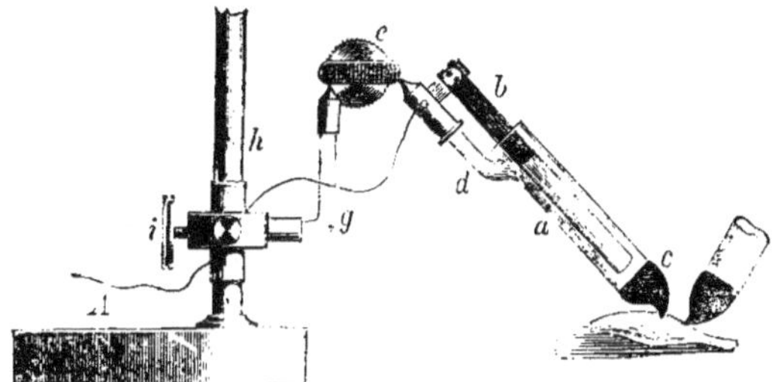

Fig. 45 — Tubes de dérivation de du Bois-Reymond.

déviation, ont la même tension électrique ou des tensions différentes, ce résultat sera obtenu avec une précision d'autant plus
grande que le multiplicateur intercalé dans le courant sera plus
sensible.

Si on met successivement divers points du corps à examiner
en contact avec les coussinets de papier des vases conducteurs
décrits plus haut (pages 141 et 142), ou si on touche ces points
avec les tubes conducteurs dont nous venons de parler, on
distinguera ceux d'entre eux qui possèdent une tension égale,
car, dans ce cas, le multiplicateur ne sera pas dévié. On recon-
naîtra aussi, parmi les points à tension inégale, celui qui possède la tension positive la plus forte; en effet, ce dernier point
est le lieu d'origine d'un courant qui traverse le multiplicateur
et se dirige vers l'endroit où existe la tension positive la plus

faible, ou ce qui revient au même, la tension négative la plus forte : cet endroit se reconnait au sens dans lequel se fait la déviation de l'aiguille aimantée.

Mais, pour avoir une idée d'ensemble de la distribution des courbes isoélectriques, il faudrait encore connaitre la valeur absolue des tensions électriques de chaque point du corps. Il suffit, en attendant, de déterminer les *différences* des tensions entre divers points, et nous avons, pour obtenir ces différences, des procédés très-exacts et très-sûrs [1].

13. Si nous voulions calculer les différences de tension au moyen des déviations de l'aiguille du multiplicateur, ce calcul, pour des motifs trop longs à exposer ici, serait très-difficile et très-peu exact. Mais nous pouvons mesurer ces différences, avec toute la précision désirable, en suivant un procédé inventé par Poggendorff et perfectionné par du Bois-Reymond.

Quand on veut déterminer la pesanteur d'un corps quelconque, on le place sur l'un des plateaux d'une balance et l'on met dans l'autre plateau des poids suffisants pour rétablir l'équilibre. Les effets produits par ces deux poids sur chacun des plateaux s'annihilent mutuellement, et par conséquent ces poids sont égaux.

Ce principe, universellement connu, est susceptible d'une application beaucoup plus générale. Voulons-nous, par exemple, déterminer l'attraction qu'un aimant exerce sur un morceau de fer? Nous suspendrons le fer à l'un des bouts d'un fléau, et nous mettrons à l'autre bout autant de poids qu'il en faudra pour rétablir l'équilibre. Nous placerons ensuite l'aimant sous le fer : l'attraction que cet aimant exerce sur le fer détruira l'équilibre, et nous serons obligés d'ajouter de nouveaux poids pour le rétablir. La valeur des poids ajoutés pour combattre l'aimant donne évidemment la mesure de la force attractive exercée entre l'aimant et le fer.

Dans les expériences dont il a été question plus haut, on obtenait une certaine déviation de l'aiguille du multiplicateur comme effet de la différence de tension entre les deux points

1. Voyez à l'Appendice : Remarques et Additions, n° X. page 262.

touchés par l'arc de dérivation. Déterminons cette différence.
Si, par une disposition particulière, nous pouvions agir sur l'aiguille du multiplicateur de manière à la faire dévier dans le
sens opposé avec assez de puissance pour que l'aiguille n'indi-
quât plus aucune déviation, il est évident que les deux forces
agissant ainsi en sens contraire seraient égales, et que l'une
pourrait servir à mesurer l'autre.

Le procédé que nous venons d'indiquer s'appelle *mensuration
par compensation*. Pour l'appliquer au cas particulier dont il
s'agit, on détruit l'effet d'une différence de tension par une
autre différence de tension que l'on peut changer à volonté. Le
rhéocorde, dont nous avons déjà parlé, nous fournit un moyen
très-commode pour arriver à ce but.

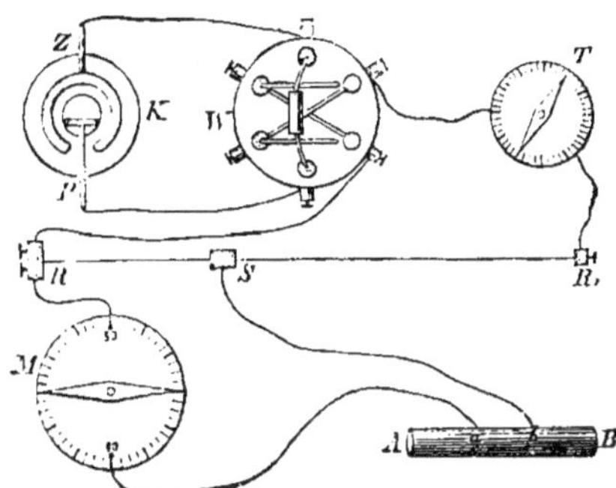

Fig. 46. — Mesure des différences de tension par la méthode des compensations.

Soit RR' (fig. 46) un fil métallique tendu horizontalement, et
traversé par un courant sorti du circuit K. W est un petit appareil qui permet de changer le sens du courant traversant le fil,
soit dans la direction $R R'$, soit dans la direction opposée. T est
un multiplicateur dont la déviation nous indique si le courant
conserve une force constante. Pour le moment, nous passons
sous silence les autres pièces de l'appareil.

D'après ce qu'on a vu plus haut (p. 143 et suiv.), il existe, dans
le fil du rhéocorde, un écoulement électrique déterminé : supposons que le courant aille de R' en R, que la tension en R

soit nulle, et que cette tension augmente vers R'. Cette augmentation de tension doit être régulière, puisque le fil est tout à fait homogène ; en d'autres termes, la tension d'un point quelconque du fil est proportionnelle à la distance de ce point au point R.

Examinons maintenant un corps AB muni d'une force électromotrice. Deux points de sa surface, a et b, ont des tensions différentes. Pour mesurer cette différence, nous relions le point a au point R avec un fil métallique traversant un multiplicateur aussi sensible que possible ; au moyen d'un autre fil, nous mettons b en communication avec le curseur S qui glisse sur le fil du rhéocorde. Le multiplicateur T se trouve alors sous l'influence de deux différences de tension : premièrement la différence de tension entre les points R et S du rhéocorde, secondement la différence de tension entre les deux points a et b. Si b possède une tension positive plus grande que a, les deux différences de tension agiront en sens contraire [1]. Or, comme nous pouvons changer la différence de tension entre R et S, en faisant glisser le curseur S, nous finirons par trouver une position du curseur dans laquelle les effets se compenseront exactement, c'est-à-dire une position où le multiplicateur ne présentera plus de déviation. Il est alors évident que

$$\underset{\substack{\text{Différence de tension}\\ \text{des deux points du}\\ \text{rhéocorde.}}}{S-R} \quad - \quad \underset{\substack{\text{Différence de tension}\\ \text{des deux points du}\\ \text{conducteur (corps}\\ \text{qu'on examine).}}}{b-a} \quad = 0,$$

c'est-à-dire que la différence entre les tensions de a et de b est égale à la différence des tensions entre S et R. Mais cette dernière est exprimée en millimètres, et chacun de ces millimètres correspond à une valeur constante, déterminée pour une épaisseur donnée du fil du rhéocorde et pour une force également donnée du courant de la pile K.

Du Bois-Reymond a fait construire un *compensateur circulaire*

---

1. Si a avait une tension positive plus considérable que b, il faudrait retourner le sens du courant dans le rhéocorde : c'est pour cela qu'on a intercalé le *renverse-courant* (stromwender) H.

pour exécuter facilement ces mensurations. Le fil du rhéocorde
rr' est fixé à la circonférence d'un disque de caoutchouc durci :
ce fil est en contact par ses extrémités avec les vis de pression I et II. Un autre fil, partant du commencement du pre-

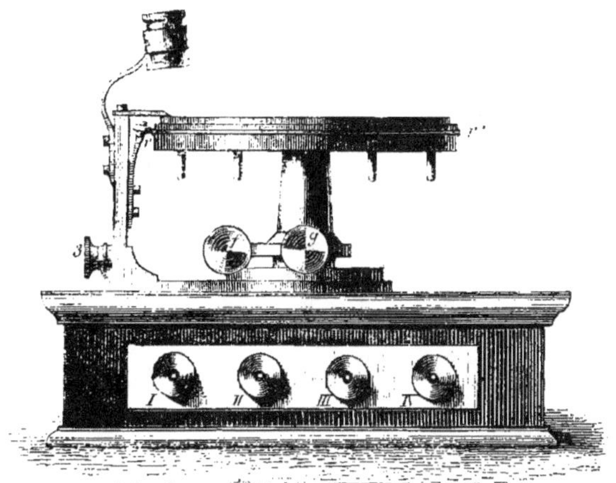

Fig. 47. — Compensateur circulaire de du Bois-Reymond.

mier, se rend à la vis de pression IV. La vis III agit sur un
petit cylindre, maintenu lui-même en contact avec le fil par un
ressort, et remplaçant le curseur de l'instrument précédent. On
peut modifier la longueur du fil du rhéocorde en faisant tourner
le disque.

Le dispositif de l'appareil est rendu plus clair par la figure 48,
qui peut en même temps servir de schéma pour l'application
de ces recherches aux muscles et aux nerfs.

$Nr'rS$ désignent le fil circulaire du rhéocorde, traversé par
le courant mesureur dans le sens indiqué par les flèches ; μ est
le muscle : deux points de sa surface, reliés au multiplicateur,
produisent un courant qui est compensé exactement par la partie
du courant mesureur séparée par le rhéocorde aux points r et o.
La longueur $r\,o$, du fil du rhéocorde, qui produit cette compensation, donne la différence des tensions des deux points musculaires, exprimée en une mesure convenue (degrés de compensa-

tion). On trouve cette longueur en faisant tourner le disque, et avec lui le fil de platine, jusqu'à ce que le multiplicateur n'in-

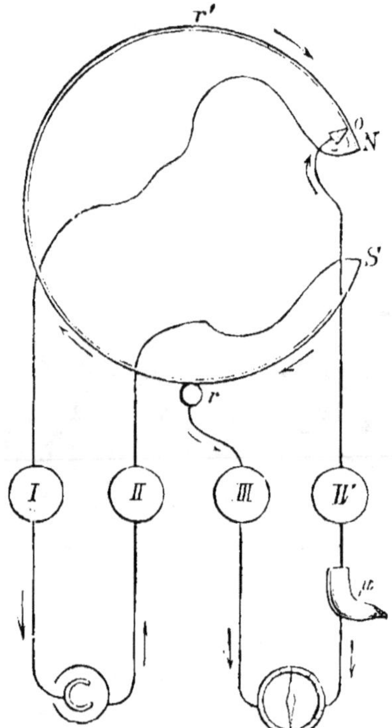

Fig. 48. — Schéma d'une détermination électrique de poids, au moyen du compensateur circulaire.

dique plus de déviation. La loupe permet de lire, sur le disque gradué, la longueur de la portion de fil comprise entre le point de départ *o* et le cylindre *r*.

CHAPITRE VIII

ÉLECTRICITÉ DES MUSCLES

1. Prisme musculaire régulier. 2. Courants et tensions dans le prisme musculaire. 3. Rhombe musculaire régulier. 4. Rhombes musculaires irréguliers. 5. Courant du muscle gastrocnémien. 6. Oscillation négative du courant musculaire. 7. Les muscles vivants produisent seuls des phénomènes électriques. 8. Parélectronomie. 9. Secousse secondaire et tétanos secondaire. 10. Les glandes et leurs courants.

1. Nous allons maintenant étudier les phénomènes électriques des tissus animaux, et nous commencerons par les muscles, en nous servant d'abord de muscles simples et séparés du corps. Ces muscles donnent naissance à des phénomènes si compliqués qu'il est nécessaire de partir d'un cas aussi simple que possible. La nature ne nous présente point de cas semblable ; mais si, pour faciliter nos recherches, nous faisons subir au muscle une préparation artificielle, ce procédé sera amplement justifié par la facilité avec laquelle nous pourrons expliquer plus tard les cas plus compliqués qui se présenteront à nous.

Prenons un muscle régulier, à fibres parallèles, et détachons-en un tronçon au moyen de deux coupes perpendiculaires à la direction des fibres. Nous appellerons *prisme musculaire régulier* la portion de muscle ainsi détachée. D'après la forme du muscle, ce tronçon sera, tantôt cylindrique, tantôt plus ou moins ovale, tantôt plan et rubané. Mais peu importe la forme, aussi bien que la longueur ou l'épaisseur; la condition essentielle, c'est que les fibres soient parallèles, et que les sections

soient perpendiculaires à la direction des fibres. La figure 49
est le schéma d'un prisme musculaire de ce genre. Les stries
horizontales représentent les faisceaux de fibres. Nous appelle-

Fig. 49. — Prisme musculaire régulier.

rons *coupe longitudinale* du prisme la surface de l'enveloppe
latérale, et *coupes transversales* les surfaces terminales qui lui
sont perpendiculaires. Les lignes tracées perpendiculairement
à la direction des fibres sont, comme nous le verrons tout à
l'heure, des courbes de tensions.

Dans ce prisme musculaire régulier, la distribution des tensions est très-simple. Toutes les lignes de tensions, ou courbes
isoélectriques, de la surface sont parallèles aux coupes transversales. Une ligne, contournant le prisme dans son milieu,
le divise en deux moitiés symétriques; nous l'appellerons *équateur*. C'est sur cette ligne que se trouve la *tension positive la plus
forte* qu'on puisse rencontrer à la surface. Chaque point de
l'équateur possède une tension positive beaucoup plus forte que
tout autre point de la coupe transversale ou longitudinale. Les
tensions positives diminuent, graduellement et également, des
deux côtés de l'équateur, pour devenir nulles à la limite qui
sépare la coupe longitudinale de la coupe transversale.

La tension est partout négative sur la coupe transversale;
mais le centre de cette surface présente la tension négative la
plus forte, et celle-ci diminue régulièrement de ce centre à la circonférence.

2. Cette distribution des tensions nous permettra de comprendre facilement les phénomènes qui se manifesteront dans le
muscle, lorsqu'il sera mis en contact avec les coussinets de
papier ou avec les tubes de dérivation qui représentent les
pieds de l'arc de dérivation. Il est clair qu'on n'obtiendra pas
de courant, lorsqu'on appuiera l'arc sur deux points de l'équa-

leur, ou sur deux points d'une même courbe de tension. On n'en obtiendra pas davantage lorsqu'on reliera deux points situés à droite et à gauche de l'équateur, si la distance de ces deux points à l'équateur est la même. Quand on applique les deux coupes transversales sur les coussinets, il ne se produit pas de courant. On en obtiendra toujours au contraire, soit en reliant un point quelconque de la coupe longitudinale à un point de la coupe transversale, soit en reliant entre eux deux points de la coupe longitudinale inégalement écartés de l'équateur, soit en réunissant deux points d'une seule coupe transversale, ou

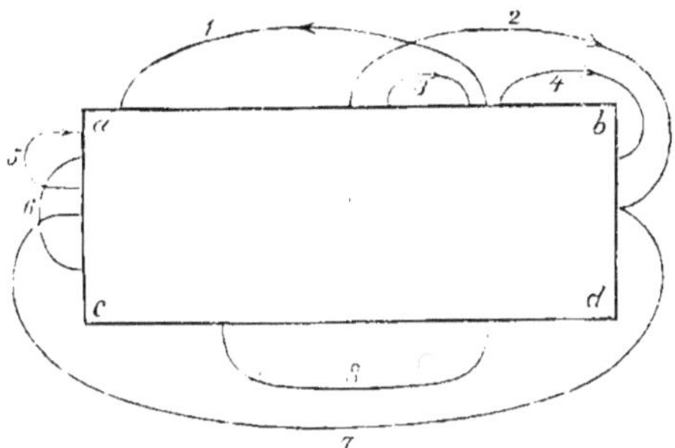

Fig. 50. — Courants du prisme régulier.

même des deux, si ces points sont à des distances inégales des centres. Le courant le plus fort sera obtenu en reliant un point quelconque de l'équateur avec le centre d'une des coupes transversales. Enfin, on aura des courants plus faibles en joignant deux points asymétriques de la coupe longitudinale ou de la coupe transversale. Tous ces cas sont représentés sur la figure 50. Le rectangle *abcd* correspond à une coupe du prisme musculaire : *ab* et *cd* figurent les coupes longitudinales, *ac* et *bd* les coupes transversales. Les lignes courbes indiquent les arcs de dérivation, et les flèches marquent la direction des courants qui s'y développent. Il ne naît pas de courant dans les arcs 6, 7 et 8, qui relient entre eux des points symétriques.

Cependant, les tensions ne diminuent pas régulièrement sur la coupe longitudinale : la diminution devient de plus en plus rapide vers les extrémités. Aussi, lorsqu'on cherche les courbes isoélectriques dont les tensions diffèrent d'une valeur déterminée, trouve-t-on que ces courbes sont plus éloignées les unes des autres au milieu du prisme, et qu'elles le sont de moins en moins quand on se rapproche de la coupe transversale. Si nous représentions la tension de chaque point de la coupe longitudinale par la hauteur d'une perpendiculaire élevée à ce point, la courbe qui passerait par les sommets de toutes ces lignes serait aplatie au milieu, mais présenterait une pente rapide aux extrémités. La coupe transversale nous offre quelque chose d'analogue, car les courbes de tensions, présentant la

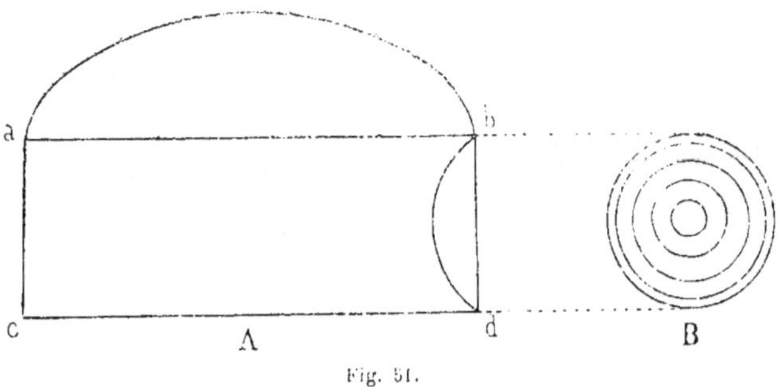

Fig. 51.

même différence, sont plus rapprochées les unes des autres vers la circonférence qu'au centre. Si nous employons un arc de dérivation dont les extrémités ou pieds soient toujours également écartés, nous verrons que les courants sont d'autant plus forts qu'on se rapproche davantage de la ligne où la coupe transversale touche la coupe longitudinale, et ce fait se produit aussi bien sur la face longitudinale que sur la face transversale. Pour avoir de ces faits une idée d'ensemble bien nette, il suffit de jeter un coup d'œil sur la figure 51, qui indique, en A, les tensions de la coupe longitudinale et de la coupe transversale du muscle de la figure 50. Les courbes de tension pour la coupe transversale seule sont représentées en B. Ces dernières sont des circonférences concentriques, lorsque le prisme musculaire est cylindrique.

Pour prévoir la force et la direction du courant qui naîtra dans l'arc, à la suite de son application sur deux points quelconques du muscle, on n'a qu'à constater la différence de tension des deux pieds de l'arc. Si l'un des pieds de l'arc a une tension positive et l'autre une tension négative, le courant traversera l'arc du point positif au point négatif. Lorsque les deux pieds de l'arc auront tous deux une tension positive ou tous deux une tension négative, le courant se dirigera du point le plus positif au point qui l'est le moins, ou du point le moins négatif au point le plus négatif. Les courbes de A et B, dans la figure 51, indiquant les tensions, il est facile d'en déduire les courants qui sont marqués sur la figure 50.

3. Prenons encore un muscle à fibres parallèles, et coupons-en un morceau de manière que les sections, au lieu d'être perpendiculaires à la direction des fibres, lui soient au contraire obliques. Le morceau ainsi découpé recevra le nom de *rhombe musculaire;* nous appellerons *rhombe régulier* celui dont les coupes transversales seront parallèles; les autres prendront le titre de *rhombes irréguliers.* La distribution des tensions et, par conséquent, la disposition des courbes isoélectriques sont beaucoup plus compliquées dans ces rhombes que dans le prisme musculaire. Les courbes isoélectriques ne sont point parallèles comme dans le prisme; elles présentent souvent, au contraire, une forme très-embrouillée.

Cependant, la grande opposition entre la coupe longitudinale et la coupe transversale subsiste pour le rhombe comme pour le prisme. La coupe longitudinale présente toujours des tensions positives, la coupe transversale des tensions négatives. Mais il y a une autre opposition, qui devient évidente aussi bien sur la coupe longitudinale que sur la transversale, entre l'angle obtus et l'angle aigu du rhombe. L'angle obtus offre, sur la coupe longitudinale, une tension positive plus grande que l'angle aigu, et les angles aigus de la coupe transversale offrent de même une tension négative plus forte que les angles obtus. Les courbes de tension éprouvent donc un déplacement particulier dans le rhombe régulier, déplacement que nous avons tâché d'exprimer par la figure 52. Supposons que le muscle, dont nous avons extrait le rhombe, était cylindrique : les deux coupes transversales formeront des ellipses, et, si le rhombe est régulier, ces deux ellipses seront égales. Une coupe faite suivant le grand axe de ces ellipses nous donnera un parallélogramme. La figure ci-dessous représente cette coupe : *ab* et *cd* correspondent à la coupe longitudinale, *ac* et *bd* aux coupes transversales. Ces dernières lignes ne sont autre chose que les grands axes des vraies coupes transversales. Nous ne trouvons plus les tensions positives les plus fortes au milieu de la coupe longitudinale : elles se sont rapprochées des angles obtus, en *e* et *e'*. Les tensions diminuent ensuite très-brusquement du côté de l'angle obtus, et très-doucement du côté de l'angle aigu. La tension négative la plus forte, sur la coupe transversale, se trouve au voisinage

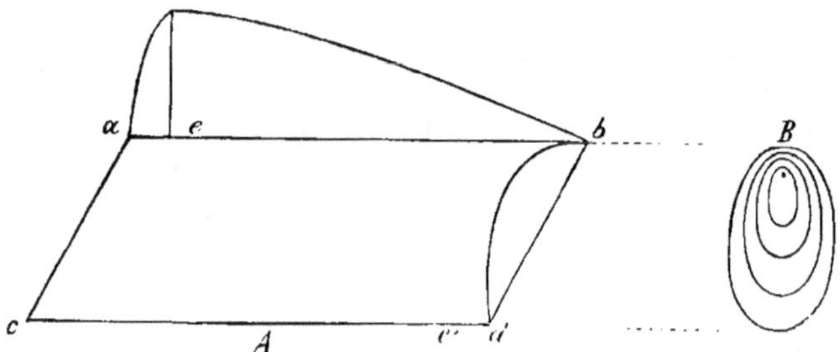

Fig. 52. — Tensions sur un rhombe musculaire régulier.

de l'angle aigu ; la diminution de cette tension se fait brusquement du côté de l'angle aigu, et insensiblement, au contraire, du côté de l'angle obtus.

Les courbes isoélectriques d'un rhombe régulier, ont, sur la coupe transversale, la forme d'ellipses dont l'un des foyers se superpose à l'un des foyers de la coupe transversale, près de l'angle aigu. Sur la coupe longitudinale, ces courbes forment, au contraire, des lignes torses, qui se contournent en spirale autour de la surface longitudinale. L'équateur électro-moteur, reliant les points de plus grande tension positive, forme une ligne courbe qui divise le rhombe en deux moitiés symétriques.

Si nous faisons passer un plan par les petits axes des ellipses transversales d'un rhombe régulier de ce genre, nous obtiendrons un rectangle. Les fibres musculaires situées sur ce rectangle seront toutes coupées de la même façon et produiront des effets semblables. C'est pour cela qu'avec une coupe de ce genre, la plus grande tension se trouvera au milieu, tout aussi bien sur la coupe longitudinale que sur la coupe transversale, et nous retrouverons, dans ce cas, la même distribution des tensions que sur le prisme musculaire.

D'après ce qui vient d'être dit, il est maintenant facile d'indiquer la direction et la force des courants engendrés lorsqu'on relie deux points quelconques d'un rhombe musculaire au moyen d'un arc métallique. La figure 53 est un tracé de ce genre.

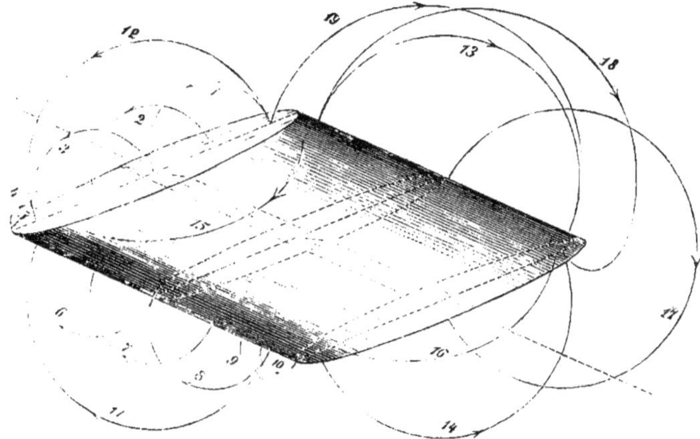

Fig. 53. — Courants d'un rhombe musculaire régulier.

La direction des courants dans les arcs est partout indiquée par des pointes de flèches. Là où il n'y a pas de flèches, l'arc réunit deux points de tension égale, et par conséquent il n'y a pas de courant (arcs 4 et 9). A travers les arcs, les courants se dirigent tous des angles obtus aux angles aigus, excepté dans les arcs 5 et 10 où le courant suit une direction opposée.

4. Les phénomènes que présentent les *rhombes musculaires irréguliers* ne diffèrent pas beaucoup de ceux qui viennent d'être

décrits; seulement on ne constate pas de symétrie dans la distribution des tensions.

Examinons maintenant des muscles dont les fibres sont irrégulièrement disposées et non parallèles. Toute section faite sur un muscle de ce genre coupera évidemment une partie des fibres en biais. Les faits exposés dans le paragraphe précédent, et qu'il faut avoir présents à la mémoire, aideront beaucoup à comprendre les phénomènes, souvent très-compliqués, des muscles à fibres non parallèles. Sans entrer dans des détails trop circonstanciés, on peut dire que le même principe s'applique à tous les muscles : la coupe longitudinale est toujours positive par rapport à la coupe transversale; on trouve toujours, sur la coupe longitudinale, un point ou une ligne dont la tension est la plus positive, et, sur la coupe transversale, un point dont la tension est la plus négative. Il se forme donc toujours, dans l'arc, des courants allant de la coupe longitudinale à la coupe transversale; des courants plus faibles se produisent, lorsque l'arc est appuyé sur deux points de la coupe longitudinale ou sur deux points de la coupe transversale. La place qu'occupent les points les plus positifs ou les plus négatifs est déterminée par les angles que forme la direction des fibres avec la coupe transversale; cette place peut être déterminée au moyen des règles exposées dans le paragraphe précédent sur l'influence de l'obliquité de la coupe.

Parmi les muscles nombreux des animaux, il y en a un qui mérite un examen particulier, parce qu'on l'emploie fréquemment pour des expériences physiologiques, par suite de considérations du reste purement pratiques. C'est le muscle du mollet ou *muscle gastrocnémien*. Ce muscle est facile à séparer, même avec son nerf, ce qui est très-important pour des motifs que nous expliquerons plus tard. Comme nous le dirons tout à l'heure, il donne un courant très-énergique et conserve longtemps son activité ; en un mot, il possède une série d'avantages qui engagent à l'employer presque exclusivement dans les études sur l'activité musculaire et sur l'irritabilité nerveuse. Mais, comme ce muscle présente une structure très-compliquée, ses phénomènes électriques sont des plus difficiles à interpréter. Il faut bien cependant exposer les faits généraux qui le concernent, puisque nous nous servirons encore de ce muscle pour d'importantes expériences.

Nous ferons remarquer d'abord que, pour étudier les phénomènes électriques, il n'est pas toujours nécessaire d'isoler un morceau du muscle : un muscle entier produit aussi des courants. En parlant tout à l'heure du prisme musculaire et du rhombe musculaire, nous les supposions extraits d'un muscle à fibres parallèles. Ces fragments musculaires étaient encore entourés, longitudinalement, de la gaine musculaire (*Perimysium*), et la coupe longitudinale représentait ainsi la surface naturelle du muscle. Par contre, les coupes transversales étaient faites à travers la substance musculaire dont elles découvraient les parties profondes. Ces coupes peuvent être désignées sous le nom d'*artificielles*, tandis que les coupes longitudinales des prismes et des rhombes sont des *coupes naturelles*. On peut aussi faire des *coupes longitudinales artificielles*, en divisant les muscles dans la direction de leurs fibres, et l'on peut avoir également des *coupes transversales naturelles*, si on accorde ce nom aux extrémités naturelles du muscle encore revêtues de la substance tendineuse. Les coupes longitudinales artificielles se comportent absolument comme les coupes longitudinales naturelles, et les coupes transversales naturelles se comportent absolument comme les coupes transversales artificielles [1]. Il est donc toujours possible d'obtenir des courants avec un muscle intact, tout comme on en obtient avec des prismes ou des rhombes musculaires préparés artificiellement.

5. Le gastrocnémien doit son importance particulière à la faculté qu'il possède de fournir des courants énergiques, même lorsqu'il est entier. On peut ranger ce muscle dans la catégorie des muscles pennés, bien qu'il n'ait cette forme que pour le tendon supérieur, et qu'il soit plutôt semi-penné par rapport au tendon inférieur. Pour comprendre sa structure, supposons

____

1. Nous signalerons plus tard des exceptions à cette règle.

deux feuillets tendineux, l'un supérieur, l'autre inférieur, reliés entre eux par des fibres musculaires tendues obliquement; nous obtenons ainsi un muscle semi-penné. Mais supposons encore que le feuillet tendineux supérieur soit plié dans son milieu, comme on plie une feuille de papier, et que les deux moitiés de la feuille se soudent entre elles. On obtient de cette façon un feuillet tendineux supérieur, situé dans l'intérieur du muscle, d'où partent des fibres musculaires obliques se dirigeant de deux côtés opposés; le tendon inférieur a été tordu par le pli du feuillet supérieur, de sorte que le muscle entier prend la forme d'un navet fendu longitudinalement, dont le côté plan

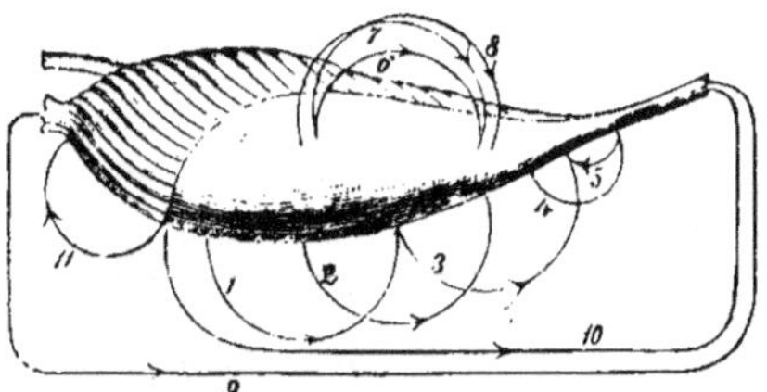

Fig. 54. — Courants du gastrocnémien.

(celui qui est tourné vers le tibia) est formé en entier de fibres musculaires, et ne présente qu'une bandelette étroite indiquant le feuillet tendineux situé à l'intérieur. Au contraire, le côté bombé du muscle est revêtu, sur ses deux tiers inférieurs, d'une substance tendineuse qui se continue avec le tendon d'Achille.

Le muscle, ainsi constitué, a naturellement une coupe transversale oblique, qui est représentée par l'enveloppe tendineuse, et une coupe longitudinale, qui comprend toute la face plane et une petite portion de la face bombée. Un muscle de ce genre donnera donc, sans aucune préparation, des courants énergiques, et c'est pour cela qu'on peut s'en servir avec avantage.

Si nous tenons compte de la structure de ce muscle, nous y retrouverons une coupe longitudinale naturelle (comprenant la face plane et une petite portion de la face supérieure bombée), et une coupe transversale naturelle oblique (à la partie inférieure de la face bombée). Ce muscle ne possède pas de seconde

coupe transversale, puisque le tendon supérieur est caché dans
l'intérieur du muscle.

Il est donc facile de concevoir d'avance les courants qui se
formeront dans l'arc appuyé sur deux points de la superficie
du muscle : on les a représentés dans la figure 54. Il faut
d'abord remarquer qu'il naitra un courant énergique, dirigé de
l'extrémité supérieure à l'extrémité inférieure du muscle, lorsqu'on reliera ces deux points. L'extrémité supérieure sera fortement positive, puisqu'elle représente le milieu de la coupe longitudinale ; l'extrémité inférieure sera fortement négative, car
elle forme l'angle aigu d'une coupe transversale. Il n'y a qu'un
petit nombre de points similaires entre eux et ne produisant
pas de courant. Le courbe 4 indique un cas de ce genre.

6. Le courant énergique fourni par un muscle gastrocnémien
intact permet de résoudre cette importante question : Comment
les phénomènes électriques du muscle se comportent-ils pendant
la contraction?

Voici le dispositif de l'expérience. On prépare un gastrocnémien avec son nerf; puis on place le muscle, avec ses bouts
supérieur et inférieur, entre les coussinets des vases conducteurs de du Bois-Reymond (voy. p. 142), et on pose le nerf sur
deux fils métalliques afin de pouvoir l'irriter au moyen d'un
courant induit. On voit alors si l'activité musculaire exerce une
influence sur les propriétés électriques des muscles.

Pour exécuter l'expérience, on dispose le muscle entre les
coussinets comme l'indique la figure 55 ; on rapproche un peu
les coussinets l'un de l'autre, afin que les extrémités musculaires qui reposent sur eux ne puissent subir de déplacement
par la contraction du muscle. Le nerf, resté en communication
avec le muscle, est placé sur deux fils métalliques reliés à la
bobine secondaire d'une machine d'induction. Une clef, intercalée entre la bobine et le nerf, peut arrêter le courant et
empêcher l'excitation du nerf. Lorsque tout est ainsi disposé, et
que le multiplicateur indique une déviation permanente, — d'autant plus grande que le courant est plus fort, — on soulève la
clef S. Le courant induit passe à travers le nerf, et le muscle se

contracte. Au même instant, on voit la déviation de l'aiguille diminuer. Si l'on n'irrite plus le nerf, cette déviation reprend son amplitude primitive; si on l'irrite encore, elle diminue de nouveau; et ainsi de suite, aussi longtemps du moins que le muscle reste capable de se contracter énergiquement.

Cette expérience prouve que *le courant du gastrocnémien devient plus faible pendant la contraction*. On peut établir ce

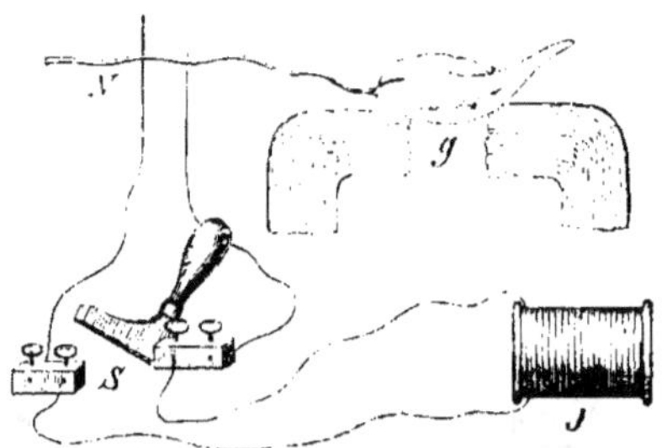

Fig. 55. — Courant musculaire pendant la contraction.

fait, d'une manière plus frappante encore, au moyen d'une petite modification apportée à l'expérience. Après avoir disposé le muscle comme nous l'avons dit, et lorsque l'aiguille est déviée, on compense le courant musculaire d'après la méthode indiquée au chapitre précédent. Deux courants égaux mais de sens contraire, le courant musculaire et celui du compensateur, traversent donc en même temps le multiplicateur et s'annulent l'un l'autre. Tant que ces deux courants restent égaux, aucune déviation de l'aiguille ne peut se produire.

Si on irrite alors le nerf, et que le muscle se contracte, son courant deviendra plus faible; le courant compensateur l'emportera donc, et produira une déviation de l'aiguille, qui se fera naturellement dans un sens opposé à celui du courant musculaire primitif.

On peut établir rigoureusement que cette modification de la force du courant musculaire est bien due à l'activité du muscle, et non à d'autres circonstances accidentelles. La nature de l'irritant qui produit la contraction est complétement indifférente.

Au lieu d'employer l'irritant électrique, on peut faire agir sur le nerf des irritants chimiques, thermiques, etc.; on peut étudier le muscle lorsqu'il est encore en relation avec le système nerveux intact, et provoquer l'irritation par des influences parties de la moelle épinière ou du cerveau : le résultat sera toujours le même.

On obtient encore un affaiblissement du courant, sans changement dans la forme du muscle, lorsque la contraction est rendue impossible par des obstacles extérieurs, pourvu que l'irritation ait créé l'état d'activité. Par exemple, en tendant un muscle dans un appareil, de manière qu'il ne puisse changer de forme au moment de la contraction, on remarque aussi une diminution de la force du courant, absolument comme dans l'expérience que nous venons de décrire.

Il est très-intéressant de pouvoir observer ces mêmes phénomènes sur les muscles intacts de l'homme vivant. Il est fort difficile, en effet, d'établir que les muscles d'animaux vivants produisent, dans leur position naturelle, les mêmes phénomènes électriques que les muscles extraits du corps; mais il est très-certain que, pendant leur contraction, ils manifestent les mêmes phénomènes électriques que ces derniers.

On peut démontrer ce fait sur l'homme, en suivant les indications de du Bois-Reymond. Pour cela, il faut relier les deux extrémités du fil d'un multiplicateur à deux vases remplis d'un liquide, et plonger les indicateurs dans les vases avec les deux mains, comme l'indique la figure 56. Un support placé devant les vases sert à maintenir les mains dans une position tranquille. Il y a évidemment des courants dans les muscles des deux bras et de la poitrine; mais ces courants se détruisent les uns les autres puisque les groupes musculaires sont symétriquement disposés. Si, pour n'importe quelle cause, l'un des courants prédomine, on le compensera par la méthode connue.

Lorsque tout est ainsi bien disposé, et que l'homme contracte fortement les muscles de l'un des bras, l'aiguille du multiplicateur est déviée : cette déviation indique un courant qui se dirige de la main vers l'épaule. Lorsque les muscles de l'autre bras se contractent, l'aiguille est déviée en sens contraire. Nous pouvons donc, *par la volonté*, produire un courant électrique et faire dévier l'aiguille aimantée.

De tout ce que nous venons de dire, il résulte que les forces électriques existantes dans le muscle sont modifiées pendant la

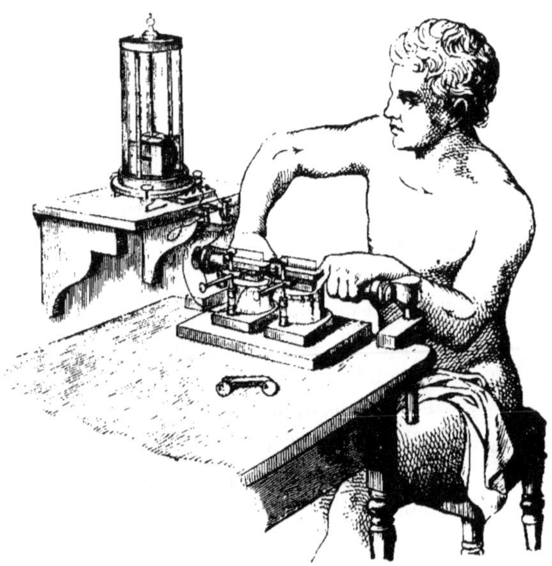

Fig. 56. — Déviation de l'aiguille magnétique produite par la volonté.

contraction musculaire, et que cette modification, conséquence de l'état d'activité lui-même, est tout à fait indépendante des changements de forme du muscle. Comme le courant développé dans l'arc devient plus faible pendant l'activité musculaire, on a désigné cette modification par la dénomination d'*oscillation négative du courant musculaire*.

7. L'oscillation négative du courant musculaire pendant la contraction démontre que les phénomènes électriques des muscles ne sont point uniquement des phénomènes physiques accidentels, mais qu'ils dérivent d'une cause très-analogue à l'activité physiologique de ces organes. Cette cause mérite d'être étudiée d'une façon spéciale, parce qu'elle pourra peut-être

nous fournir quelques données qui nous permettront de comprendre plus facilement l'activité musculaire.

On peut d'abord admettre comme certain que les muscles de tous les animaux examinés jusqu'ici présentent les mêmes phénomènes électriques. Les muscles à fibres lisses n'en sont pas privés: mais ces phénomènes y sont moins réguliers, parce que les fibres lisses sont moins régulièrement disposées que les fibres striées. L'activité électrique des muscles lisses paraît aussi un peu plus faible que celle des autres.

Il faut encore remarquer que l'activité électrique des muscles est intimement liée à l'activité physiologique de ces organes. Lorsque les muscles dépérissent, leurs phénomènes électriques s'affaiblissent, et ils disparaissent complétement lorsque commence la rigidité cadavérique. Les muscles qui ne peuvent plus se contracter, même sous des excitations puissantes, conservent quelquefois, il est vrai, des traces de manifestations électriques; mais celles-ci ne tardent pas non plus à disparaître. Une fois éteinte dans un muscle rigide, l'activité électrique n'y renaît plus dans aucune circonstance.

Nous devons donc admettre que l'activité électrique des muscles dépend de la vie du tissu musculaire ; mais nous n'en pouvons pas conclure tout de suite que cette activité se montre nécessairement et toujours pendant la vie. Il est possible, en effet, que les procédés employés pour étudier les phénomènes électriques musculaires (tels que préparation du muscle, pose de l'arc, etc.), entraînent, sur le muscle vivant, des altérations qui seraient les véritables causes de l'activité électrique.

Pour résoudre cette question, il faudrait établir, d'une manière certaine, l'existence des phénomènes électriques dans les muscles intacts des animaux ou de l'homme vivants. Nous avons déjà dit que cette démonstration présente de grandes et nombreuses difficultés. En effet, plus la direction des fibres sera variée, plus il sera difficile de prévoir de quelle manière les courants isolés de chaque muscle se combineront entre eux. La peau, à travers laquelle les phénomènes électriques devront se manifester pour devenir saisissables, présente souvent elle-même des phénomènes semblables [1], ou bien rend l'observation difficile pour d'autres raisons.

Malgré tous ces obstacles, on peut cependant se convaincre que les muscles intacts et placés dans leur position naturelle possèdent certainement l'activité électrique. Ce fait, il est vrai, a été nié par différents observateurs. Si nous l'admettons, c'est parce qu'en niant l'existence des oppositions électromotrices dans le muscle intact, nous serions obligé, pour expliquer les phénomènes, d'avoir recours à des hypothèses compliquées et exagérées, tandis que celle-ci donne une explication simple et satisfaisante de tous les faits connus.

8. Les muscles extraits du corps, mais intacts, manifestent fréquemment une activité électrique faible, parfois dirigée en sens contraire; c'est-à-dire que la coupe transversale naturelle est positive par rapport à la coupe longitudinale, au lieu d'être négative. On remarque souvent ce fait sur les muscles de grenouilles exposées, pendant leur vie, à un froid rigoureux. Mais, pour faire reparaître les phénomènes électriques ordinaires dans toute leur puissance, il suffit d'enlever la coupe transversale naturelle revêtue de son tendon. Sur des muscles à fibres parallèles, il est souvent nécessaire d'enlever des segments de 1 à 2 millimètres, avant de rencontrer une section transversale artificielle ayant une forte activité électrique.

Ce phénomène, que du Bois-Reymond a désigné sous le nom de *parélectronomie*, — ce qui veut dire s'écartant des règles ordinaires de l'électricité musculaire, — a donné naissance à la théorie que nous rappelions à l'instant, théorie d'après laquelle l'opposition électrique des diverses parties du muscle n'existerait pas dans le muscle normal, mais se produirait seulement lorsqu'on sépare cet organe. La difficulté de démontrer l'existence des courants sur l'animal vivant favorisait l'admission de cette théorie. Mais les objections présentées ne suffisent point pour faire douter de l'existence des courants dans le muscle intact et vivant.

1. Nous parlerons plus loin (p. 181) des courants électriques de la peau

Du reste, cette question n'a pas grande importance au point de vue des relations physiologiques de ces phénomènes avec les autres propriétés vitales. Il n'est pas indispensable de connaître tous les points de la surface d'un muscle possédant ou ne possédant pas la même tension électrique. Ce qu'il faut, c'est de savoir s'il existe des forces électromotrices à l'intérieur du muscle, et si ces forces sont en relation avec les fonctions physiologiques de l'organe. L'oscillation négative du courant musculaire nous sera d'un grand secours pour résoudre cette question : après la courte digression que nous venons de faire, nous allons donc l'examiner plus attentivement.

9. Il n'est pas nécessaire de tétaniser un muscle pour faire naître l'oscillation négative du courant. Une seule secousse musculaire suffit, lorsqu'on emploie un multiplicateur suffisamment sensible, et l'on peut même constater l'oscillation d'une manière très-simple sans faire usage d'un multiplicateur.

Sur un gastrocnémien détaché avec son nerf (fig. 57), ou sur une cuisse entière (fig. 58 *B*), on place le nerf d'un autre gastrocnémien ou d'une autre cuisse, de façon qu'une partie de ce nerf touche le tendon, et l'autre partie la surface fibrillaire du muscle. Le nerf représente alors un arc de dérivation, reliant entre elles la coupe transversale négative et la coupe longitudinale positive. Le courant né de la différence de tension des parties touchées parcourra nécessairement le nerf [1].

Si on irrite le nerf du muscle *B*, — soit en faisant naître ou en interrompant un courant, soit en appliquant des courants induits, soit en coupant ou en écrasant le muscle, etc., — on verra le muscle *A* se contracter également. L'explication de ce fait est facile. Pendant la contraction musculaire, le courant musculaire de *B* a subi une oscillation négative. Cette oscillation s'est produite également dans la partie du courant qui traverse

---

1. Ce courant peut, au moment de sa naissance, c'est-à-dire lorsqu'on applique brusquement le nerf, exciter ce dernier et produire une secousse musculaire. Les expériences de Volta, de Humboldt, etc., ont attiré l'attention sur ces contractions, qu'on a nommées *contractions sans intervention de métaux.*

le nerf appliqué, et, comme tout nerf est irrité par une modification subite de la force d'un courant, elle a provoqué une secousse musculaire.

On peut varier, d'une façon très-intéressante, l'expérience qui précède. On sait que le cœur d'une grenouille, après avoir

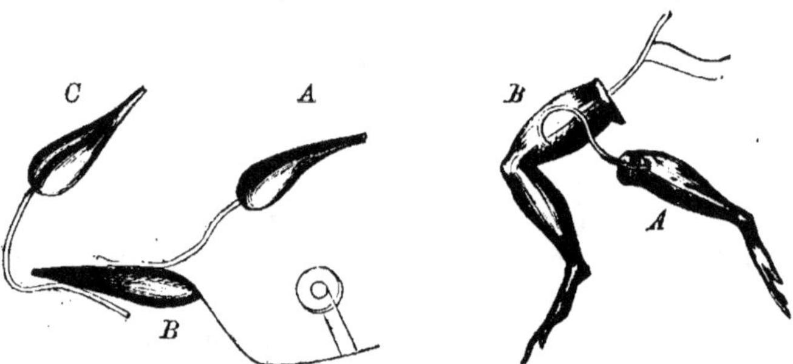

Fig. 57 et 58. — Contraction secondaire.

été enlevé, continue à battre pendant longtemps. Lorsqu'on place sur ce cœur un nerf qui touche la base et la pointe de l'organe, on voit le muscle rattaché au nerf se contracter à chaque pulsation cardiaque. Le muscle cardiaque donne naissance à un courant musculaire dont l'oscillation négative irrite le nerf et provoque ainsi la secousse secondaire de l'autre muscle.

Si on place un nerf sur le premier muscle, de telle façon qu'il ne puisse pas être traversé par une portion de courant assez puissante (comme le nerf du muscle *C* sur la fig. 57), le muscle soumis à ce nerf n'éprouve pas de secousse secondaire.

Lorsqu'on irrite, à un grand nombre de reprises, le nerf du premier muscle *B*, de manière à tétaniser ce muscle, le muscle *A* est *tétanisé secondairement*. Cette importante expérience démontre que, dans le muscle tétanisé, l'activité électrique éprouve des oscillations se succédant avec la plus grande rapidité ; car des oscillations aussi rapides dans la force du courant, peuvent seules faire éprouver au second nerf une irritation assez constante pour produire le tétanos.

Nous avons déjà dit plus haut, en nous fondant sur le bruit

musculaire, que, malgré la persistance de la forme extérieure
du muscle, le tétanos n'est pas un état de repos : nous croyons
même que, pendant la durée de cet état, les molécules musculaires doivent être animées d'un mouvement continu. Les phénomènes du tétanos secondaire montrent qu'il y a aussi une
oscillation continue dans les manifestations électriques, et nous
pouvons en conclure que les oscillations électriques sont en relation avec les mouvements moléculaires qui produisent la contraction du muscle.

Des recherches précises sur l'oscillation négative ont établi
qu'elle peut déjà se produire pendant la période d'irritation
latente, par conséquent à une époque où le muscle n'a pas
encore été modifié dans sa forme extérieure. On a constaté, en
outre, que le changement électrique produit pendant l'irritation
se transmet avec une vitesse égale à celle de la propagation
de la secousse (3 à 4 mètres par seconde. Chap. V, p. 87). Ce
résultat a été obtenu en irritant une partie seulement des fibres
musculaires. Si l'on irrite sur un seul point une fibre musculaire un peu longue, il se produit en ce point un changement
électrique très-rapide qui parcourt la fibre comme une onde :
les changements mécaniques de cette fibre, c'est-à-dire son raccourcissement et son épaississement, ne se manifesteront qu'a-
près le changement électrique, et parcourront également comme
une onde toute sa longueur. Mais si la fibre est irritée tout entière en même temps, il se produit partout, et en même temps
aussi, un changement électrique auquel succède le changement
mécanique.

10. Les *glandes* ressemblent en beaucoup de points aux muscles, quoique leur structure soit bien différente. Sous sa forme
la plus simple, une glande consiste en une cavité remplie de cellules, laquelle se termine par un canal plus ou moins long qui
débouche à la surface de l'épiderme ou de l'épithélium recouvrant la glande. La cavité peut être hémisphérique, ou en
forme de fiole ou de tube : dans ce dernier cas, le tube est souvent très-long, quelquefois pelotonné ou spiralé, et quelquefois
aussi renflé en massue à son extrémité fermée.

Toutes ces glandes sont des *glandes simples*. Les *glandes com-posées* consistent en un grand nombre de glandes, tubuleuses ou en massue, aboutissant à un canal excréteur commun. Les glandes secrètent des substances de composition particulière qui sont ensuite expulsées et conduites à l'extérieur par des canaux excréteurs. Ces substances sont entre autres : la sueur et la matière sébacée produites par les glandes sudoripares et les glandes sébacées de la peau ; la salive, le suc gastrique, le suc pancréatique, qui contiennent des ferments spéciaux jouant un rôle important dans la digestion ; la bile, secrétée par le foie, etc., etc.

L'analogie des glandes et des muscles consiste surtout dans la dépendance semblable des deux espèces d'organes par rapport aux nerfs. Lorsqu'on irrite un nerf se rendant à un muscle, ce muscle entre en activité, c'est-à-dire se contracte : lorsqu'on irrite un nerf se rendant à une glande, cette glande entre en activité, c'est-à-dire qu'elle secrète. Ainsi, par exemple, en irritant les nerfs qui se rendent à une glande salivaire, on pourra obtenir un flot de salive qui s'écoulera par le canal excréteur de la glande.

Outre les muscles (et à l'exception des nerfs dont nous parlerons dans le chapitre suivant), les glandes sont le seul tissu dans lequel on ait établi l'existence de phénomènes électriques réguliers. Cependant, ces phénomènes n'ont pas été constatés sur toutes les glandes, mais seulement sur les plus simples, celles qui ont la forme d'utricules ou de fioles. Partout où l'on rencontre un grand nombre de ces glandes régulièrement dispo-sées, on voit que la surface correspondant à leur fond est posi-tive, tandis que la surface supérieure, qui correspond à l'ou-verture du canal excréteur, produit de l'électricité négative.

Ce fait est très-facile à constater sur la peau, riche en glan-des, des amphibiens nus, et sur la muqueuse de la bouche, de l'estomac et des intestins de tous les animaux. Dans ces diverses membranes, les glandes sont disposées régulière-ment les unes à côté des autres, et elles donnent naissance à des courants électriques qui sont tous dirigés dans le même sens[1]. Dans les glandes composées, au contraire, les éléments glandulaires étant disposés d'une façon irrégulière, leurs courants électriques sont également irréguliers, et, par conséquent, échappent à toute mesure.

On peut démontrer avec certitude, sur les glandes cutanées de la grenouille et sur la muqueuse stomacale et intestinale, que les forces électromotrices ont leur siége dans la glande même. Lorsqu'on irrite des nerfs se rendant à la peau, et qu'on provoque ainsi l'activité de ses glandes, le courant glandulaire diminue et subit une *oscillation négative*, absolument comme le courant musculaire diminue lorsqu'on force le muscle à se contracter. Nous trouvons donc la même relation, dans les deux cas, entre l'activité de l'organe et les manifestations électriques, relation qui constitue une analogie de plus entre le muscle et la glande.

Engelmann a essayé de rattacher physiquement la sécrétion des glandes aux courants électriques qui s'y produisent. Mais cette théorie nous parait fondée sur des preuves insuffisantes, et nous n'entrerons, par conséquent, dans aucun détail à son sujet.

---

1. Les courants de ces glandes cutanées constituent le principal obstacle, que nous avons signalé plus haut page 176, à la constatation des courants musculaires chez l'animal vivant et intact. Comme les courants glandulaires ne sont pas toujours égaux, sur deux points différents de la peau, les courants cutanés mêlent leurs effets à ceux des courants musculaires situés plus profondément, les troublent, et en rendent ainsi la démonstration difficile.

CHAPITRE IX

1. Puisque les muscles et les nerfs offrent tant de ressemblance dans leurs réactions contre les irritants, on ne sera pas étonné de voir les nerfs présenter des phénomènes électriques tout à fait analogues à ceux des muscles. Ces phénomènes ressemblent beaucoup à ceux du prisme musculaire régulier, car le nerf est également composé de fibres parallèles entre elles. Cependant la coupe transversale du nerf fait exception : par suite de son peu d'étendue, elle ne présente pas de différences de tension dans ses divers points. Nous considérerons cette coupe tout entière comme un seul point.

Tous les points de la surface, ou coupe longitudinale, d'un nerf extrait du corps sont donc positifs à l'égard des deux coupes transversales, et celles-ci présentent une tension négative. Mais la tension positive la plus forte se trouve toujours au milieu de la coupe longitudinale, et diminue vers les extrémités ou vers les coupes transversales, comme dans le prisme musculaire. Cette décroissance des tensions est d'abord lente, puis beaucoup plus rapide, comme le montre la figure 59.

On ne trouve pas sur le nerf, comme sur le muscle, de différences entre les coupes transversales obliques ou perpendiculaires, car les troncs nerveux sont trop étroits pour en présenter. On n'y rencontre pas non plus les différences constatées entre les muscles à fibres droites ou à fibres obliques. Dans les grands amas de substance nerveuse, comme la moelle ou le cerveau, le parcours des fibres est si compliqué qu'on ne peut constater qu'une seule chose : partout les coupes transversales sont négatives par rapport à la surface naturelle, c'est-à-dire à la coupe longitudinale.

2. Lorsqu'on applique un arc conducteur sur deux points quelconques de la coupe longitudinale d'un nerf, ou sur un point de la coupe longitudinale et sur la coupe transversale, si

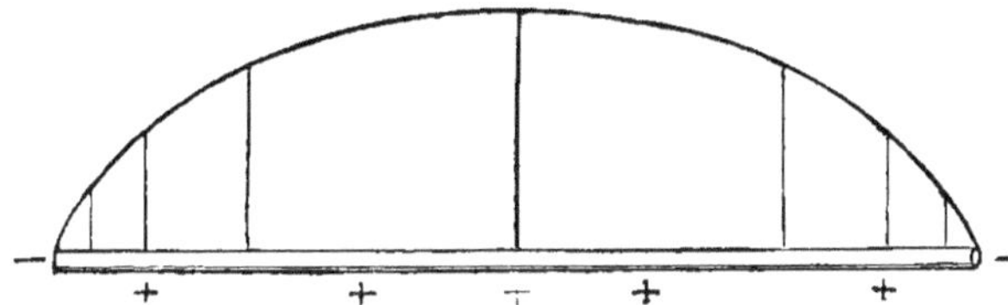

Fig. 59. — Tensions électriques du nerf.

on irrite ensuite ce nerf, on constate que le courant nerveux a diminué. La nature de l'irritant est absolument indifférente, pourvu que cet irritant soit assez fort pour provoquer une action puissante du nerf. Pour le nerf comme pour le muscle, il se produit donc, pendant l'activité, un changement dans les manifestations électriques, qui consiste en une *diminution* ou *oscillation négative* du courant nerveux.

Nous sommes donc obligés de revenir sur une assertion émise plus haut (chapitre VI, n° 2, page 94), à savoir que l'état actif du nerf ne se révélerait par aucun changement; c'est qu'alors nous étions forcés, pour constater l'activité nerveuse, de laisser le nerf en contact avec le muscle. Celui-ci était pour ainsi dire notre seul réactif, car nous ne pouvions saisir dans le nerf aucun changement optique, chimique ni d'aucune autre nature. Les phénomènes électriques permettent au contraire d'examiner le nerf lui-même pendant son activité.

Quelle que soit l'hypothèse adoptée sur les causes des phénomènes électriques des nerfs, il est évident que chaque changement survenu dans ces phénomènes doit provenir d'une modification dans l'arrangement moléculaire de la substance nerveuse. L'oscillation négative du courant nerveux est donc le signe, et le signe unique jusqu'ici, des phénomènes intérieurs qui se passent dans le nerf pendant son état d'activité. Elle nous fournit ainsi un moyen d'étudier l'activité du nerf sur le nerf lui-même, indépendamment du muscle.

3. **Du Bois-Reymond** a tiré une conséquence importante de ces faits, en cherchant si la transmission de l'excitation dans la fibre nerveuse avait lieu dans un seul sens ou dans les deux sens à la fois. Lorsqu'on irrite un tronc nerveux intact, dans un point quelconque de son étendue, on observe habituellement deux sortes de phénomènes : les muscles en contact avec le nerf se contractent, et l'animal éprouve de la douleur. L'excitation a donc été transmise en même temps du point irrité vers la périphérie et vers le centre ; elle a produit des effets à l'un et à l'autre de ces points. On peut démontrer, dans ce cas, que le tronc nerveux contient deux espèces de fibres, les unes motrices dont l'irritation agit sur le muscle, et les autres sensitives dont l'irritation provoque la douleur. Dans d'autres parties du corps, ces deux espèces de fibres sont isolées : alors l'irritation des unes ne provoque que du mouvement, et l'irritation des autres ne produit que de la douleur.

Mais l'irritation d'un nerf moteur est-elle seulement transmise à la périphérie, ou l'est-elle aussi vers les centres ? Et, lorsque nous irritons un nerf sensible, cette excitation est-elle uniquement propagée vers les centres ou l'est-elle en même temps vers la périphérie ? L'expérimentation directe est incapable de nous rien apprendre à ce sujet : comment pourrions-nous reconnaître que l'irritation d'un nerf sensible est transmise à la périphérie, puisque ces nerfs n'aboutissent pas à des muscles qui pourraient rendre leurs effets visibles ? Mais nous connaissons maintenant les changements électriques produits pendant l'activité nerveuse, ce qui nous fournit un moyen de résoudre la question.

En effet, ces changements sont saisis sur le nerf même, indépendamment du muscle ou d'autres organes terminaux.

Lorsqu'on observe le bout central d'un nerf moteur irrité, on voit l'oscillation négative s'y produire, et, lorsqu'on irrite un nerf sensible, on peut montrer l'oscillation négative sur des parties plus périphériques que le point irrité. Il est donc prouvé que l'excitation peut se transmettre dans les deux sens pour les deux ordres de fibres, et, si nous n'apercevons l'effet qu'à l'une des extrémités, c'est que cette extrémité est seule en relation avec un organe terminal capable de nous faire connaître cet effet [1].

4. Si l'oscillation négative du courant nerveux est un signe nécessaire et toujours visible de l'état du nerf que nous avons désigné sous le nom d'activité, il en résulte qu'elle doit se transmettre dans le nerf avec une vitesse que nous pourrons mesurer. Bernstein est parvenu à établir le fait, et à mesurer en même temps la vitesse de cette transmission.

Supposons un nerf assez long, relié par une de ses extrémités à un multiplicateur, et irritons l'autre extrémité : il s'écoulera nécessairement un certain temps avant que l'irritation et, par conséquent, l'oscillation négative se fassent sentir à l'autre extrémité. Dans nos expériences habituelles, l'irritation est continue, et l'extrémité du nerf est maintenue en contact avec le multiplicateur. Or, le temps qui s'écoule, entre le début de l'irritation et le début de l'oscillation négative, est beaucoup trop court, même sur le nerf le plus long que nous puissions employer, pour que nous remarquions ce retard.

Bernstein procède donc ainsi. Une roue, tournant avec une vitesse constante, porte deux fils métalliques saillants. A chaque tour de roue, l'un de ces fils ferme un circuit électrique pour un temps très-court, et produit ainsi une irritation périodique à l'une des extrémités du nerf. Le second fil réunit l'autre extrémité du nerf à un multiplicateur, mais aussi pour un temps très-court. Si l'irritation du nerf et sa communication avec le

1. Voyez à l'Appendice : Remarques et Additions, nº XI, p. 262.

multiplicateur se font en même temps, il n'y a pas trace de l'oscillation négative : avant que l'irritation ait pu se transmettre de la place irritée à l'autre extrémité du nerf, la communication entre celle-ci et le multiplicateur est déjà rompue. Mais, en déplaçant les fils métalliques fixés à la roue, on arrive à obtenir que la communication de l'un des bouts du nerf avec le galvanomètre se produise un peu plus tard que l'irritation. L'oscillation négative se manifeste alors, lorsque l'intervalle de temps qui sépare les deux contacts atteint une certaine durée. En comparant cette durée et la longueur du nerf entre le point irrité et le point en communication avec le galvanomètre, on peut déterminer la vitesse de transmission de l'oscillation négative dans le nerf.

Bernstein a trouvé que cette vitesse est de 28 mètres par seconde. Elle correspond, aussi exactement qu'il est possible de l'attendre pour les recherches de ce genre, à la vitesse de transmission de l'excitation nerveuse déterminée plus haut (24 mètres; voir chap. VI, pag. 99). On peut conclure de cette coïncidence que l'oscillation négative et l'excitation nerveuse sont deux phénomènes intimement liés l'un à l'autre, ou plutôt que ce sont deux faces particulières du même phénomène observées par des méthodes différentes [1].

5. L'oscillation négative du courant nerveux ne constitue pas le seul changement observé sur le nerf. Nous avons déjà parlé plus haut (Chap. VI, p. 108) d'un changement dans l'irritabilité nerveuse, désigné sous le nom d'*électrotonus* : ce changement s'opère dans la fibre nerveuse, lorsqu'on fait passer un courant électrique par une partie du nerf. A cette modification de l'irritabilité correspondent, dans les phénomènes électriques du nerf, des changements que nous désignerons aussi sous le nom d'*électrotoniques*.

Soit *nn'* un nerf (Fig. 60), *a* et *k* deux fils métalliques reliés au nerf, et à travers lesquels passe un courant qui marche de *a* vers *k*; *a* est par conséquent le pôle positif et *k* le pôle néga-

---

1. Voyez à l'Appendice : Remarques et Additions, n° XII, p. 263.

tif du courant employé à produire l'électrotonus. Dès que ce courant est fermé, *tous les points du nerf situés du côté du pôle positif* (c'est-à-dire de *n* à *a*) *deviennent plus positifs, et tous les points du nerf situés du côté du pôle négatif* (c'est-à-dire de *k* à *n'*) *deviennent encore plus négatifs qu'ils ne l'étaient auparavant.* Mais l'intensité de cette modification n'est pas la même sur tous les points : beaucoup plus considérable près de l'électrode, elle s'atténue au fur et à mesure de l'éloignement.

En représentant l'augmentation de l'électricité positive par des lignes dont la hauteur exprime ses degrés successifs, et en réunissant les sommets de ces lignes, nous obtenons la courbe *n p*,

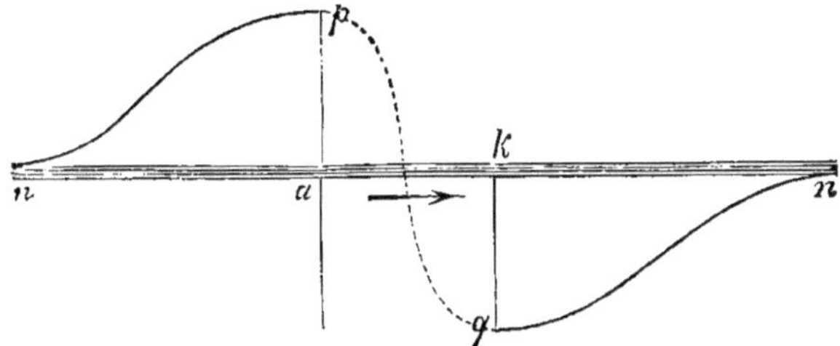

Fig. 60. — Variations de la tension pendant l'électrotonus.

c'est-à-dire la représentation graphique des changements de tension sur les divers points. On construira de la même manière une courbe du côté négatif, en ayant soin toutefois de tracer les lignes au-dessous du nerf pour indiquer que, dans ces points, les tensions deviennent plus négatives. Nous obtiendrons ainsi la portion de courbe *q n'*.

Les deux parties de courbes *n p* et *q n'* indiquent bien les changements survenus dans les parties extrapolaires du nerf : mais nous ne savons pas comment se comporte la partie comprise entre les deux électrodes, parce que des obstacles pratiques nous empêchent de l'examiner [1]. Il est cependant probable que les tensions s'y répartissent comme l'indique la partie de courbe ponctuée *p q*.

____

1. Voyez à l'Appendice : Remarques et Additions, n° XIII. p. 263.

Si l'on compare la courbe de la figure 60 avec la courbe indiquant les changements de l'irritabilité pendant l'électrotonus, courbe représentée sur la figure 31 (p. 111), on est frappé de l'analogie des deux phénomènes. Ces courbes n'offrent en effet que deux faces différentes du même processus, c'est-à-dire le changement produit dans le nerf sous l'influence d'un courant constant.

Cette comparaison des courbes indique aussi que l'irritabilité diminue dans les points où la tension devient plus positive, et qu'elle augmente au contraire dans les points où la tension devient plus négative. Les changements de tension et les changements d'irritabilité reposent sans doute sur des modifications moléculaires à l'intérieur du nerf. Nous ne connaissons pas encore la nature des modifications provoquées ainsi par l'influence de courants électriques amenés du dehors; mais elles sont très-intéressantes, et elles nous donneront peut-être un jour la clef des phénomènes nerveux qui se produisent pendant l'excitation.

Lorsqu'on recherche les différences de tension produites pendant l'électrotonus, il faut naturellement tenir compte des différences de tension que les divers points du nerf présentaient déjà antérieurement. Si l'on applique l'arc abducteur sur deux points symétriques du nerf, ces deux points paraîtront analogues. En appliquant l'arc sur deux points différents, on pourra égaliser la différence des tensions par la méthode des compensations que nous avons décrite plus haut (chap. VII, p. 157). On isole ainsi la différence de tension produite par l'électrotonus. Dans tous les autres cas, elle se manifeste par un accroissement ou une diminution du courant nerveux accidentellement existant, mais la loi des différences de tensions n'en est point modifiée.

6. Nous avons trouvé certaines ressemblances entre les muscles et les glandes. On pourrait tout aussi bien comparer aux nerfs le tissu des *organes électriques* au moyen desquels certains poissons produisent des phénomènes si puissants. Sans entrer dans les détails de la structure intime de ces organes,

qui d'ailleurs n'est pas encore complétement connue, nous pouvons cependant considérer les *plaques électriques* comme les pièces essentielles de l'appareil. Ces plaques, formées par un tissu membraneux, sont disposées régulièrement les unes au-dessus des autres ou les unes à côté des autres, et constituent ainsi l'organe complet. Chacune de ces plaques reçoit sa fibre nerveuse; une irritation quelconque produite, soit par la volonté de l'animal, soit artificiellement, rend toujours l'une des faces de ces plaques négative et l'autre positive. Cette électrisation se développant toujours dans le même sens sur toutes les plaques, les tensions électriques s'additionnent comme dans une pile voltaïque, ce qui explique la force considérable de l'organe total comparativement aux muscles, aux glandes ou aux nerfs.

Les tissus de ces derniers organes diffèrent néanmoins essentiellement du tissu électrique des poissons. Les muscles, les nerfs et les glandes sont le siége de phénomènes électriques pendant le repos, et ces phénomènes sont modifiés par l'état actif des organes. Le tissu électrique est, au contraire, inactif pendant le repos, et ne produit de phénomènes électriques que pendant l'activité.

Nous ne pouvons pas encore expliquer cette différence; mais elle n'est pas suffisante pour déclarer d'une essence différente les phénomènes de ces tissus. Ces manifestations extérieures d'un organe dépendent de l'arrangement de ses éléments actifs. Mais les modifications qui se produisent pendant l'état d'activité des muscles, des nerfs, des glandes et du tissu électrique sont tellement semblables, qu'on est obligé de les considérer comme appartenant à la même catégorie de faits. Nous essayerons, dans le chapitre qui va suivre, de donner une explication commune à tous ces phénomènes.

7. Nous avons déjà fait remarquer que les plantes présentent aussi des phénomènes électriques; mais nous n'avons pas pu leur attribuer une grande importance physiologique. Il y a quelques années, le physiologiste anglais Burdon-Sanderson publia des observations qui excitèrent, à juste titre, une grande surprise. Cet observateur avait découvert que les feuilles

du *Dionaea muscipula* présentaient des courants électriques réguliers, et que ces courants éprouvaient une oscillation négative pendant les mouvements de la feuille, absolument comme les courants musculaires. Sanderson avait fait ces observations à l'instigation de Darwin, qui s'occupait alors de recherches sur les plantes carnivores et qui cherchait à établir une analogie entre les mouvements des feuilles du *Dionaea* et les mouvements musculaires.

Les recherches fort intéressantes de Darwin ont été publiées depuis *in extenso*[1]. Elles nous ont appris qu'il existe un certain nombre de plantes pourvues d'organes glandulaires qui sécrètent des sucs capables de digérer des substances albuminoïdes. Le *Dionaea muscipula* notamment possède des glandes de ce genre : il est, en outre, irritable comme le *Mimosa pudica* décrit dans notre chapitre premier (p. 4).

Lorsqu'un insecte touche une feuille de *Dionaea*, les lobes de cette feuille se replient, et l'insecte, retenu prisonnier, est digéré par les sucs sécrétés, puis absorbé. Quelle idée nous ferons-nous de ce mouvement de la feuille? Est-il véritablement analogue au mouvement musculaire, et cette analogie s'étend-elle jusqu'aux phénomènes électriques, ainsi que le prétendait Sanderson? Les nouvelles recherches du professeur Munk, de Berlin, n'ont point confirmé les observations du physiologiste anglais. Les mouvements de la feuille du *Dionaea* sont tout à fait analogues à ceux du *Mimosa pudica*. Il n'y a point là de contractions semblables à celles qui ont lieu pendant les mouvements musculaires; la courbure de la feuille se produit sous l'influence de modifications amenées par le gonflement des diverses couches de cellules. La feuille présente, il est vrai, des phénomènes électriques; mais ils ne sont pas aussi simples que l'indique Sanderson. Ceux-ci sont également modifiés pendant que la feuille se recourbe; mais ces modifications ne sont point analogues à l'oscillation négative : elles proviennent des courants de sève qui s'établissent dans l'intérieur de la feuille. Je suis arrivé aux

1. *On insectivorous plants*. London 1875. Traduction française. *Les plantes insectivores*, 1 vol. in-8° (Paris, Reinwald).

mêmes résultats en examinant les feuilles du *Mimosa pudica*. Je n'ai pu constater aucun courant électrique sur la plante en repos ; mais il s'en est formé pendant la courbure des pétioles, et ces courants peuvent être considérés comme produits par des déplacements de séve.

Les phénomènes électriques des plantes n'appartiennent donc pas à la catégorie des phénomènes produits par les muscles, les nerfs, les glandes et les organes électriques des poissons.

CHAPITRE X

THÉORIE DE L'ÉLECTRICITÉ ANIMALE

1. Résumé des faits. 2. Principes servant à expliquer ces faits. 3. Comparaison du prisme musculaire avec un aimant. 4. Explication des tensions dans le prisme et le rhombe musculaires. 5. Explication de l'oscillation négative et de la parélectronomie. 6. Application aux nerfs. 7. Application aux organes électriques et aux glandes.

1. Les propositions suivantes contiennent le résumé des faits que nous avons exposés dans les chapitres précédents :

1° *Tout muscle, ou toute partie de muscle, en repos, est positif sur sa coupe longitudinale et négatif sur sa coupe transversale. Les tensions positives d'un prisme musculaire régulier diminuent régulièrement depuis le milieu de la coupe longitudinale jusqu'aux extrémités ; il en est de même pour les tensions négatives de la coupe transversale. La distribution des tensions est un peu différente dans le rhombe musculaire : la plus grande tension positive de la coupe longitudinale est rapprochée de l'angle obtus, la plus grande tension négative de la coupe transversale est au contraire rapprochée de l'angle aigu.*

2° *Les différences de tension diminuent pendant l'activité musculaire.*

3° *Les muscles intacts ne présentent souvent que peu ou point de différences de tension ; nous sommes cependant obligés d'admettre que les oppositions électriques y existent déjà.*

4° *Les nerfs sont positifs sur la coupe longitudinale et négatifs sur la coupe transversale : la plus grande tension positive se trouve au milieu de la coupe longitudinale. Les différences de tension diminuent pendant l'activité nerveuse.*

5° *La plaque électrique des poissons ne produit point de phénomènes électriques pendant le repos : sous l'influence nerveuse, l'un des côtés de la plaque devient positif et l'autre négatif.*

6° *Le fond d'une glande est positif, sa surface interne ou son orifice sont négatifs. Les différences de tensions diminuent pendant l'activité de la glande.*

Ces propositions sont l'expression des faits les plus importants que l'expérience nous a permis de constater.

Nous avons trouvé, à la surface des tissus animaux, des différences de tension électrique, et nous sommes convaincus que ces différences de tension, si régulièrement distribuées, ont leur cause dans le tissu même. Il faut donc chercher cette cause. Mais ce problème n'est pas si simple qu'on pourrait le croire. Il serait sans doute difficile de déterminer les tensions des divers points de la surface d'un corps qui contient dans son intérieur une force électromotrice. Mais un calculateur habile finirait toujours par surmonter l'obstacle. Il en est tout autrement lorsque le problème est renversé, c'est-à-dire lorsque les tensions de la surface sont données et que l'on doit rechercher le siège de la force électromotrice. La difficulté consiste alors dans le grand nombre des solutions possibles. Le problème est encore compliqué par ce fait que nous ignorons si le corps renferme une seule force électromotrice, ou s'il en contient plusieurs distribuées en des points différents.

2. Supposez, en effet, que la distribution des tensions, sur le corps dont nous avons parlé au chapitre VII, p. 152, soit la conséquence de la force électromotrice que nous avons admise. Supposez ensuite qu'on supprime cette force électromotrice et qu'on la remplace par une autre force appliquée sur un autre point. Le corps sera évidemment parcouru par d'autres courants, auxquels correspondront d'autres courbes électriques. La distribution des tensions à la surface du corps devient donc aussi tout à fait différente. Si on appliquait une troisième force électromotrice sur un troisième point, la distribution des tensions

de la surface changerait de nouveau, et ainsi de suite. Or, Helmholtz a prouvé que, lorsqu'un corps renferme à la fois plusieurs forces électromotrices, les tensions existant sur chaque point de la surface du corps sont égales à la somme des tensions que chacune des forces électriques isolées produirait en ce point.

Quand on a constaté une certaine distribution des tensions à la surface d'un corps, on peut donc imaginer bien des combinaisons de forces électromotrices produisant une distribution toute semblable. A laquelle de ces combinaisons faut-il donner la préférence?

Les règles de la logique scientifique devront guider dans ce choix. Il faut que l'hypothèse adoptée puisse nous rendre compte, non pas d'un seul phénomène, mais de tous ceux que nous aurons remarqués pendant l'expérience. Si de nouvelles recherches nous font connaître des particularités nouvelles, notre hypothèse doit pouvoir les expliquer aussi, ou bien nous serons obligés de l'abandonner et d'en adopter une meilleure. Enfin, quand plusieurs hypothèses paraîtront également bonnes pour l'explication des phénomènes, nous choisirons d'abord *la plus simple*, à l'exclusion des plus compliquées.

N'oublions pas cependant que ce sont là de simples *hypothèses*, dont le seul but est de réunir sous un même point de vue tous les phénomènes observés, et qui ne doivent pas être confondues avec les véritables faits scientifiquement confirmés. Ces hypothèses sont nécessaires pour deux motifs : d'abord parce qu'elles fournissent des indications pour des recherches futures et qu'elles constituent ainsi un puissant stimulant pour la science; ensuite parce que l'esprit humain ne peut pas se borner uniquement à rassembler des faits isolés. Chaque fois qu'il a recueilli une série de faits analogues il tend à les réunir, ne fût-ce que provisoirement, par un lien intellectuel commun, et à les considérer sous un même point de vue.

3. Ces principes étant posés, nous pouvons reprendre notre étude en examinant d'abord le muscle. Le prisme musculaire régulier présente une distribution déterminée des tensions. Or, tout prisme plus petit, mais semblable, que nous découperons

dans le grand, montrera une distribution des tensions tout à
fait analogue. Cette divisibilité n'a aucune limite; le plus petit
fragment de fibre musculaire présente, sous ce rapport, les
mêmes phénomènes qu'un grand faisceau de fibres allongées.

On peut suivre, pour expliquer ce fait, deux voies très-diffé-
rentes : ou bien l'on admet que les tensions électriques se produisent au moment où l'on découpe un prisme; ou bien on
imagine une certaine distribution de forces électromotrices pré-
existantes dans le muscle, et capables d'expliquer tous les phénomènes qu'il présente. Matteucci et d'autres auteurs ont suivi
la première voie.

Du Bois-Reymond, en étudiant ce sujet avec une persévérance
unique, a découvert une longue série de faits, dont nous n'avons
pu décrire qu'une faible partie dans les chapitres précédents.
La voie suivie par Matteucci lui semblant insuffisante, il en
adopta une autre, et parvint ainsi à formuler une hypothèse
capable d'expliquer, non-seulement tous les phénomènes alors
connus mais même ceux qui ont été découverts depuis; l'hypothèse avait, pour ainsi dire, prédit ces phénomènes, confirmés
ensuite par l'expérience.

Certains observateurs ont cependant essayé depuis de faire
revivre l'ancienne théorie; mais ils n'y ont pas réussi. Nous
accepterons donc l'hypothèse de du Bois-Reymond comme la
seule qui permette d'envisager tous les phénomènes électro-
physiologiques sous un point de vue commun.

Le fait, que chacune des deux moitiés d'un prisme musculaire
rompu en deux présente une distribution des tensions analogue
a celle du prisme tout entier, nous rappelle un phénomène
semblable qui se montre sur les barreaux aimantés. Comme on
le sait, tout barreau aimanté possède deux pôles : le pôle boréal
et le pôle austral. C'est à ces deux pôles que les tensions magnétiques sont les plus fortes, et elles diminuent en se rapprochant
du milieu du barreau où la tension est nulle.

Si nous coupons le barreau par le milieu, chacune de ses
moitiés constituera un aimant complet, avec son pôle boréal et
son pôle austral, et une diminution régulière des tensions ma-

gnétiques depuis les pôles jusqu'au centre. De quelque façon que
nous divisions l'aimant, chaque morceau constituera un aimant
complet, avec deux pôles et une décroissance régulière des tensions magnétiques. Pour expliquer ce fait, on suppose que l'aimant entier est composé de particules très-petites (molécules),
dont chacune forme un aimant complet avec pôle austral et
pôle boréal. Ces petits aimants moléculaires sont tous rangés
dans le même sens, comme le montre la figure 61, et, par consé-

Fig. 61. — Théorie du magnétisme.

quent, ils agissent de concert dans l'aimant total; mais chaque
morceau de l'aimant peut à lui seul agir de la même manière.

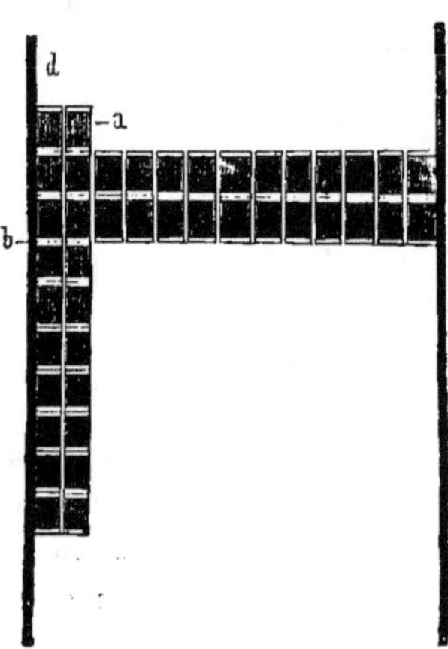

Fig. 62. — Représentation schématique
d'une portion de fibre musculaire.

Nous pouvons appliquer au
muscle cette manière de voir. Un
muscle strié se compose de fibres
qui, dans le prisme musculaire
régulier, sont toutes parallèles et
d'égale longueur. D'après ce que
nous avons dit plus haut (chap.
II, p. 15), il faut se représenter
chacune de ces fibres comme une
rangée de petites particules, toutes
composées d'une petite portion de
la substance fondamentale à réfraction simple dans laquelle se
trouve un groupe de disdiaklastes, c'est-à-dire de la substance
bi-réfringente. Nous appellerons
ces petites particules *éléments musculaires*. La fibre musculaire
serait ainsi composée d'éléments musculaires régulièrement disposés : dans le sens longitudinal, cette disposition des éléments
produirait les fibrilles dont nous avons déjà parlé, et, dans le

sens transversal, les disques sous la forme desquels le muscle se divise en certaines circonstances. La représentation schématique d'une fibre musculaire donnerait donc une image semblable à celle de la figure 62, sur laquelle chaque petit rectangle représente un élément musculaire. Chacun de ces éléments est déjà lui-même un muscle complet, car la fibre n'est autre chose qu'un amas d'éléments musculaires identiques, et le muscle complet n'est qu'un faisceau de fibres semblables.

Il faut attribuer à chaque élément musculaire toutes les propriétés qui appartiennent au muscle complet. L'élément musculaire possède donc la propriété de se raccourcir et d'épaissir en même temps ; il possède encore, — c'est là le point capital de notre théorie, — toutes les propriétés électriques constatées sur le muscle complet.

4. Nous admettons ainsi que chaque élément musculaire est le siège d'une force électromotrice rendant cet élément positif à sa surface longitudinale et négatif sur sa coupe transversale. Si l'élément musculaire était isolé et entouré d'une substance conductrice, on y rencontrerait un système de courants dirigés de la surface longitudinale à la face transversale. Lorsqu'un grand nombre de ces éléments se trouvent disposés régulièrement comme nous l'avons admis, le calcul démontre que le mus-

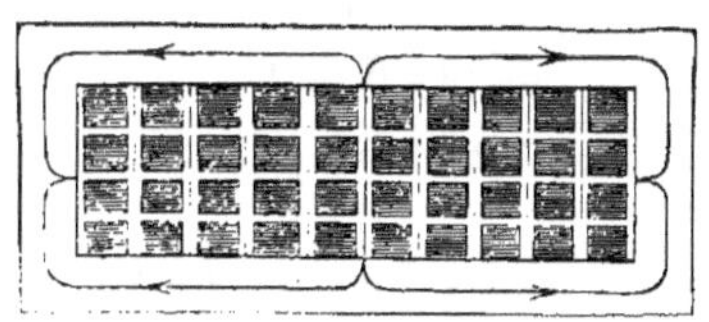

Fig. 63. — Schéma des phénomènes électriques d'un assemblage d'éléments musculaires.

cle total sera uniformément positif sur toute la surface longitudinale et uniformément négatif sur sa coupe transversale.

Supposez maintenant cette agrégation d'éléments musculaires entourée d'une mince couche de substance conductrice : il s'y formera nécessairement des courants semblables à ceux qui sont représentés sur la figure 63. Ces courbes des courants produiront à leur tour une distribution des tensions identique à

celle que nous avons vue dans nos expériences. La plus grande
tension positive se trouvera au milieu de la surface longitudinale, et la plus grande tension négative au milieu de la coupe
transversale ; les deux tensions diminueront régulièrement vers
les extrémités.

Prenons maintenant un faisceau de fibres musculaires limité
par deux sections transversales artificielles, ou, en d'autres
termes, un prisme musculaire régulier. Chaque fibre musculaire
qui entre dans la composition de ce prisme est enveloppée de
sarcolemme ; l'ensemble est entouré et maintenu par du tissu
connectif.

Les couches extérieures seront nécessairement beaucoup plus
exposées que les couches internes aux influences défavorables
du dépérissement, qui amène la perte de toute propriété électrique : elles deviendront donc inactives ou bien moins actives
que les couches internes. Cette influence funeste sera encore
plus évidente sur la coupe transversale, où une couche de
substance musculaire écrasée, et par conséquent morte, recouvre
les parties restées actives. Tout cela produit une enveloppe de
substance inactive, mais conductrice, qui revêt complétement
les éléments musculaires actifs, et nous explique en même
temps la distribution des tensions sur le prisme musculaire
régulier. Les rapports resteront toujours les mêmes si nous
divisons le muscle. Chaque fragment du prisme musculaire se
comportera comme le prisme total.

Notre hypothèse explique donc parfaitement les phénomènes
électriques observés sur le prisme musculaire régulier. Nous
devons rechercher maintenant comment elle se comportera vis-
à-vis des autres faits que nous avons appris à connaître.

Si la coupe transversale artificielle prend une direction oblique
par rapport aux fibres musculaires (rhombe musculaire régulier),
les éléments musculaires seront rangés les uns au-dessus des
autres comme les marches d'un escalier, ainsi que le montre la
figure 64, et revêtus d'une couche d'éléments écrasés, et par conséquent inactifs. Une coupe transversale de ce genre présentera
nécessairement des courants partiels, dirigés de la face longitu-

dinale positive aux coupes transversales négatives des éléments
musculaires : en s'ajoutant aux courants produits entre la sur-

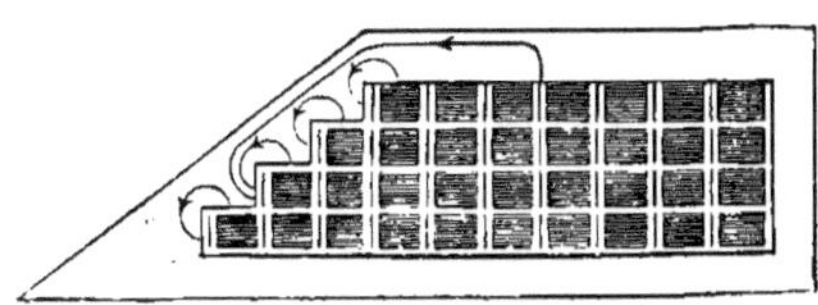

Fig. 64. — Schéma d'une coupe oblique.

face longitudinale totale et les extrémités des faces transversales, ils rendront l'angle obtus plus positif que l'angle aigu.

5. Il nous faut maintenant résoudre une seconde question :
comment notre hypothèse expliquera-t-elle l'oscillation négative du courant musculaire ? Nous avons déjà déclaré, à propos
du son produit par les muscles, que la contraction de ces
organes doit être le résultat d'un mouvement de leurs particules
les plus ténues. L'étude microscopique de la contraction musculaire nous démontre que ce mouvement se produit dans chaque
élément musculaire, puisque nous observons sur chacun de ces
éléments les mêmes changements de forme que sur la fibre
totale. Pendant ce mouvement des particules les plus fines dans
l'intérieur des éléments musculaires, il se produirait un changement dans les oppositions électromotrices entre la surface
longitudinale et la face transversale de chacun de ces éléments.

Peu nous importe, d'ailleurs, de savoir si les molécules musculaires exécutent des vibrations pendant la contraction, ou
si nous devons admettre une autre hypothèse. Lorsque nous
ne possédons pas de faits qui semblent militer en faveur d'une
hypothèse ou d'une autre, notre imagination est libre de choisir
telle conception qui lui paraît capable d'expliquer la production de ces changements. Mais l'observateur consciencieux de
la nature se rappellera toujours que des conceptions de l'imagination n'ont aucune valeur scientifique, et qu'elles ne possèdent pas non plus de valeur didactique pour expliquer plus
clairement les faits déjà connus, ni pour guider dans des recherches ultérieures. Les bonnes hypothèses présentent toujours

ces deux caractères, et l'observateur s'y arrête par conséquent volontiers. Comme jeu d'imagination, le développement d'hypothèses qui ne sont point basées sur des faits occupera peut-être, pendant un quart d'heure, les loisirs d'un homme de science; mais celui-ci n'aura pas la prétention de vouloir les communiquer à d'autres.

Il reste à rechercher, en dernier lieu, comment l'hypothèse admise par nous pourra s'appliquer aux phénomènes que l'on observe sur les muscles intacts. Nous pouvons considérer le revêtement tendineux des extrémités musculaires comme une couche de substance inactive, mais conductrice.

Il n'y a rien à ajouter à ce que nous venons de dire, si le muscle intact présente les mêmes phénomènes que le prisme ou le rhombe musculaires à sections transversales artificielles. Ce fait se présente fréquemment, ainsi que nous l'avons vu, mais cependant pas toujours. La coupe transversale naturelle, comparée à la coupe longitudinale, est ordinairement peu négative, quelquefois pas du tout; l'électricité négative apparaît au contraire, lorsque la coupe transversale naturelle est détruite, d'une façon ou d'une autre, par des influences mécaniques, thermiques ou chimiques. Pour expliquer cette propriété des extrémités naturelles des fibres musculaires, nous pouvons admettre, que la disposition des molécules, dans le dernier ou les derniers éléments musculaires, est parfois différente pour quelques-unes des fibres. Par exemple, si la coupe transversale du dernier élément musculaire n'était pas négative, la fibre à laquelle cet élément appartient ne pourrait donner naissance à aucun courant; les courants apparaîtraient au contraire, si le dernier élément musculaire était éloigné ou converti en conducteur inactif. E. du Bois-Reymond est parvenu à découvrir récemment une explication très-vraisemblable de cette anomalie d'action des extrémités des fibres musculaires : mais nous ne reproduirons pas ici cette explication pour ne pas nous engager dans de trop longs détails [1].

1. Voyez à l'Appendice : Remarques et Additions, n° XIV, p. 265.

6. Nous passons maintenant à l'examen des nerfs. La ressemblance frappante que présentent les phénomènes des nerfs et ceux des muscles pourrait nous engager à étendre aux manifestations nerveuses l'hypothèse admise pour les derniers. Il est vrai que nous n'apercevons pas dans les nerfs ces divisions microscopiques constatées dans les muscles — éléments musculaires — et que nous avons supposé devoir être le siége de la force électromotrice. Mais ce que nous avons appris à connaître précédemment, lorsque nous avons étudié les phénomènes de l'irritabilité nerveuse, doit nous faire supposer qu'il existe, dans la longueur de la fibre nerveuse, des particules rangées les unes derrière les autres, et possédant une motilité et des forces spéciales. Sans rien préjuger sur la nature de ces particules, nous leur donnerons, par analogie, le nom d'*éléments nerveux*, et nous admettrons que chacun de ces éléments renferme une force électromotrice donnant à la surface longitudinale une tension positive et à la coupe transversale une tension négative. Nous pourrons ainsi expliquer, comme nous l'avons fait pour le muscle, les phénomènes du nerf en état de repos et l'oscillation négative dans un nerf en activité.

Les réactions tout à fait analogues des nerfs et des muscles sous l'influence des irritants nous démontrent que la structure physique de ces deux sortes d'organes doit présenter la plus grande ressemblance, et les réactions identiques de ces mêmes organes par rapport à l'action électromotrice ne font que confirmer l'hypothèse d'un arrangement semblable de leurs particules les plus ténues.

Mais, à côté d'un grand nombre d'analogies, les nerfs et les muscles présentent cependant des différences marquées. Le muscle change de forme pendant l'activité et peut fournir du travail; le nerf en est incapable. Le nerf, à son tour, sous l'influence de courants électriques constants, présente des changements d'irritabilité connus sous le nom d'*électrotonus*, auxquels correspondent, comme nous l'avons vu, des changements dans la distribution des tensions à la surface du nerf. On n'a encore remarqué rien de semblable sur le muscle. Il doit donc se produire, dans les éléments nerveux, d'autres changements qui entraînent ces modifications de tension.

On considère tous les corps qui remplissent l'espace comme étant composés de petites particules désignées sous le nom de molécules. Dans les corps chimiquement simples, comme l'hydrogène, l'oxygène, le soufre, le fer, etc., ces molécules sont composées d'atomes semblables entre eux; dans les corps composés, comme l'eau, l'acide carbonique, etc., chaque molécule est formée de plusieurs atomes de nature différente. Une molécule d'eau, par exemple, est composée d'un atome d'oxygène et de deux atomes d'hydrogène; une molécule d'acide carbonique est composée d'un atome de carbone et de deux atomes d'oxygène; une molécule de sel marin est composée d'un atome de sodium et d'un atome de chlore, etc. Un morceau de sel marin contient un nombre immense de molécules composées de chlore et de sodium, et toutes ces molécules, lorsqu'il s'agit de sel marin pur, sont semblables entre elles.

Le muscle, le nerf, ou tout autre tissu organique, possède une structure bien plus compliquée. Il contient des molécules d'albumine, de graisse, de sels, d'eau, etc., mêlées entre elles. Chaque fragment d'un tissu organique doit être considéré, au point de vue chimique, comme un mélange de substances très-diverses.

Pour éviter toute confusion, on a désigné sous le nom d'éléments musculaires, ou d'éléments nerveux, ces petites particules auxquelles nous attribuons toutes les propriétés des muscles et des nerfs. Le mot d'*élément* est employé ici dans le sens de fragment musculaire ou nerveux. Ce fragment doit être considéré comme un corps de composition fort complexe. Des réactions chimiques et physiques très-compliquées peuvent se produire dans son intérieur, et les phénomènes de l'activité musculaire ou nerveuse, dont nous ne connaissons pas encore l'essence, sont, en tout cas, le résultat de réactions de ce genre. Lorsque des forces électromotrices se développent dans ces éléments, il ne faut pas s'étonner qu'elles subissent aussi des altérations variées. Les changements qui apparaissent pendant l'activité musculaire et pendant l'électrotonus appartiennent à cette catégorie de faits.

Lorsque nous avons employé, dans les chapitres précédents, le terme de *molécule musculaire* ou de *molécule nerveuse*, cette expression ne correspondait donc pas exactement à l'idée claire et définie que les chimistes se font de la molécule. Nous voulions désigner une particule composée de plusieurs substances chimiques, mais constituant une unité d'une autre espèce. Il est donc bien entendu que, dans notre langage, la molécule musculaire ou nerveuse désigne un groupe de molécules chimiques unies d'une manière déterminée ; ces molécules musculaires ou nerveuses, réunies entre elles en grand nombre, constituent, à leur tour, un élément musculaire ou un élément nerveux.

Nous avons considéré l'oscillation négative du courant musculaire ou nerveux comme produite par un mouvement des molécules musculaires ou nerveuses dans l'intérieur des éléments. Ce mouvement moléculaire diminuerait la différence de tension qui existe entre la surface longitudinale et la surface transversale des éléments.

Pour expliquer l'électrotonus, on admet que les molécules nerveuses changent de position sous l'influence du courant constant, et que ce changement produit une distribution différente des tensions à la surface du nerf. Le changement de position des molécules dure aussi longtemps que le courant traverse le nerf, et il cesse, plus ou moins rapidement, après l'interruption du courant. Le déplacement des molécules se produit d'abord dans la partie du nerf comprise entre les électrodes, et il se propage ensuite aux parties extra-polaires, en s'affaiblissant d'une manière proportionnelle à la distance.

Pour rendre cette idée plus claire nous pouvons recourir à la comparaison déjà faite entre la disposition des molécules nerveuses et celle d'une série d'aiguilles magnétiques. Lorsque certaines aiguilles, situées au milieu de la série, auront éprouvé une déviation sous l'influence d'une cause étrangère, les aiguilles extrêmes subiront nécessairement une déviation d'autant plus faible qu'elles seront plus éloignées.

On peut encore comparer ce fait à celui que les physiciens ont nommé électrolyse, c'est-à-dire la décomposition d'un liquide par un courant électrique. Mais toutes ces analogies ne donnent pas une idée plus claire du phénomène. Elles nous apprennent qu'un courant électrique est capable de modifier l'arrangement des molécules musculaires et nerveuses, d'abord dans la partie comprise entre les électrodes, ensuite dans les parties en deçà ou au delà, et que ces mouvements des molécules modifient nécessairement les tensions de la surface.

7. Il reste à examiner comment notre hypothèse s'appliquera aux phénomènes électriques des poissons et des glandes.

On doit évidemment considérer la décharge électrique des poissons comme un phénomène analogue à l'oscillation négative du courant musculaire ou nerveux.

L'opposition si tranchée qui semble exister entre un courant diminuant d'intensité pendant l'action, et un organe complétement inactif développant au contraire un courant pendant l'activité, cette opposition, dis-je, paraît tout à fait accessoire au point de vue de notre hypothèse.

Quand un organe ne présente pas de courant sensible à l'extérieur, il ne s'ensuit pas qu'il soit dépourvu de forces électromotrices. Un morceau de fer doux n'est pas magnétique. Mais, comme ce barreau de fer peut être converti, à chaque instant, en un aimant véritable, soit par l'approche d'un autre aimant, soit par l'influence d'un courant électrique, nous le regardons comme composé d'éléments magnétiques qui ne sont pas arrangés régulièrement de la même manière que dans l'aimant véritable représenté par la figure 61, page 196. L'action de l'aimant ou du courant électrique rapproché du barreau consiste uniquement, d'après notre hypothèse, à régulariser la position des éléments magnétiques irrégulièrement disposés et, par suite, à leur faire manifester à l'extérieur les propriétés magnétiques.

Si l'on n'avait jamais observé de phénomènes magnétiques dans un barreau de fer doux, personne ne croirait à l'existence de forces magnétiques dans son intérieur. Mais cette idée est rendue toute naturelle par la comparaison entre le fer doux et un aimant permanent, et par la possibilité de convertir, à tout instant, le fer doux en aimant véritable.

Il en est de même des organes électriques des poissons. Ces organes deviennent électriquement actifs sous l'influence nerveuse. Ajoutons à cela ce que nous savons pour les nerfs et les muscles, et nous serons amenés naturellement à admettre l'existence, dans la plaque électrique, de forces électromotrices disposées de telle sorte qu'elles ne produisent pas de différences notables de tensions à la surface de l'organe.

Les particules munies de ces forces électromotrices subissent un déplacement sous l'influence du nerf en activité ; il se produit alors des différences de tension entre les deux faces de la plaque électrique, et, comme toutes les plaques électriques d'un même organe deviennent actives dans le même sens, le résultat produit est une secousse électrique puissante. Malgré son effet extraordinaire, cette secousse ne diffère pas plus de l'oscillation négative du courant musculaire ou nerveux, que le courant puissant d'une pile à éléments nombreux ne diffère du faible courant d'un petit élément.

Pour mieux démontrer encore l'analogie des organes électriques avec les muscles et les nerfs, nous continuerons à les comparer au point de vue des phénomènes magnétiques. Soit AB (fig. 65) un barreau de fer doux, *ns* un aimant, d'abord éloigné, mais que nous rapprochons subitement du barreau. Ce rapprochement rend le barreau magnétique, et produit un pôle boréal

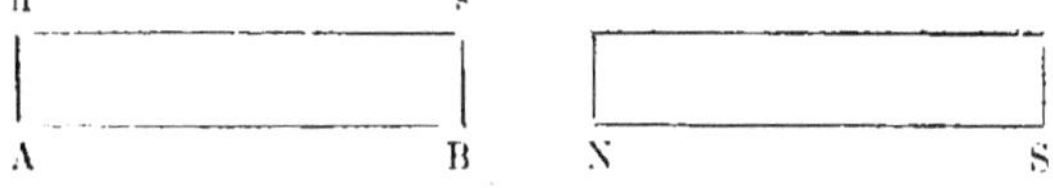

Fig. 65. — Induction magnétique.

en A et un pôle austral en B. Remplaçons le barreau non magnétique A B par un barreau semblable, mais déjà magnétique,

Fig. 66. — Induction magnétique.

N' S' (fig. 66). Dès que nous en rapprocherons l'aimant N S, le magnétisme de N' S' diminuera, disparaîtra ensuite complétement et sera peut-être remplacé par un magnétisme de sens inverse.

Dans les deux cas, nous avons affaire au même phénomène, l'induction magnétique. La seule différence est que l'induction se produit, dans le premier cas, sur un barreau de fer doux dont les éléments magnétiques sont irrégulièrement disposés, et qui, par conséquent, ne parait pas aimanté, tandis que, dans le second cas, le barreau est aimanté. L'induction produit donc l'aimantation dans le premier cas, tandis qu'elle la diminue dans le second; mais cette induction reste la même. L'influence nerveuse produit de même des tensions électriques sur la plaque électrique des poissons, et diminue, au contraire, celles qui existent dans le muscle; mais au fond les phénomènes de cette plaque et du muscle sont identiques.

Il ne nous reste plus que quelques mots à dire sur les glandes. A en juger par le petit nombre de faits connus, les phénomènes électriques des glandes sont tellement analogues à ceux des muscles qu'on peut leur appliquer toutes les explications données pour les muscles. Chaque élément glandulaire renferme des forces électriques qui rendent le fond de la glande positif et son embouchure négative. Ces différences diminuent pendant l'activité de la glande. Il est d'ailleurs inutile de faire, relativement à l'influence que cette altération de tension peut exercer sur la sécrétion, des hypothèses qui ne pourraient pas éclaircir le sujet.

LIVRE III

ORGANISATION DU SYSTÉME NERVEUX

CHAPITRE XI

THÉORIE DE L'ACTION MOTRICE.

1. Union du nerf et du muscle. 2. Excitation isolée de quelques fibres musculaires. 3. Hypothèse de la décharge. 4. Principe du dégagement des forces. 5. Irritabilité de la substance musculaire. 6. Curare. 7. Irritants chimiques. 8. Théorie de l'activité nerveuse.

1. Nous avons étudié, dans les chapitres précédents, les propriétés isolées des muscles et des nerfs. Le muscle est caractérisé par la propriété qu'il a de se contracter, et de fournir par la un travail. Le nerf ne présente pas cette propriété; mais il possède celle de provoquer l'activité musculaire. Comment s'exécute cette stimulation ou ce transport de l'activité nerveuse au muscle? C'est la question que nous allons examiner en premier lieu.

Si nous voulons nous rendre compte du jeu d'une machine ou d'un mécanisme, il faut d'abord connaître la structure de la machine et les rapports mutuels de ses parties constitutives. Le microscope peut seul nous donner des éclaircissements sur le sujet qui nous occupe. Si nous poursuivons un nerf dans l'intérieur d'un muscle, nous voyons les diverses fibres, qui composent le faisceau nerveux entrant dans le muscle, se séparer, pénétrer entre les fibres musculaires, et se répandre dans tout l'organe. Plus loin encore, on voit les fibres nerveuses se diviser; on comprend alors que chaque fibre musculaire est desservie par une fibre nerveuse, quelquefois même par deux lorsque la fibre est longue, quoique le nombre des fibres nerveuses entrant dans un muscle soit ordinairement beaucoup plus faible que le nombre des fibres musculaires composant ce muscle.

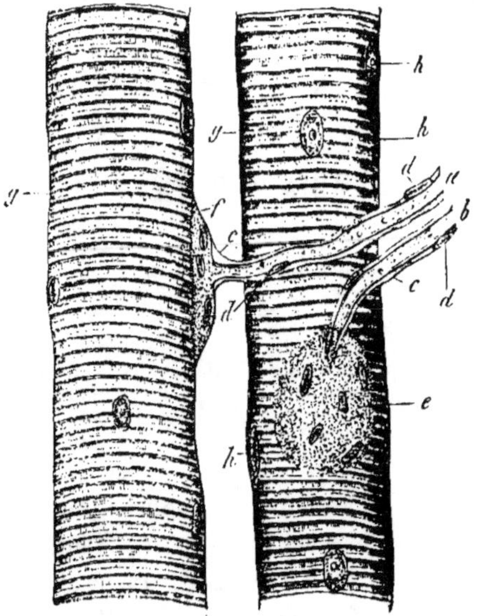

Fig. 67. — Terminaison des nerfs dans les fibres musculaires
d'un cochon d'Inde.

Avant d'entrer dans le muscle, les nerfs possèdent encore leurs parties principales : le névrilemme, la gaine nerveuse et le cylindre-axe. Au voisinage de la fibre musculaire, ils se rétrécissent subitement, perdent leur gaine, et s'élargissent de nouveau : le névrilemme se fond dans le sarcolemme de la fibre musculaire, et le cylindre-axe se transforme, dans l'intérieur du sarcolemme, en un corps qui se met en contact immédiat avec

la substance musculaire. Ce corps a reçu le nom de *plaque nerveuse terminale*.

La figure 67 nous montre ce passage du nerf dans le muscle
chez les mammifères. La plaque nerveuse terminale présente
une forme un peu différente chez certains animaux ; mais le rapport entre le nerf et le muscle ne change pas. Le fait essentiel reste le même. c'est-à-dire que *le nerf se met toujours en
contact immédiat avec la substance musculaire*. Tous les observateurs sont aujourd'hui d'accord sur ce point.

Mais il n'en est pas de même au sujet des prolongements de la
plaque nerveuse. Chez la grenouille, en effet, on ne voit point de
plaque nerveuse proprement dite ; le nerf se divise, à l'intérieur
du sarcolemme. en une série de rameaux anastomosés en réseau. et que l'on peut poursuivre sur un petit trajet, des deux
côtés de l'ouverture d'entrée. D'après une opinion émise, dans
ces derniers temps, par le professeur Gerlach, ce réseau, pas
plus que les plaques nerveuses terminales, ne constituerait la
véritable terminaison des nerfs; ceux-ci pénétreraient toute
la substance musculaire, de sorte que l'intérieur de la fibre
musculaire serait constitué par un mélange matériel intime de
muscle et de nerf.

2. Quoi qu'il en soit, le fait du contact immédiat de la substance nerveuse et de la substance musculaire servira nécessairement de base à nos essais d'explication. Tant que le nerf passait pour s'arrêter à la surface de la fibre musculaire, il était
difficile d'expliquer comment l'irritation de certaines fibres nerveuses isolées provoquait une secousse de quelques fibres musculaires spéciales situées à l'intérieur du muscle.

Pendant leur parcours dans le muscle, les fibres nerveuses
touchent la surface d'un grand nombre de fibres musculaires, en
passant par-dessus ces fibres pour aller se terminer dans d'autres. Mais on peut se convaincre, par l'examen de muscles
minces et plans, que l'irritation spéciale d'une fibre nerveuse ne
met pas en mouvement les fibres musculaires sur lesquelles
passe cette fibre nerveuse, et que celles dans lesquelles le nerf
se termine éprouvent seules une secousse.

Dès que l'excitation du nerf est incapable de traverser la gaine musculaire, elle ne peut évidemment atteindre la substance musculaire que là où les deux substances musculaire et nerveuse se trouvent en contact immédiat, c'est-à-dire dans l'intérieur de la gaine formée par le sarcolemme.

La gaine nerveuse est, comme nous le savons, un véritable isolateur pour les excitations produites dans l'intérieur de la fibre : car l'excitation d'une fibre nerveuse reste isolée dans cette fibre, et ne se communique jamais à une fibre voisine. Comment pourrait-elle, dès lors, être communiquée aux fibres musculaires simplement touchées par le nerf, puisque la substance nerveuse est séparée de la substance musculaire, non-seulement par sa gaine propre, mais encore par le sarcolemme?

Mais si la fibre nerveuse traverse le sarcolemme, comme le microscope a permis de le voir, et si la substance nerveuse et la substance musculaire entrent en contact immédiat, le transport de l'excitation nerveuse à la substance musculaire devient facile à comprendre. Il est d'ailleurs indifférent que le nerf, après avoir traversé le sarcolemme, se termine par une plaque nerveuse ou par un court réseau nerveux, ou même qu'il pénètre encore plus profondément, comme le croit Gerlach. Ce qu'il faut avant tout pour expliquer la transmission de l'excitation, c'est le contact immédiat des deux substances: or, quelle que soit la façon dont se produise ce contact, il a lieu et tout le monde l'admet.

Mais, en devenant compréhensible, ce phénomène n'est pas expliqué pour cela. L'explication devra nécessairement se rattacher à tous les faits connus, et en tenir compte.

3. Si on se reporte aux propriétés électriques des nerfs et des muscles, il semble naturel de fonder notre explication sur ces propriétés.

Le nerf présente des tensions électriques, qui éprouvent une diminution ou oscillation négative lorsqu'il entre en activité. Or, ces oscillations subites d'un courant électrique sont capables d'exciter les muscles. On peut donc concevoir le phénomène comme se produisant à peu près de la manière suivante.

L'excitation, née d'une façon quelconque dans le nerf, s'y propage jusqu'à son extrémité : cette excitation est accompagnée d'un phénomène électrique qui produit subitement une oscillation électrique dans l'appareil nerveux terminal ; celle-ci excite à son tour la substance musculaire, absolument comme l'aurait fait une commotion électrique venue du dehors et appliquée directement au muscle.

La théorie que nous venons de développer peut être désignée, d'après du Bois-Reymond, sous le nom d'*hypothèse de la décharge*. Dans cette hypothèse, on considère la terminaison du nerf dans le muscle comme analogue à la plaque électrique des poissons. En effet, cette terminaison produit, sous l'influence de l'excitation nerveuse, une décharge capable d'agir sur d'autres organes excitables, et de provoquer par exemple des secousses musculaires. Nous n'attribuons aucune valeur à la ressemblance fortuite de forme entre la plaque terminale nerveuse et la plaque électrique des poissons, car les grenouilles et beaucoup d'autres animaux n'ont point de plaque nerveuse, et cependant les phénomènes ne changent pas chez ces animaux.

Si les idées de Gerlach étaient confirmées, si on montrait que la substance nerveuse entre en relation plus intime avec la substance musculaire qu'elle ne l'est au point d'immergence, ces faits ne modifieraient en rien la théorie. Notre seule hypothèse, en effet, c'est que l'expansion terminale du nerf, quelle que soit sa forme, produit une décharge électrique qui excite la substance musculaire.

Cette conception du phénomène semble pourtant se heurter à la difficulté considérable que nous avons signalée déjà plus haut, à savoir qu'une secousse électrique produite par les extrémités nerveuses ne devrait pas irriter uniquement les fibres musculaires auxquelles le nerf aboutit, mais se transmettre aussi aux fibres musculaires voisines. En effet, le muscle et ses enveloppes ne sont pas des isolateurs électriques, et une commotion électrique quelconque doit s'étendre nécessairement à toute la masse musculaire.

Reportons-nous cependant aux lois de l'expansion des courants dans les conducteurs irréguliers : la force des courants a beau être considérable dans les endroits les plus voisins du lieu de la décharge, elle diminue si rapidement avec la distance, qu'il n'est pas étonnant de voir ce courant devenir imperceptible dans une fibre musculaire dont les parois touchent celles de la fibre où l'excitation s'est produite.

C'est pour cela qu'on accorde tant d'importance à l'introduction du nerf dans la fibre musculaire et au contact de sa substance avec la substance musculaire. Cette circonstance peut seule nous faire comprendre pourquoi une décharge produite dans le nerf irrite le muscle.

Mais, une fois née dans la substance musculaire, l'irritation peut se propager à l'intérieur de la fibre musculaire sans l'intermédiaire de la substance nerveuse. Aussi la distribution ultérieure du nerf, telle que l'admet Gerlach, est-elle complétement inutile pour l'explication des phénomènes qui se passent dans le muscle [1].

4. Nous admettrons donc que l'irritation produite dans le nerf devient à son tour un stimulant qui irrite le muscle.

Les forces évoquées par cette irritation du muscle sont capables de fournir un travail considérable, lequel n'est nullement en rapport avec les forces insignifiantes qui agissent sur le nerf ou qui sont en activité dans son sein pendant le transport de l'excitation.

Pour me servir d'une comparaison très-juste, et souvent employée, le nerf est l'étincelle qui provoque l'explosion d'une mine de poudre, ou la mèche que l'on allume à un de ses bouts et qui transporte le feu jusqu'à la mine qu'elle doit enflammer. Les forces dégagées, pour ainsi dire, dans le muscle sont de nature chimique et dérivent de l'oxydation des substances qu'il contient : l'excitation apportée par le nerf fait entrer en activité les forces chimiques du muscle.

Les phénomènes de ce genre sont nommés par les physiciens *dégagements de forces*. L'irritation nerveuse dégage donc les forces

---

1. Voyez à l'Appendice : Remarques et Additions. n° XV. p. 265.

musculaires, et celles-ci se transforment en chaleur et en travail mécanique. Dans les phénomènes de cet ordre, la force dégageante est d'ordinaire très-faible comparativement aux forces dégagées : celles-ci peuvent rester fort longtemps inactives ; mais, lorsqu'elles sont dégagées, elles deviennent parfois capables de produire des effets prodigieux. Un gros rocher peut rester suspendu, pendant des années, en équilibre instable au bord d'un précipice, jusqu'à ce qu'un ébranlement, quelquefois très-léger, le fasse tomber dans la vallée en détruisant tout sur son passage. On prétend même que les faibles vibrations lancées dans l'air par une clochette de mulet sont capables de détacher la boule de neige qui, grossissant dans sa chute, produit l'avalanche puissante et destructrice, roulant avec un bruit de tonnerre au fond de la vallée.

Un équilibre instable est nécessaire pour que ces dégagements de forces s'effectuent par de faibles moyens.

Il existe aussi dans la nature un *équilibre chimique instable*. Le carbone et l'oxygène peuvent rester des milliers d'années l'un à côté de l'autre sans se combiner. Intimement mêlés, comme dans la poudre à canon, ou encore plus rapprochés, comme dans la nitro-glycérine, ces corps restent en équilibre instable : une cause très-faible suffit pour amener leur combinaison en acide carbonique dont l'expansion produit un travail prodigieux. Le carbone et l'oxygène se trouvent aussi à l'état d'équilibre chimique instable dans le muscle, et l'excitation nerveuse détermine un dégagement de forces qui détruit l'équilibre [1].

On nomme *état sensible* cet état particulier dans lequel une légère cause peut détruire l'équilibre et amener un dégagement de forces. Le muscle est donc sensible ; mais le nerf l'est encore davantage, puisque le plus léger trouble dans son équilibre met en action les forces qui y sont contenues. Ces forces ne produisent cependant pas de grands effets. On pourrait à peine démontrer leur existence, si cette machine sensible, qu'on appelle nerf, n'était pas reliée à cette autre machine sensible, le mus-

<hr>

1. Consulter BALFOUR STEWART, *La conservation de l'énergie* (Bibliothèque scientifique internationale, t. X).

cle, de telle façon que l'activité de la première produise un dégagement de forces dans la seconde.

5. Une machine sensible n'est cependant pas également sensible à tous les chocs. On peut, par exemple, déposer de la dynamite[1] sur une enclume et la frapper avec un marteau sans en provoquer l'explosion; on peut l'allumer avec un cigare et elle brûle tranquillement comme une pièce d'artifice. Mais, au contact de l'étincelle d'une capsule fulminante, elle fait explosion et développe ses puissants effets. Le nerf est sensible aux commotions électriques et à diverses influences mécaniques, thermiques ou chimiques. Il est, au contraire, insensible à beaucoup d'autres influences : on a désigné sous le nom d'*excitants* celles auxquelles il est sensible. Le muscle est également sensible aux commotions électriques, à certaines influences mécaniques, thermiques et chimiques, mais avant tout à l'influence du nerf en activité ; cette dernière influence se ramène sans doute à une excitation électrique, comme on l'a vu dans les paragraphes précédents. Le muscle et le nerf se comportent donc de la même façon en présence des excitants.

Mais, comme l'intérieur du muscle est parcouru par des nerfs qui longent les fibres musculaires et pénètrent jusque dans leur intérieur, il nous vient un scrupule. Peut-être le muscle n'est-il pas excitable par les irritants électriques, chimiques, thermiques et mécaniques ; en faisant agir ces excitants sur le muscle, il est possible qu'on irrite les nerfs intramusculaires, lesquels réagiraient sur les fibres musculaires. La question à résoudre peut aussi se formuler en ces termes : *Le muscle est-il irritable seulement par l'intermédiaire des nerfs, ou bien est-il irritable, indépendamment des nerfs, par l'influence directe d'un stimulant?*

Cette question n'est pas nouvelle. Le poëte et physiologiste Albert de Haller (1708-1777) se l'était déjà posée, et il n'était peut-être pas le premier. Haller se décida pour la seconde de ces opinions. Il donna le nom d'*irritabilité* à la propriété que possède le muscle d'être irrité, et ce nom est resté dans la

____

1. La dynamite est un mélange de nitro-glycérine et d'une terre siliceuse renfermant des débris de protozoaires et de diatomées.

science. Haller fut vivement contredit par ses contemporains ;
il s'ensuivit une polémique violente qui s'est continuée jusqu'à
une époque très-récente. Au temps de Haller, on connaissait
seulement les ramifications nerveuses les plus fortes. Plus loin
les nerfs pourront être poursuivis, et plus aussi la solution de
cette question présentera de difficultés.

6. En 1856, le physiologiste français Claude Bernard fit
des expériences avec un poison importé de la Guyane, et dont
les Indiens se servent pour empoisonner leurs flèches. On le
désigne sous le nom de Curare, Worara ou Wurali. C'est un
produit végétal, épais et brunâtre, qui nous arrive renfermé
dans des calebasses. Cl. Bernard reconnut que les animaux
empoisonnés par le curare étaient paralysés, et que les plus
forts excitants, électriques ou autres, n'exerçaient plus aucune
action sur les nerfs, tandis que les muscles restaient parfaitement irritables. Ce fait n'était pas sans précédent. Harless, de
Munich, avait déjà observé des phénomènes semblables sur des
animaux fortement anesthésiés par l'éther.

Mais bientôt, Kölliker et Claude Bernard lui-même consta-
tèrent un fait nouveau. Lorsqu'on pratique une ligature sur
les vaisseaux sanguins du creux du jarret d'une grenouille, et
qu'on empoisonne ensuite l'animal avec du curare, la jambe
n'est point paralysée. En irritant le nerf crural, on provoque la
contraction de tous les muscles de la jambe situés au-dessous de
la ligature, c'est-à-dire de tous ceux où le poison n'a pu pénétrer par suite de la ligature des vaisseaux.

Que devient donc notre problème ? Le curare ne paralyse
pas les muscles, puisqu'ils conservent toujours et partout leur
irritabilité ; il ne paralyse pas non plus les troncs nerveux,
car ceux-ci restent irritables si le poison ne peut pas pénétrer
dans le muscle. Il ne reste plus qu'une explication possible :
c'est que le poison paralyse un appareil quelconque situé entre
le tronc nerveux et la fibre musculaire, ce qui empêcherait le
tronc nerveux d'agir sur le muscle. Cet appareil serait-il la
plaque terminale du nerf ? S'il en était ainsi, l'excitation directe
du muscle sans l'intermédiaire du nerf serait expliquée, et l'on

aurait la solution si longtemps cherchée du problème de l'irritabilité musculaire.

Le phénomène remarquable dont nous venons de parler
n'est pas isolé. D'autres poisons, la nicotine et la conicine par
exemple, agissent absolument comme le curare : ils ne paralysent non plus ni les troncs nerveux ni la substance musculaire,
mais une partie intermédiaire. Resterait à prouver que cette
partie intermédiaire est bien la plaque terminale de l'extrémité
nerveuse paralysée ?

Tous les phénomènes paraîtront parfaitement clairs, en admettant que ces poisons paralysent un organe placé entre le tronc
nerveux et la substance musculaire, mais qui n'est point l'extrémité réelle du nerf. Seulement, la question de l'irritabilité
musculaire n'y gagnera rien.

En considérant la constitution des nerfs et leur mode d'entrée dans le muscle, nous comprendrons pourquoi le poison
n'agit pas sur les troncs nerveux. Les fibres nerveuses contiennent très-peu de vaisseaux sanguins ; le poison, dissous dans le
sang, ne peut donc leur arriver que fort lentement et en petite
quantité ; en outre, la gaine nerveuse, composée en grande partie
de matières grasses, constitue peut-être une enveloppe protectrice pour le cylindre-axe. Mais cette gaine disparaît à l'endroit
où le nerf s'introduit dans le muscle, et c'est précisément en cet
endroit qu'on rencontre un réseau vasculaire très-développé.
La plaque nerveuse terminale, — ou le lacis nerveux qui la remplace dans les amphibiens nus, — est ainsi bien plus exposée
à l'influence du poison que les autres parties du nerf.

Du reste, tant que nous ne pourrons pas démontrer que le
poison agit uniquement sur les parties tout à fait terminales du
nerf, les adversaires de l'irritabilité musculaire trouveront toujours des arguments à nous opposer. C'est en vain qu'on s'est
donné beaucoup de peine pour arriver à la certitude sur ce sujet.

Lorsqu'on irrite comparativement un muscle empoisonné par
le curare et un muscle semblable mais non empoisonné, le
premier est moins excitable, c'est-à-dire qu'il faut lui appliquer des excitants plus énergiques pour le forcer à se con-

tracter. On peut expliquer ce fait en admettant que la substance musculaire, tout en étant excitable, l'est beaucoup moins que les nerfs intra-musculaires paralysés par ce poison.

On peut encore invoquer d'autres phénomènes en faveur de l'irritabilité musculaire. Le nerf est fortement excité par les oscillations courtes et subites d'un courant; un muscle non empoisonné se comporte de même. Mais un muscle empoisonné par le curare est beaucoup moins sensible aux secousses très-courtes d'un courant qu'aux secousses lentes et de plus longue durée. Si l'on accepte l'irritabilité propre de la substance musculaire, cela s'explique en admettant que cette substance est plus inerte que la substance nerveuse, de sorte que les influences excitantes exigeraient un temps plus long pour agir sur elle.

On sait aussi que les courants perpendiculaires à la direction des fibres nerveuses ne produisent aucun effet sur elles; ils irritent cependant les muscles empoisonnés par le curare. En niant l'irritabilité musculaire, on serait donc obligé d'admettre une différence entre les fibres nerveuses et leur partie terminale.

Mais les muscles et les nerfs se ressembleraient alors singulièrement. Il faudrait admettre des différences sensibles entre les fibres nerveuses et les extrémités nerveuses, tandis que ces extrémités ne se distingueraient plus de la substance musculaire que par la propriété d'être irritées, propriété qu'on dénierait à la substance musculaire. Toute cette discussion dégénère donc en une simple querelle de mots : doit-on considérer la substance intermédiaire entre le nerf et le muscle, comme étant encore nerf ou comme étant déjà muscle?

7. La question, si souvent débattue, de l'irritabilité musculaire a été provoquée surtout par cette circonstance que les irritants du nerf agissent aussi sur le muscle et même sur le muscle empoisonné par le curare. Nous avons déjà signalé quelques différences légères; si l'on réussissait à en découvrir de plus grandes, si on trouvait par exemple des irritants agissant sur la substance musculaire et non sur la substance nerveuse, la question de l'irritabilité se présenterait sous un autre aspect.

Les agents chimiques fournissent les moyens les plus variés

d'excitation. Nous pouvons choisir, parmi l'innombrable quantité de corps chimiques, ceux qui sont capables d'exciter les nerfs ou les muscles, et les expérimenter à des degrés divers de concentration. S'il existe réellement des différences entre la substance nerveuse et la substance musculaire, il est permis d'espérer qu'on les découvrira.

En partant de cette hypothèse, Kühne a recherché quelle était la réaction des nerfs et des muscles en contact avec des excitants chimiques, et il est ainsi parvenu à découvrir certaines différences.

Lorsqu'on veut étudier la réaction des nerfs et des muscles en contact avec des agents chimiques, on procède de la manière suivante : on fait une coupe transversale du muscle ou du nerf, et l'on y place la substance que l'on veut essayer.

On emploie de préférence un muscle mince et à fibres parallèles, comme le muscle couturier de la cuisse. Il est suspendu par son tendon inférieur à un mors, et, par conséquent, renversé. On coupe alors son extrémité supérieure qui est ainsi devenue inférieure ; on touche ensuite cette coupe avec le liquide que l'on veut essayer, et l'on remarque s'il y a ou non production de secousse. On peut alors couper de nouveau le bout mouillé et répéter l'expérience sur toute la longueur du muscle.

On procède de même pour le nerf ; c'est ordinairement le nerf crural que l'on emploie, arraché soit avec toute la cuisse, soit avec le muscle soléaire seulement. Lorsqu'il s'agit d'essayer des corps volatils, tels que vapeurs ou gaz, il faut au préalable mettre les muscles à l'abri des émanations.

Le muscle est très-sensible au contact de certains corps. L'acide chlorhydrique, dilué au 1/1000 et même au 1/2000, produit de fortes secousses. La moindre trace d'ammoniaque suffit pour provoquer de fortes contractions ; aussi faut-il s'abstenir de fumer pendant ces expériences, car la fumée de tabac contient une légère quantité d'ammoniaque. Le nerf est au contraire moins sensible au contact de l'acide chlorhydrique, et complétement insensible à celui de l'ammoniaque. On peut suspendre le nerf dans la solution la plus concentrée d'ammoniaque; on l'y verra mourir très-rapidement sans montrer de traces d'excitation.

Telles sont les principales différences d'irritabilité entre les nerfs et les muscles. Il faut cependant ajouter que la glycérine et l'acide lactique concentré excitent le nerf et n'agissent pas sur le muscle. D'autres corps (alcalis, sels) révèlent aussi de petites différences : tantôt les nerfs et tantôt les muscles sont irrités avec des degrés un peu différents de concentration.

On voit que ces différences de réaction des deux organes sont très-peu marquées. Mais Kühne leur attribue cependant une grande importance, et se base sur elles pour se prononcer en faveur de l'irritabilité musculaire. Il fonde encore son opinion sur les expériences suivantes.

Les excitants musculaires propres (acide chlorhydrique dilué ou ammoniaque) exercent exactement la même action sur un muscle empoisonné par le curare que sur un muscle sain. Il ne se produit pas non plus de différence, lorsqu'on fait passer un courant ascendant fort à travers le nerf du muscle couturier, et que l'on met ainsi les branches nerveuses intra-musculaires dans un état d'électrotonus puissant qui les paralyse. Kühne voit là une preuve que les nerfs répandus dans le muscle ne jouent aucun rôle dans ce cas.

En outre, Kühne a constaté que les nerfs ne sont pas également distribués dans le couturier. Ils pénètrent un peu au-dessus du milieu du muscle, et se divisent entre les fibres musculaires, les uns se dirigeant en haut, les autres en bas; mais on ne peut les poursuivre jusqu'aux extrémités du muscle : il se trouve, à ces extrémités, des places de 2 à 3 millimètres de longueur qui ne montrent plus de fibres nerveuses, ou du moins de fibres nerveuses épaisses [1]. Les vrais excitants musculaires agissent sur ces places absolument comme sur les autres; au contraire, les excitants nerveux (glycérine et acide lactique concentré) n'exercent aucune action sur ces extrémités, tandis qu'ils produisent des

---

1. Faut-il supposer que ces places contiennent le réseau intra-sarcolemmatique admis par Gerlach? C'est une question qui n'a pas d'importance pour le moment.

secousses lorsqu'on les applique sur les places innervées. Celles-ci sont également plus excitables que les extrémités par l'électricité : le curare et l'électrotonus, qui diminuent l'excitabilité musculaire, n'altèrent pas celle des extrémités.

On a fait toutes sortes d'objections contre la valeur de ces arguments. Nous ne connaissons jusqu'ici que deux différences essentielles entre les deux organes : 1° le muscle est contractile et le nerf ne l'est pas; 2° l'électrotonus, qui se montre sur le nerf, ne peut être constaté sur le muscle.

Le peu de différence qui existe entre les deux organes, même à ce point de vue, me fait croire qu'ils peuvent aussi se ressembler sous le rapport de l'excitabilité. Ceux qui combattent cette opinion sont obligés d'admettre une substance intermédiaire entre le nerf et le muscle, substance qui serait presque plus différente du nerf que le muscle lui-même.

8. Résumons ce que nous venons d'exposer. On peut affirmer tout d'abord que nous n'avons pas de preuve évidente de l'excitabilité propre (irritabilité) du muscle; mais nous n'avons pas non plus de preuve du contraire. Pour comprendre comment le nerf agit sur le muscle, il faut admettre que le muscle est irrité par le nerf : il ne s'en suit pas, eu égard à la ressemblance de ces deux organes, que le dernier ne puisse aussi être irrité par d'autres excitants (électriques, chimiques, mécaniques et thermiques).

La théorie exposée plus haut, sur la manière dont se produit l'irritation, nous a fait admettre un phénomène électrique. Nous avons donc supposé tacitement que le muscle pouvait être excité par l'électricité. Si on repousse cette supposition, il faudra dire que le mouvement moléculaire né dans le nerf est transmis au muscle, ce qui n'est pas une explication, mais bien une manière de renoncer à toute explication.

Notre hypothèse présente au contraire un avantage considérable, c'est qu'elle se rattache à un phénomène bien connu, l'oscillation négative du courant nerveux pendant l'état actif du nerf. Il est facile de comprendre que cette oscillation se transmet jusqu'à l'extrémité du nerf, et, en supposant qu'elle ait une force suffisante, elle pourra agir comme excitant sur le muscle.

Nous avons déjà vu précédemment qu'on doit supposer le nerf composé de séries de particules placées les unes derrière les autres, et dont chacune est maintenue dans une position fixe par ses forces propres et par celles des particules voisines qui agissent sur elle. Tout excitant qui agit sur le nerf déplace ces particules, et produit un ébranlement qui se propage, parce que le changement de position d'une particule détruit l'équilibre des particules voisines, et par conséquent les met aussi en mouvement.

L'oscillation négative est la conséquence de ce mouvement des particules nerveuses, car il a entraîné un arrangement nouveau des particules électriquement actives, et elles doivent par conséquent agir d'une façon différente.

Mais, puisque ce déplacement des particules nerveuses est capable de faire mouvoir l'aiguille aimantée reliée au nerf, il est clair que le courant électrique né dans ce nerf peut aussi bien agir sur le muscle, si celui-ci est sensible à des oscillations électriques. C'est l'hypothèse qui nous a servi de point de départ, et elle est très-admissible en présence des considérations que nous venons d'exposer.

Dans l'état actuel de la science, il est impossible de pousser plus avant l'explication des phénomènes de l'activité nerveuse et musculaire, et de remplacer nos idées, encore très-vagues, par des idées tout à fait précises.

CHAPITRE XII

1. Jusqu'ici nous avons exclusivement parlé des nerfs reliés aux muscles et dont l'activité provoque la contraction musculaire.

Nous avons cependant indiqué, à diverses reprises, l'existence d'autres espèces de nerfs. Mais l'étude de l'activité nerveuse exige l'emploi d'un réactif spécial, puisque le nerf lui-même ne montre aucune altération appréciable, lorsqu'il est en état d'activité. C'est ce qui nous a forcés à borner nos études aux nerfs musculaires ou *moteurs*, qui nous présentaient ce réactif dans le muscle. Ce qui nous reste à faire maintenant, c'est de rechercher si les faits que nous avons appris à connaître en examinant les nerfs moteurs, et si les conclusions que nous en avons tirées, sont applicables aux autres espèces de nerfs.

Outre les nerfs moteurs, nous pouvons d'abord considérer les nerfs agissant sur les fibres musculaires lisses des vaisseaux sanguins, qui rétrécissent les petits vaisseaux et régularisent ainsi la circulation du sang. On les appelle *nerfs vaso-moteurs*, ou nerfs rétrécisseurs des vaisseaux. Ces nerfs ne se distinguent en aucune façon des nerfs moteurs ordinaires.

Il en est autrement des nerfs *sécréteurs* ou glandulaires. Lorsqu'on les irrite, la glande dans laquelle ils aboutissent commence à sécréter. L'union de ces nerfs avec les glandes doit être, au point de vue physiologique, absolument analogue à celle qui existe entre les nerfs moteurs et les muscles. Lorsqu'on irrite ces derniers nerfs, les muscles qui s'y rattachent entrent aussitôt en activité ; l'irritation des nerfs glandulaires provoque de même l'activité des glandes dans lesquelles ils se terminent.

On ne s'étonnera pas que cette activité diffère de celle des muscles, puisque la structure de la glande est complétement différente de celle du muscle. Une glande ne peut pas se contracter comme un muscle ; lorsqu'elle est excitée, elle sécrète un liquide, et c'est là son véritable mode d'activité. Nous n'avons donc aucun motif pour admettre une différence entre ces diverses espèces de nerfs, puisque les différences de leurs appareils terminaux suffisent à expliquer complétement la différence des effets produits.

Mais il existe encore un autre groupe de nerfs, dont les effets sont bien plus difficiles à comprendre. A ce groupe appartiennent tous les nerfs des sens. Lorsqu'on les irrite, ils provoquent des sensations ; mais celles-ci sont très-diverses : sensations lumineuses, sensations auditives, etc. Ces nerfs peuvent, en outre, être excités d'une façon toute spéciale, les uns par des ondes lumineuses, les autres par des ondes sonores, d'autres encore par des rayons de chaleur, mais seulement lorsque ces influences agissent sur l'extrémité nerveuse. Rien ne prouve que ces nerfs soient semblables entre eux, ni semblables aux nerfs cités plus haut.

Il est encore plus difficile de comprendre l'action de ces autres nerfs que les physiologistes ont désignés sous la dénomination de *nerfs d'arrêt*. Le cœur, on le sait, bat continuellement pendant toute la vie. Mais il existe un nerf qui pénètre dans le cœur, et qui, lorsqu'on l'irrite, en arrête les battements ; ceux-ci recommencent dès qu'on cesse d'irriter le nerf. Ce fait remarquable fut découvert par Ed. Weber et nommé *arrêt*.

Mais comment se fait-il qu'un nerf en activité puisse forcer un muscle en mouvement à se mettre au repos?

2. Avant de chercher à résoudre cette question ainsi que les autres problèmes posés plus haut, il sera peut-être nécessaire de voir si ces nerfs, dont les effets diffèrent tant, ne présenteraient pas de caractères différentiels appréciables. Nous avons constaté tant de particularités spéciales aux nerfs, entre autres des phénomènes que l'on peut étudier indépendamment du muscle, que nous ne pouvons pas abandonner entièrement l'espoir de trouver aussi des différences entre les nerfs, si toutefois ces différences existent réellement. Mais si nous n'y réussissons pas, si les nerfs, examinés à tous les points de vue, nous paraissent tous présenter des caractères identiques, il nous sera bien permis de les considérer comme étant véritablement homologues en eux-mêmes, et de rechercher ailleurs l'explication de leur différence d'action.

Il est absolument impossible de découvrir la moindre différence entre les diverses espèces de nerfs. L'examen microscopique n'en laisse voir aucune, car la différence, qui a été signalée plus haut, entre les nerfs à gaine médullaire et les nerfs qui en sont dépourvus, n'a point d'importance pour la question qui nous occupe. On est forcé d'admettre que l'existence de la gaine médullaire n'a qu'une valeur tout à fait secondaire par rapport à l'activité nerveuse. En tous cas, l'existence ou l'absence de cette gaine ne coïncide pas avec les distinctions physiologiques des nerfs. On ne peut pas non plus attribuer une grande valeur aux très-petites différences que présentent les diamètres transversaux des diverses fibres nerveuses. L'expérimentation ne révèle pas non plus de différences : les nerfs se comportent tous de la même façon à l'égard des irritants, et les effets électromoteurs sont les mêmes chez tous. Nous pouvons renvoyer le lecteur aux chapitres précédents, pour tout ce qui regarde ces phénomènes, car ce que nous y avons exposé s'applique à toutes les espèces de fibres nerveuses.

Mais, si toutes les espèces de nerfs sont semblables, il ne reste plus d'autre ressource que d'expliquer la différence entre les

actes des nerfs par la différence des appareils qui les terminent. Nous avons déjà eu recours à ce moyen pour expliquer
les différences d'action des nerfs moteurs et des nerfs sécréteurs : voyons s'il nous permettra également d'expliquer l'action des autres nerfs.

3. Tandis que les appareils terminaux des nerfs moteurs et des
nerfs sécréteurs sont situés à la partie périphérique du corps,
ceux des nerfs sensitifs se trouvent placés, au contraire, dans
les organes centraux du système nerveux. Pour se manifester
au dehors, l'irritation produite dans un nerf moteur doit marcher vers la périphérie jusqu'à ce qu'elle rencontre un muscle :
au contraire, l'irritation provoquée dans un nerf sensitif doit
se propager vers le centre pour produire son effet. On désigne
donc les nerfs de la première espèce sous le nom de *centrifuges*,
et les autres sous le nom de *centripètes*.

Mais cette transmission opposée ne se rattache pas à une différence entre les fibres nerveuses : toute fibre irritée sur un
point quelconque de son parcours propage cette irritation
dans les deux sens, et, si cette propagation ne se traduit que
dans un seul sens, cela tient à la manière dont le nerf est uni à
l'appareil terminal (V. chap. VII, page 184).

Il a fallu nous occuper spécialement des appareils terminaux
des nerfs moteurs, c'est-à-dire des muscles, avant de pouvoir
étudier les phénomènes que présentent les fibres motrices. Il
sera donc également nécessaire d'examiner d'abord les organes
des centres nerveux pour arriver à connaître les effets des fibres
nerveuses sensitives.

Ainsi que nous l'avons déjà vu (chap. VI, § 1, page 91), outre
les fibres nerveuses, les organes centraux du système nerveux
contiennent des éléments cellulaires nommés *cellules ganglionnaires*, *cellules nerveuses* ou *globules ganglionnaires*. Ces cellules
ne sont pas toujours sphériques ; le plus souvent, elles présentent, au contraire, des formes irrégulières. Outre celles qui sont
représentées sur la figure 27 (page 92), et que l'on rencontre
çà et là sur le parcours des nerfs périphériques, on trouve
fort souvent, dans les organes centraux, des cellules analogues

à celles que représente la figure 68. Ces cellules possèdent d'ordinaire un grand nombre de prolongements (4, 6 et même 20) qui se divisent, se réunissent entre eux, et forment des réseaux. Beaucoup de ces cellules ont un prolongement qui se distingue des autres et devient une fibre nerveuse (un *prolongement nerveux*, V. fig. 68, 1*a* et 3*c*). Ces prolongements nerveux sortent

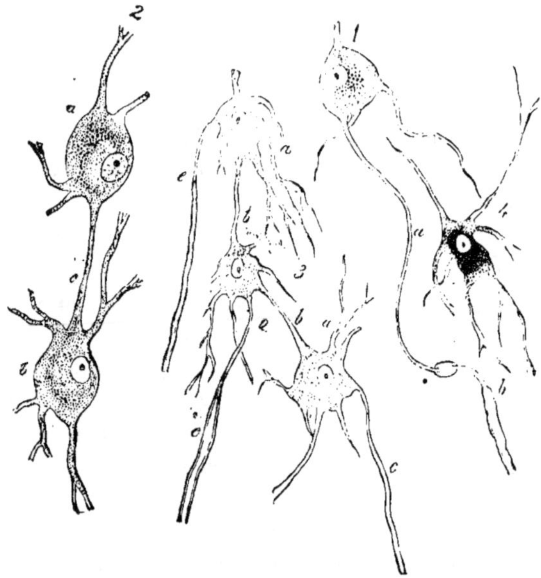

Fig. 68. — Cellules ganglionnaires du cerveau de l'homme. (1 Cellule ganglionnaire, dont l'un des prolongements *a* devient le cylindre-axe d'une fibre nerveuse *b*. 2 Deux cellules *a* et *b* communiquant entre elles. 3 Représentation schématique de trois cellules communiquant entre elles et se reliant chacune à une fibre nerveuse *c*. 4 Cellule ganglionnaire en partie remplie de pigment noir.

de l'organe central et constituent ensuite les nerfs périphériques.

Dans les organes centraux, ces divers prolongements forment un réseau extraordinairement difficile à démêler, et dans lequel on rencontre encore d'autres fibres qui ressemblent absolument aux fibres nerveuses périphériques. Il n'y a aucun motif sérieux pour attribuer à ces fibres des organes centraux d'autres propriétés qu'aux fibres nerveuses périphériques. Par conséquent, si on constate dans les organes centraux des phénomènes qui ne se produisent pas dans les fibres périphériques, il faut attribuer ces phénomènes à la présence des cellules ganglionnaires.

En effet, tous les organes qui possèdent des cellules ganglionnaires, — les organes centraux, aussi bien que les organes périphériques, où elles sont en plus petit nombre, — montrent une série de particularités qu'on doit attribuer à des cellules.

Comme nous ne pouvons étudier nulle part de cellules nerveuses isolées, puisqu'elles sont toujours unies aux fibres et mélangées avec elles, il faut examiner la manière d'agir de ces organes complexes comparativement à celles des fibres ordinaires, et attribuer aux cellules nerveuses tout ce qui ne peut être produit par les fibres.

Nous savons que les fibres nerveuses sont irritables, et qu'elles transmettent l'irritation jusqu'à un organe terminal auquel elles la communiquent. L'irritation ne peut pas se produire spontanément dans la fibre nerveuse : elle est toujours due à l'influence d'un irritant extérieur; de plus, elle est incapable de passer d'une fibre nerveuse à une autre, et reste toujours confinée dans la fibre irritée.

Ces lois cessent de s'appliquer dans les endroits où se trouvent des cellules nerveuses. Lorsqu'une fibre nerveuse, sortie du cerveau, de la moelle, ou d'un amas de cellules nerveuses périphériques, se rend directement dans un muscle, nous voyons naître dans ce muscle des excitations sans cause extérieure appréciable, et ces excitations agissent sur lui par l'intermédiaire du nerf. Ces excitations se produisent à des périodes fixes et sans intervention de la volonté, ou bien de temps en temps et sous l'influence de la volonté.

Lorsqu'il y a des cellules nerveuses dans un organe, les excitations transportées par une fibre nerveuse à l'organe central peuvent être transmises à d'autres fibres.

En troisième lieu, les excitations transportées par la fibre nerveuse à l'organe central, y donnent naissance à un phénomène particulier, que nous appelons sensation et connaissance.

Enfin, nous rencontrons en quatrième lieu le phénomène remarquable de l'arrêt nerveux, qui ne se montre jamais en dehors des organes renfermant des cellules nerveuses.

Il faut donc attribuer aux cellules les quatre propriétés suivantes, qui manquent absolument aux fibres :

1° *L'excitation peut naître spontanément dans la cellule nerveuse, c'est-à-dire sans l'intervention d'une cause extérieure ;*

2° *Les cellules peuvent transmettre l'irritation d'une fibre nerveuse à une autre ;*

3° *Elles peuvent percevoir une excitation transmise et la transformer en sensation ;*

4° *Elles sont capables de supprimer une excitation existante.*

4. Entendons-nous bien. Nous ne voulons pas dire que toutes les cellules ganglionnaires possèdent en même temps toutes ces propriétés; au contraire, chaque cellule nerveuse n'en possède qu'une. Il faut même admettre des distinctions encore plus délicates: il faut croire, par exemple, que les cellules nerveuses sensitives diffèrent toutes les unes des autres, et que chacune d'elles n'est accessible qu'à une espèce déterminée de sensation.

Cette conception des phénomènes nerveux n'est point une simple hypothèse ; elle repose sur des faits très-certains. Les sensations ne se perçoivent que dans le cerveau, et, si l'on enlève certaines parties du cerveau, ou si ces parties deviennent malades, certaines perceptions sont abolies, tandis que les autres restent intactes. Lorsqu'on enlève la totalité du cerveau, les cellules nerveuses de la moelle suffisent pour transmettre l'irritation d'une fibre nerveuse à une autre, et cela de la façon la plus complète.

Il existe, en outre, dans le cerveau des régions particulières capables de produire des excitations, et quelques amas de cellules nerveuses, situés en dehors des véritables organes nerveux centraux, possèdent la même propriété. Toutes les cellules d'une région qui possède des propriétés particulières présentent souvent des formes identiques, tandis qu'elles diffèrent beaucoup des cellules d'une autre région qui manifeste

des propriétés différentes. Cependant on n'est pas encore parvenu à constater des différences de forme assez caractéristiques,
ni des relations assez précises entre la forme et les fonctions
des cellules, pour que l'examen d'une cellule indique sa fonction avec certitude. On est donc réduit à chercher, par des vivi-
sections sur les animaux, ou par l'expérience acquise au lit du
malade, quelles sont les fonctions exercées par les cellules d'une
région déterminée.

Il ne faut pas s'étonner que ce problème ne soit pas encore
complétement résolu, car la structure du cerveau est si compliquée qu'on n'a pas encore pu l'étudier dans tous ses détails.

Nous ne voulons pas exposer, dans cet ouvrage, la physiologie des différentes parties du système nerveux, mais étudier
seulement les propriétés générales des éléments qui le composent. Nous éviterons donc d'entrer dans les détails des phénomènes. Il nous suffira de préciser quelles sont les fonctions
générales des cellules nerveuses, et de faire ressortir surtout
ce fait, que chaque cellule nerveuse en particulier n'est sans
doute destinée qu'à exercer une seule de ces fonctions. Nous
allons, encore une fois, examiner ces fonctions isolément, et
mettre en évidence les faits qui nous serviront plus tard de
preuves.

5. L'irritation spontanée peut naître sous l'influence de la
volonté ou en dehors de cette influence.

Nous pouvons toujours contracter volontairement nos muscles, non pas tous il est vrai, car un grand nombre d'entre eux,
surtout les muscles à fibres lisses, n'obéissent pas à la volonté
mais à d'autres excitants. Parfois cependant, l'absence de contraction volontaire de certains muscles s'explique par un manque d'exercice : certaines personnes savent, en effet, mouvoir
volontairement le cuir chevelu ou la conque de l'oreille, ce que
les autres ne peuvent pas faire, ou ne peuvent faire que d'une
manière imparfaite. C'est encore au moyen de l'exercice que la
volonté parvient à produire des contractions limitées à certains
muscles ou à certaines parties de muscles. Il est, par exemple,
très-difficile aux pianistes débutants de mouvoir certains doigts

indépendamment des autres; mais ils y parviennent par un exercice suffisamment prolongé.

Lorsqu'une contraction musculaire voulue est accompagnée d'une contraction involontaire, on appelle celle-ci *mouvement concomitant*. Ces mouvements sont parfois pathologiques. Ainsi, lorsque les bègues veulent parler, ils éprouvent des spasmes aux muscles de la face et même à ceux des bras. On a observé aussi, dans certains cas de paralysies produites par des hémorrhagies cérébrales, que les mouvements des membres, incapables de s'exécuter sous l'influence de la volonté, se produisaient involontairement comme mouvement concomitant. Un grand nombre de mouvements de ce genre s'exécutent sans cesse dans l'organisme: ainsi, lorsque l'œil est dirigé en dedans, la pupille se contracte toujours, et il y a en même temps contraction du muscle de l'accommodation, qui donne à l'œil la faculté de voir de près.

On a voulu considérer ces mouvements concomitants comme des cas de transport d'irritation d'une fibre nerveuse à d'autres; mais c'est à tort, selon moi. Rien ne prouve, en effet, que l'irritation se soit produite dans une fibre et qu'elle ait été communiquée plus tard à d'autres; il est plus simple d'admettre que la volonté a excité à la fois plusieurs fibres, soit parce que l'irritation isolée de chacune de ces fibres est rendue impossible, par une disposition anatomique particulière, soit parce que, faute d'exercice ou par maladresse, la volonté ne peut séparer son influence sur chacune de ces fibres.

La physiologie est incapable d'expliquer comment l'irritation volontaire des fibres nerveuses prend naissance dans les cellules. Nous ne voulons pas non plus examiner s'il existe, en réalité, une irritation volontaire proprement dite, c'est-à-dire si aucune excitation extérieure n'agit sur le cerveau et si celui-ci s'excite de lui-même.

Dans bien des cas, sans doute, des actes considérés comme volontaires peuvent être ramenés à des influences extérieures par une meilleure analyse des phénomènes. Mais nous ne connaissons pas le processus physiologique qui produit dans les cellules nerveuses, par des influences extérieures ou autrement, l'excitation transmise ensuite au muscle par l'intermédiaire de la fibre nerveuse.

L'hypothèse d'un mouvement moléculaire des particules matérielles de la cellule nerveuse n'expliquerait rien. Admettre cette hypothèse, c'est simplement exprimer la conviction que l'on n'a pas affaire à un phénomène surnaturel, mais à un phénomène physique, analogue au processus de l'excitation dans les nerfs périphériques.

Les mouvements involontaires se produisent parfois irrégulièrement, sous forme de secousses ou de spasmes, et parfois régulièrement, comme les mouvements de la respiration ou du cœur, la contraction des muscles, des vaisseaux ou du tube digestif, etc. Ces mouvements réguliers, qui se manifestent d'une façon plus ou moins égale pendant toute la vie et qui ont une importance très-grande pour le fonctionnement normal de l'organisme, ont été examinés avec le plus grand soin. On les désigne sous le nom de *mouvements automatiques*, c'est-à-dire qu'on les considère comme des mouvements produits en dehors de la volonté, et en apparence sans cause. Malgré cela, on a réussi, justement dans ces cas, à découvrir et jusqu'à un certain point à spécifier les causes qui produisent l'irritation des cellules nerveuses de ces organes.

On peut diviser les mouvements automatiques, d'abord en *mouvements rhythmiques*, pendant lesquels la contraction et la détente du muscle se succèdent d'une façon régulière (mouvements respiratoires, mouvements du cœur), puis en *mouvements toniques*, pendant lesquels la contraction dure plus longtemps, quoique son intensité varie (contraction des muscles vasculaires et de l'iris), enfin, en *mouvements irréguliers* (mouvements péristaltiques des intestins).

Les notions que l'on possède sur les mouvements automatiques ont été fournies surtout par l'examen des mouvements de la respiration ; mais les résultats obtenus peuvent parfaitement s'appliquer aux autres mouvements de ce genre. Il suffira donc de parler des mouvements respiratoires.

Les mouvements respiratoires commencent immédiatement après la naissance, et persistent ensuite pendant toute la durée de l'existence. Ils sont nécessaires au maintien de la vie des animaux supérieurs (mammifères et oiseaux), car, sans eux, le sang de l'animal ne recevrait point assez d'oxygène pour entretenir toutes les fonctions vitales. Réciproquement, si l'organe d'où part l'excitation des muscles respiratoires n'est pas assez nourri ou souffre d'une manière quelconque, les mouvements respiratoires s'arrêtent et la vie est menacée.

Cet organe est placé dans la moelle allongée, sur le plancher du quatrième ventricule ; il consiste en un amas de cellules nerveuses, où se produit l'excitation qui est ensuite transmise aux muscles respiratoires par l'intermédiaire des nerfs. On l'appelle *centre respiratoire*, ou encore *nœud vital*, à cause de son importance pour la vie. C'est l'endroit où le tauréador doit habilement enfoncer son poignard pour abattre d'un coup le taureau rendu furieux par le combat ; c'est aussi l'endroit qui, écrasé, dans une chute, entre la première et la seconde vertèbre cervicale, amène instantanément la mort : d'où l'expression se casser le cou. Quelle est la cause de l'activité permanente des cellules de ce centre nerveux ? On a prouvé qu'elle réside dans la composition du sang. Lorsque le sang est complètement saturé d'oxygène, le nœud vital suspend son activité [1] ; lorsque le sang est, au contraire, peu chargé d'oxygène, les mouvements respiratoires deviennent plus forts.

Les cellules nerveuses du nœud vital sont donc loin de puiser leur force en elles-mêmes et en dehors des influences exté-

---

1. On peut faire sur soi-même une expérience qui prouve l'exactitude de ce fait. Que l'on observe pendant quelque temps ses propres mouvements respiratoires, et que l'on note leur profondeur et leur fréquence. Si l'on fait alors huit à dix respirations bien profondes et bien lentes, on introduit ainsi beaucoup plus d'air dans les poumons que par des inspirations ordinaires, et le sang peut par conséquent se saturer complètement d'oxygène. Si l'on vient alors à cesser ces respirations volontaires, on constatera que 20 secondes et plus s'écouleront avant une nouvelle inspiration : cet intervalle représente le temps que dure la réserve d'oxygène inspirée en excès. Alors les inspirations recommenceront, très-faibles d'abord, puis de plus en plus fortes, jusqu'à ce que la respiration normale soit enfin rétablie.

rieures : ce sont, au contraire, des causes externes qui les stimulent. Mais elles sont bien plus sensibles que les fibres nerveuses, de sorte que de petites modifications dans la composition des gaz dissous dans le sang suffisent pour les impressionner. Les autres cellules nerveuses automatiques se comportent absolument de même que les cellules du nœud vital. Ces cellules présentent cependant quelques petites différences de sensibilité, car les unes sont excitées par la quantité ordinaire d'oxygène contenue dans le sang, tandis que d'autres le sont par une proportion moindre, qui se présente quelquefois pendant la vie.

Nous serions entraînés trop loin, si nous voulions suivre sur d'autres organes d'activité automatique les phénomènes que nous venons d'exposer. Il nous suffira de dire que les mouvements du cœur sont probablement produits par une cause analogue; mais nous ne possédons pas encore la preuve expérimentale de ce fait. La cause des mouvements de l'intestin n'est pas aussi difficile à découvrir. En tout cas, les principes que nous avons établis pour les cellules nerveuses du centre respiratoire peuvent s'appliquer également à tous les autres centres nerveux automatiques [1].

6. C'est sur les *réflexes* que l'on peut le mieux observer la transmission de l'excitation d'une fibre nerveuse à l'autre, par l'entremise des cellules nerveuses. Qu'est-ce qu'un réflexe?

Lorsqu'on excite une fibre sensitive, c'est-à-dire centripète, elle transporte son excitation jusqu'aux cellules nerveuses ; celles-ci peuvent alors la transmettre à une fibre centrifuge, qui la réfléchit à peu près comme un rayon lumineux est réfléchi par un miroir, et la ramène à un autre endroit de la périphérie, où elle se manifeste. C'est cette transmission de l'excitation d'une fibre centripète à une fibre centrifuge qui constitue le réflexe. Ce réflexe peut se produire sur une fibre motrice, et on appelle *mouvement réflexe*, le mouvement qui en résulte; il

1. Je renvoie le lecteur qui voudrait avoir des notions plus précises sur ce sujet à mon ouvrage intitulé : *Remarques sur l'activité des centres nerveux automatiques et en particulier sur les mouvements respiratoires.* Erlangen, 1875.

peut aussi se produire sur une fibre sécrétoire ou sur une fibre
d'arrêt. Je citerai comme exemples de mouvements réflexes :
la fermeture des paupières lorsque les fibres nerveuses sensitives de l'œil sont irritées, l'éternuement qui suit l'excitation de
la membrane pituitaire, la toux produite par l'irritation de la
muqueuse des organes respiratoires. Les mouvements réflexes
peuvent naître partout où des fibres nerveuses sensitives sont en
relation avec des fibres motrices par l'intermédiaire de cellules
nerveuses. Quand on décapite un animal et qu'on lui pince un
orteil, la jambe est fléchie et éprouve des secousses. Dans ce
cas, le mouvement réflexe est produit par les cellules nerveuses
de la moelle épinière, et l'ablation du cerveau favorise cette
expérience, parce que les mouvements volontaires ne peuvent
plus intervenir.

Il est incontestable que les cellules nerveuses jouent un rôle
dans ce phénomène, et qu'il ne s'agit pas simplement d'une
transmission immédiate de l'excitation d'une fibre sensitive à
une fibre motrice située à côté de celle-ci. En effet, cette transmission ne s'opère qu'aux points où il existe des cellules nerveuses. Une autre circonstance qui milite en faveur de l'intervention des cellules, c'est que le phénomène de la transmission
du réflexe exige un temps très-sensible et beaucoup plus long
que le temps nécessaire au transport de l'irritation dans les
fibres. Nos connaissances actuelles sur la structure des organes
nerveux centraux démontrent que nulle part les fibres nerveuses sensitives et les fibres motrices ne sont en contact immédiat ; il existe seulement entre ces deux ordres de fibres
un contact médial, et ce contact a lieu par l'intermédiaire
des cellules nerveuses. C'est ainsi que devient possible le transport de l'excitation d'une fibre sensitive à une fibre motrice
à travers une cellule nerveuse. La communication des cellules nerveuses entre elles nous permet aussi de comprendre
comment l'irritation d'une fibre sensitive quelconque peut être
transmise à une fibre motrice quelconque ; cette irritation passe
en effet de cellule en cellule, et peut être renvoyée dans une
fibre motrice par chacune de ces cellules. Mais le temps écoulé

pendant la production du réflexe nous autorise à penser que de grands obstacles s'opposent à cette transmission de cellule à cellule. Les obstacles croissent nécessairement avec le nombre de cellules que le réflexe doit parcourir; c'est pour ce motif que la transmission de l'excitation, d'une fibre sensitive déterminée à d'autres fibres motrices déterminées, devient plus ou moins difficile suivant qu'il y a un plus ou moins grand nombre de cellules situées entre les deux fibres.

Toutes ces considérations s'accordent fort bien avec les faits observés expérimentalement. Ces faits nous expliquent aussi pourquoi certaines influences facilitent le transport du réflexe, et surtout rendent possible le passage de l'excitation dans des fibres motrices très-éloignées. L'influence la plus remarquable sous ce rapport est l'empoisonnement par la strychnine. La transmission du réflexe est facilitée à un tel degré par cet empoisonnement, que le moindre contact sur un point quelconque de la peau, et même le léger ébranlement produit par un courant d'air, suffit pour mettre tous les muscles du corps en état de tétanos réflexe.

Puisque l'irritation d'une seule fibre sensitive, transportée au centre nerveux, y engendre une sensation perçue, il en résulte évidemment que la transmission de cette irritation aux diverses cellules du centre produit les mêmes effets que lorsqu'un certain nombre d'irritations, propagées par diverses fibres, arrivent en même temps à ce centre. Ce phénomène n'a lieu cependant que dans les cas d'excitations puissantes ; il a reçu le nom de *perception simultanée*. Dans ce cas, en effet, outre l'irritation communiquée immédiatement à la cellule en contact avec la fibre, on perçoit l'expansion de cette irritation à d'autres cellules nerveuses. On désigne encore ce phénomène sous le nom d'*irradiation* de l'irritation sensitive, parce que cette irritation semble s'étendre, du point immédiatement touché, jusqu'aux confins d'une sphère déterminée.

7. Ce phénomène paraîtra encore plus clair, si l'on recherche d'abord la manière dont se produisent les sensations perçues et les circonstances qui se rattachent à cette perception.

Pour que la perception des sensations se produise, il paraît absolument indispensable que l'excitation arrive jusqu'au cerveau. Il est très-douteux, et encore moins prouvé, qu'une autre partie de l'encéphale, et surtout que la moelle puisse percevoir des sensations [1]. Lorsque les irritations parviennent au cerveau, il ne s'y produit pas seulement des sensations, mais encore des perceptions précises sur l'espèce d'irritation, sur sa cause, et sur le point où elle a été pratiquée. Quelquefois cependant ces phénomènes n'ont pas lieu, et l'excitation passe inaperçue. C'est ce qui arrive, par exemple, pendant le sommeil, ou lorsque notre attention est fortement appliquée autre part. Bien que n'étant pas perçue, l'irritation peut alors produire un mouvement réflexe. Il est prouvé aussi que la naissance de certaines idées est due à l'activité des cellules nerveuses ; ce sont spécialement les cellules grises de la couche corticale du cerveau qui possèdent ce genre d'activité.

Mais on ne peut pas donner la moindre explication sur la manière dont se forme cette perception. Il est possible qu'il y ait production de phénomènes moléculaires dans l'intérieur des cellules nerveuses ; mais ces phénomènes ne peuvent être que des mouvements. Or, nous pouvons bien comprendre com-

---

1. Il y eut pendant longtemps une polémique au sujet d'une prétendue âme de la moelle, c'est-à-dire sur la question de savoir si les cellules nerveuses de la moelle étaient capables de percevoir, plus ou moins clairement : cette question est aujourd'hui abandonnée. D'après ma conviction, la manière dont elle avait été posée n'était pas du tout scientifique, puisqu'elle ne pouvait, en aucune façon, être résolue par les moyens d'investigation placés à notre portée. Notre intelligence nous renseigne bien, il est vrai, sur nos propres perceptions et sur nos propres idées, et le langage nous fait connaître les perceptions et les idées des autres hommes. Mais, là où le langage fait défaut, il y a toujours incertitude : c'est ce qui arrive, par exemple, lorsqu'on veut juger des sensations des autres personnes d'après leurs gestes. Il est encore bien plus difficile de juger des mouvements d'un animal décapité : nous ne devons donc pas nous étonner si, d'un même fait, deux observateurs tirent des conclusions entièrement différentes, l'un déclarant par exemple que ces mouvements sont de simples réflexes, et l'autre affirmant que ces mêmes mouvements, produits dans les mêmes circonstances, ne peuvent s'expliquer que par des sensations perçues et des idées. Le jugement est naturellement d'autant plus difficile à porter que l'animal soumis à l'expérience possède une organisation moins développée.

ment des mouvements engendrent d'autres mouvements, mais nous ne savons pas du tout comment ces mouvements pourraient produire une perception [1].

Les excitations transmises au cerveau par des nerfs sensitifs différents n'agissent pas de la même manière sur cet organe, et les perceptions qu'elles font naître diffèrent également entre elles. C'est pour cela qu'on ne confond point les différentes perceptions sensorielles : nous distinguons même, pour chaque espèce de sens, des sensations secondaires (des sous-espèces) comme les couleurs parmi les sensations lumineuses, le ton parmi les sensations sonores, etc. Mais, comme les fibres nerveuses qui transportent ces diverses sensations ne diffèrent pas entre elles, il faut chercher dans les cellules nerveuses la cause des différences de ces sensations.

Nous avons admis déjà que les cellules nerveuses motrices diffèrent des cellules nerveuses sensitives : nous admettrons également que, parmi ces dernières, il y en a un certain nombre dont l'irritation produit toujours une sensation de lumière, d'autres dont l'irritation a pour conséquence une perception sonore, d'autres enfin dont l'irritation amène toujours une sensation gustative, etc., etc. Cette hypothèse est d'ailleurs parfaitement d'accord avec l'expérience. Celle-ci montre en effet que la cause extérieure irritant une fibre nerveuse n'a aucun rapport avec la sensation produite, mais que l'excitation d'une fibre particulière a toujours pour résultat une sensation spéciale. C'est ainsi qu'en irritant le nerf optique, mécaniquement ou électriquement, nous obtenons toujours une sensation visuelle : l'irritation mécanique ou électrique du nerf auditif provoque toujours une sensation auditive; l'irritation électrique du nerf du goût produit les mêmes sensations gustatives que le contact

1. Du Bois-Reymond a traité amplement ce sujet dans un discours prononcé au congrès des naturalistes allemands, à Leipzig, et intitulé : *Sur les bornes de la philosophie naturelle*. Quelques nouveaux *philosophes de la nature* semblent vouloir résoudre cette question (ou plutôt la tourner) en attribuant, avec Schopenhauer, la sensibilité et la perception à toutes les molécules : il ne semble pas que l'on ait gagné beaucoup en adoptant cette hypothèse. (Voyez la *Revue scientifique* du 10 octobre 1874.)

des substances sapides. Il peut même arriver que la cause excitante soit située dans le cerveau, et qu'elle irrite directement les cellules nerveuses : les sensations produites dans ce cas ne diffèrent en rien des sensations provoquées par l'intermédiaire des nerfs. C'est ainsi que naissent les *sensations subjectives*, les hallucinations, etc., dont la genèse peut être rattachée à une altération dans la composition du sang, ou à une sensibilité exagérée des cellules nerveuses.

En quelque lieu que naisse l'irritation, soit dans la cellule nerveuse même, soit en un point quelconque du parcours d'un nerf, la conscience qui la perçoit rapporte toujours la sensation à une cause agissant extérieurement. Si l'on comprime le nerf optique, on croit apercevoir de la lumière au dehors; si l'on irrite un nerf sensitif en un point de son parcours (par exemple le nerf qui passe dans la gouttière du cubitus près de l'articulation du coude), on éprouve une sensation dans les filaments terminaux du nerf qui se répandent sous la peau : dans l'exemple choisi, c'est aux deux derniers doigts et au bord externe de la paume de la main. La sensation perçue est donc toujours rapportée par notre sensorium à l'extérieur, c'est-à-dire au point où se trouve habituellement la cause de l'excitation.

Cette prétendue loi des *perceptions excentriques* trouve une explication toute naturelle quand on admet que l'habitude seule nous a enseigné à connaître le point sur lequel se produit l'impression [1].

On conçoit facilement que ce fait résulte des propriétés reconnues aux cellules nerveuses. En effet, lorsqu'une cellule nerveuse est irritée, cette irritation produit toujours la même impression et la même sensation. Le muscle ne se comporte pas autrement que l'excitation lui vienne d'un point rapproché ou d'un point éloigné du nerf, qu'elle soit mécanique, électrique ou volontaire : pourquoi donc les phénomènes qui se passent dans les cellules nerveuses ne seraient-ils pas, eux aussi, indé-

---

1. On trouvera plus de détails sur ce sujet, qui ne peut nous arrêter ici, dans l'ouvrage de Bernstein intitulé : *Les Sens.* Bibliothèque scientifique internationale, t. XVI.

pendants du lieu où l'excitation s'exerce et de la nature de celle-
ci? Lorsque les circonstances dans lesquelles se produit l'excitation diffèrent des circonstances habituelles, il en résulte ce que
l'on a nommé une *aberration des sens*, c'est-à-dire un faux jugement fondé sur une perception très-nette et très-exacte.

8. La dernière des propriétés que nous avons attribuées aux
cellules nerveuses, c'est-à-dire le pouvoir d'arrêter un mouvement, est encore bien imparfaitement expliquée. Ce fait de
l'arrêt est connu surtout dans les mouvements automatiques;
mais il existe aussi un arrêt des réflexes, car l'influence du cerveau peut entraver leur production. Nous rattacherons surtout
nos développements sur les effets des nerfs d'arrêt aux mouvements automatiques de la respiration, qui sont mieux connus
que les autres.

On a vu (p. 231) comment les mouvements respiratoires se
produisent sous l'influence d'une irritation des cellules nerveuses
du centre respiratoire. Mais malgré l'existence de toutes les
conditions nécessaires à leur marche, on peut arrêter ces mouvements, lorsqu'on irrite certaines fibres nerveuses reliant la
muqueuse respiratoire à ce même centre respiratoire.

On ne sait pas si les nerfs d'arrêt du cœur se rendent dans
les muscles de cet organe ou dans les cellules nerveuses que
renferment ces muscles. Pour les nerfs respiratoires, ce doute
est impossible à cause de leurs rapports anatomiques. On eût
donc pu attribuer aux nerfs du cœur la faculté de rendre, d'une
façon ou d'une autre, les muscles incapables de se contracter;
mais on ne pouvait reconnaître la même faculté aux nerfs
d'arrêt de la respiration, puisque ceux-ci n'ont aucune relation
avec les muscles respiratoires.

Il n'y a donc qu'une explication possible, c'est que les nerfs
d'arrêt agissent sur les cellules nerveuses dans lesquelles se produit l'excitation, soit en empêchant absolument cette excitation de
naître, soit en l'empêchant d'arriver aux cellules motrices corréla-
tives. On s'est arrêté généralement à cette dernière hypothèse.

Il est fort à croire que les cellules ganglionnaires produisant
le mouvement automatique ne sont pas en relation directe avec

les fibres nerveuses dont on vient de parler, mais qu'il existe, entre deux, des appareils conducteurs intermédiaires présentant une résistance considérable. On peut expliquer ainsi l'existence des mouvements rhythmiques, et en même temps la production de l'arrêt. Ce dernier serait dû à une augmentation considérable de la résistance, qui suspendrait tout mouvement respiratoire pour un temps plus ou moins long [1].

On connaît des nerfs d'arrêt dans presque tous les appareils automatiques, et l'explication que nous venons de donner peut s'appliquer à tous ces nerfs. On peut encore l'étendre à l'arrêt des réflexes, car, dans ce cas aussi, la transmission de l'irritation d'une fibre sensitive à une fibre motrice doit rencontrer de grands obstacles ; l'accroissement de ces obstacles peut donc rendre cette transmission impossible, et empêcher, par conséquent, la production de réflexes. Mais nos connaissances sur ce sujet sont encore trop incomplètes pour que nous puissions, dès maintenant, nous prononcer avec certitude.

Je me bornerai à faire remarquer que le phénomène contraire semble aussi se produire quelquefois, c'est-à-dire que le passage de l'irritation d'une cellule nerveuse aux fibres nerveuses périphériques est facilité dans certaines circonstances.

Il arrive quelquefois aussi qu'une irritation continue et égale de parties nerveuses contenant des cellules produit, non pas une contraction tétanique continue, mais des mouvements rhythmiques ou irréguliers. Ces phénomènes doivent être interprétés de la même façon que l'activité rhythmique et automatique habituelle. L'irritation continue qui traverse les cellules nerveuses est modifiée par la résistance que celles-ci lui opposent, et se transforme en mouvement rhythmique. Au contraire, le muscle et le nerf sont unis directement : voilà pourquoi le muscle répond à l'excitation continue du nerf par une contraction continue et de force égale.

9. Il résulte de toutes ces explications que les fibres nerveuses sont semblables entre elles, et que leurs différents modes d'ac-

1. Voyez mon ouvrage, déjà cité plus haut, *Sur les centres nerveux automatiques.*

tivité dépendent de leur union avec des cellules nerveuses différentes.

Cette manière de voir la question semble en contradiction avec ce fait que chaque espèce de nerfs sensoriels est excitée par des influences tout à fait différentes, le nerf de la vision par la lumière seulement, le nerf auditif par le son seulement, etc. Ce serait néanmoins une erreur d'en conclure que le nerf de la vision diffère du nerf auditif; car, si on examine plus attentivement les phénomènes, on verra que le nerf optique n'est pas du tout irrité par la lumière. Nous pouvons, en effet, faire tomber sur ce nerf, sans l'irriter, les rayons lumineux les plus intenses. Ce n'est pas le nerf qui est sensible à la lumière, mais un appareil terminal placé dans la rétine et en contact avec le nerf optique.

La même observation peut s'appliquer à tous les autres nerfs sensoriels : chacun de ces nerfs présente, à son extrémité périphérique, un *appareil de réception*, susceptible d'être irrité par des influences spéciales, et qui transmet l'irritation au nerf. La différence de structure de ces appareils détermine la nature des influences qui peuvent les irriter.

Une fois produite dans le nerf, l'excitation est toujours la même. Si elle éveille en nous des sensations diverses, cela tient uniquement aux propriétés des cellules dans lesquelles le nerf se termine. Supposons que les nerfs optique et acoustique d'un homme soient coupés, que le bout périphérique du nerf acoustique soit relié au bout central du nerf optique, et que, réciproquement, le bout périphérique du nerf optique soit relié au bout central du nerf acoustique : les sons d'un orchestre provoqueront chez cet homme des sensations de lumière ou de couleur, et la vue d'un tableau richement coloré fera naître à son tour des sensations auditives. Les sensations éprouvées à la suite d'impressions extérieures ne dépendent donc pas de la nature de ces impressions, mais de la nature de nos cellules nerveuses. Nous ne sentons pas ce qui agit sur notre corps, mais seulement ce qui se passe dans notre cerveau.

On pourrait s'étonner, de prime abord, en voyant nos sensations et les phénomènes extérieurs qui les éveillent concorder si admirablement entre eux : la lumière, par exemple, provoquer toujours des sensations lumineuses, et le son toujours des sensations auditives. Mais cette concordance n'existe pas du tout : elle n'est qu'une apparence fondée sur l'emploi d'une même expression pour désigner deux phénomènes qui sont, en réalité, fort différents. Le phénomène de la sensation visuelle n'a rien de commun avec le phénomène physique des vibrations de l'éther qui l'éveillent, car ces mêmes vibrations de l'éther provoquent une toute autre sensation lorsqu'elles frappent notre peau, à savoir la sensation de chaleur. Les vibrations d'un diapason peuvent irriter nos nerfs cutanés, et alors nous les sentons ; elles peuvent irriter le nerf auditif, et nous les entendons ; dans certaines circonstances, nous pouvons aussi les voir. Mais les vibrations du diapason restent toujours les mêmes, et n'ont rien de commun avec les diverses sensations qu'elles provoquent. On désigne le phénomène physique des vibrations de l'éther, tantôt sous le nom de lumière, tantôt sous celui de chaleur ; mais une étude approfondie de la physique nous apprend que c'est un seul et même phénomène.

La division des phénomènes physiques en son, lumière, chaleur, etc., est irrationnelle, car elle repose sur une base accidentelle : la manière dont ces phénomènes font naître chez les hommes des sensations diverses. La division physique se fonde au contraire sur des bases réellement différentes, lorsqu'il s'agit des phénomènes électriques et magnétiques. L'étude scientifique des phénomènes physiques et l'étude physiologique des phénomènes sensoriels ont également démontré cette erreur, d'autant plus fortement enracinée qu'on se sert des mêmes mots pour désigner ces phénomènes si divers, et qu'on en a ainsi rendu la distinction difficile.

Mais le langage n'est que l'expression des idées humaines sur la nature des choses. Or, l'idée de la dépendance mutuelle de la lumière et de la vision, du son et de l'audition, etc., était considérée, jusqu'à ces derniers temps, comme une vérité inébranlable. Goëthe l'a exprimé dans les vers suivants [1] :

1. Zahme Xenien. Édit. de Cotta en 30 vol. III. 70.

> Si l'œil n'avait pas quelque chose d'analogue au soleil,
> Il ne pourrait jamais apercevoir cet astre ;
> Si nous ne possédions pas la force propre à Dieu,
> Comment pourrions-nous nous enthousiasmer pour les choses divines ?

Platon s'exprime d'une façon analogue dans son dialogue du Timée. Aristote, par contre, possédait des idées très-justes à cet égard. Mais c'est seulement depuis les remarquables recherches de Jean Müller que ces idées ont été démontrées par la science et mises d'accord avec les faits, et qu'elles sont ainsi devenues les bases fondamentales de la physiologie des sens et de la psychologie.

La doctrine des *stimulants adéquats* dérive de la même erreur. On admettait, dans cette doctrine, l'existence d'un stimulant adéquat à chaque nerf sensoriel, c'est-à-dire d'un stimulant qui produisait une irritation particulière à chaque espèce de nerf et qui était seul en état de l'irriter. On sait que cette opinion est fausse ; mais on peut cependant conserver l'expression ci-dessus pour désigner les irritants qui impressionnent particulièrement les organes terminaux de chaque nerf.

Nous pouvons aussi éliminer les *énergies spécifiques* des nerfs sensoriels, si, par cette expression, on veut désigner des propriétés particulières des nerfs. Par contre, nous sommes obligés d'admettre des énergies spécifiques pour les diverses cellules qui produisent les sensations. Ces énergies sont seules capables de nous procurer des sensations diverses. Si toutes les cellules nerveuses sensitives étaient identiques, le monde extérieur éveillerait, sans aucun doute, des sensations ; mais elles seraient toutes de même nature, et l'on ne pourrait guère apercevoir en elles d'autre différence que celle de leur intensité.

Il existe peut-être des animaux ne possédant que des sensations de ce genre, parce que toutes leurs cellules nerveuses sont encore identiques et non différenciées. Ces animaux pourront bien concevoir un monde extérieur relativement à leur corps, et avoir par suite conscience de leur propre existence ; mais ils ne parviendront pas à la connaissance des phénomènes de ce monde extérieur.

La connaissance de ces derniers phénomènes est surtout développée en nous par la comparaison des impressions différentes que nous procurent les divers organes sensoriels. Un corps se présente à notre œil avec une certaine étendue, nuancé de certaines couleurs, etc. Nous pouvons, en le tâtant, acquérir une idée de son volume. Lorsqu'il est hors de la portée de nos mains, nous pouvons, en nous en approchant, constater que sa grandeur apparente s'accroît par le rapprochement.

Ces observations, et mille autres que nous faisons dès notre plus tendre jeunesse, nous amènent, peu à peu, à nous créer au moyen d'un petit nombre de sensations une idée de la constitution des corps. Sans nous en apercevoir, nous faisons intervenir une foule de conclusions précédemment acquises, de sorte que ce qui nous paraît une sensation immédiate n'est que la conséquence de diverses sensations antérieures et d'une espèce d'addition de toutes les conclusions que nous en avons tirées.

Nous croyons, par exemple, voir un homme à une certaine distance : en réalité, nous ne voyons que l'image d'un homme occupant une certaine étendue sur notre rétine. Nous connaissons la grandeur moyenne d'un homme; nous savons aussi que cette grandeur apparente diminue par l'éloignement; nous sentons, en outre, le degré de contraction des muscles optiques qui servent à diriger les axes oculaires sur l'objet et à produire l'adaptation nécessaire pour voir à la distance voulue. Notre jugement se base sur tous ces faits, et nous le prenons à tort pour une sensation immédiate.

10. Nous avons déjà exposé précédemment (chap. III, pag. 45, et chap. VI, pag. 96) les méthodes au moyen desquelles Helmholtz a mesuré le temps nécessaire à la contraction musculaire et à la transmission de l'irritation dans les nerfs moteurs. Helmholtz et d'autres après lui ont calculé, d'après les mêmes méthodes, le temps qu'il fallait à la transmission de l'excitation dans les nerfs sensitifs; ils ont trouvé une vitesse de 30 mètres par seconde, c'est-à-dire à peu près égale à celle de la transmission dans les nerfs moteurs de l'homme.

On est encore allé plus loin; on a mesuré le temps nécessaire pour qu'une irritation transmise au cerveau y soit perçue.

Cette mesure du temps n'a pas seulement un intérêt théorique, elle a encore une grande valeur pratique pour l'astronome observateur. Lorsque celui-ci observe, par exemple, le passage d'un astre au méridien, et qu'il calcule la durée de ce passage, vu à travers le télescope, au moyen des oscillations d'un pendule à secondes, il commet toujours une petite erreur provenant du temps nécessaire à chacune des deux impressions visuelles pour se faire percevoir. Cette erreur n'est pas exactement la même pour deux observateurs différents; si on veut rendre comparables entre elles les observations de divers astronomes, il faut connaitre cette différence, c'est-à-dire l'*équation personnelle* de chacun d'eux. Pour ramener au temps réel les résultats obtenus par chaque observateur, il faut également préciser l'erreur qu'il est susceptible de commettre.

Supposons qu'un observateur, assis dans une obscurité complète, voie brusquement une étincelle et fasse alors un signe. Un appareil spécial marquera le moment précis de l'apparition de l'étincelle et celui où le geste aura été fait. La différence de temps entre ces deux notations pourra être exactement mesurée, et nous l'appellerons *temps physiologique* de la vision. Nous pouvons mesurer de même le temps physiologique de l'audition, du toucher, etc. Le professeur Hirsch, de Neufchâtel, a trouvé les nombres suivants pour les temps physiologiques des sens :

Pour la vision	0.1974 —	0.2083 de seconde
Pour l'ouïe	0.194 —	
Pour le toucher	0.1733 —	

Lorsque l'impression qui devait être annoncée n'était pas subite, et que l'observateur pouvait s'y attendre, le temps physiologique devenait plus court; il n'était plus, par exemple, que de 0.07 à 0.11 de seconde seulement pour la vue. Il en résulte que notre cerveau accomplit plus rapidement ses actes pour les phénomènes dont nous pouvons prévoir l'arrivée.

Les expériences de Donders sont encore plus intéressantes. Une personne fut chargée de faire des signaux, tantôt avec la main droite, tantôt avec la main gauche, aussitôt qu'elle percevrait une légère excitation pratiquée sur la peau, soit à droite, soit à gauche. Si le côté de l'excitation était indiqué d'avance à la personne, elle donnait le signal 0,205 secondes après l'application de l'irritant; mais si ce côté n'était pas indiqué, le signal n'était fait que 0,272 secondes après l'excitation. L'acte psychique de la réflexion, pour savoir où l'irritant était appliqué et pour choisir la main, exigeait donc un temps égal à 0, 067 de seconde.

Le temps physiologique de la vision dépendait un peu de la couleur : le blanc était toujours indiqué un peu plus tôt que le rouge. Lorsque la couleur que l'observateur devait voir était connue d'avance, le signal était donné plus tôt que dans le cas contraire, c'est-à-dire lorsque l'observateur était obligé de réfléchir d'abord pour faire le signe convenu. L'observateur se fait à l'avance une représentation de la couleur qu'il s'attend à voir : si cette couleur correspond à l'idée qu'il s'en est faite, il réagit plus promptement que lorsque cette coïncidence n'a pas lieu.

Le même résultat fut obtenu pour l'ouïe. La réponse au son entendu arrivait plus vite lorsque l'observateur savait d'avance quel son allait se produire que lorsqu'il ne le savait pas.

Cette paresse de la conception, si je puis m'exprimer ainsi, se montre aussi, mais d'une manière différente, dans les expériences faites par Helmholtz. L'œil aperçoit d'abord une figure, et, immédiatement après, une vive lumière. Plus la lumière est vive, plus il faut considérer longtemps la figure avant d'en reconnaître la forme générale : les figures compliquées demandent, en outre, plus de temps que les figures simples. Lorsqu'on voit des lettres sur un fond clair, mais éclairé pendant peu de temps, il suffit, pour les reconnaître, d'un temps d'autant plus court que les lettres sont plus grandes et l'éclairage plus vif.

Les actes cérébraux sur lesquels ces expériences nous fournissent des données sont certainement très-simples; mais ils forment les éléments fondamentaux de toute activité intellectuelle : la sensation, la conception, la réflexion et la volonté. Les déductions les plus compliquées d'un philosophe spéculatif sont constituées par un enchaînement de phénomènes aussi simples que ceux que nous venons de considérer. Ces mesures fournissent donc les premiers éléments d'une psychologie physiologique expérimentale que l'avenir continuera à developper.

Mais il me semble qu'il faudrait d'abord étudier complètement les modifications qui se produisent dans les cellules nerveuses et les rattacher aux phénomènes psychologiques les plus simples : sous ce rapport, l'examen des phénomènes réflexes nous offre sans doute le plus de chances de succès : ce sont peut-être ces phénomènes qui aplaniront le terrain sur lequel s'élèvera un jour l'édifice de la mécanique des phénomènes nerveux. Strauss a dit [1] :

« Celui qui pourrait expliquer les mouvements de préhension
« qu'exécute le polype pour saisir sa proie et les contractions
« d'une larve d'insecte piquée n'aurait certainement pas encore
« compris la pensée humaine ; mais il serait sur la voie, et pour-
« rait atteindre le but sans être forcé d'invoquer un nouveau
« principe. »

Y parviendrons-nous jamais ? C'est ce qu'on ne peut savoir. Mais nous pouvons certainement arriver à une connaissance plus complète des conditions de production de la pensée et des phénomènes mécaniques qui lui servent de base. C'est le but que poursuit la physiologie générale des muscles et des nerfs, but bien digne du « labeur des hommes éminents ».

1. *La foi ancienne et la foi nouvelle*, page 208.

APPENDICE

REMARQUES ET ADDITIONS

I

Représentation graphique. Explication des fonctions mathématiques.
(Voir p. 44.)

Le procédé employé sur la figure 16 consiste à représenter, par un dessin, la valeur des extensions dans son rapport avec la valeur des poids qui la produisent. Ce procédé est susceptible d'un grand nombre d'applications, et, comme nous nous en servirons encore assez fréquemment, une explication de la manière d'opérer nous paraît nécessaire.

Lorsque deux séries de valeurs sont dans une relation telle qu'une valeur déterminée de l'une de ces séries correspond à une valeur déterminée de l'autre, alors les mathématiciens disent que chacune de ces valeurs constitue une *fonction* de l'autre. Ces relations peuvent toujours être représentées par un tableau, comme le suivant par exemple :

$$1 \quad 2 \quad 3 \quad 4 \quad 5 \quad 6 \quad 7 \quad 8 \quad 9 \quad 10$$
$$2 \quad 4 \quad 6 \quad 8 \quad 10 \quad 12 \quad 14 \quad 16 \quad 18 \quad 20$$

La relation qui existe entre ces deux séries est très-simple. Pour chaque valeur de la première série, il y en a une correspondante dans la seconde, et cette seconde valeur est toujours le double de la première. Désignons les chiffres de la première par x, ceux de la seconde par y, et nous pourrons exprimer la relation qui existe entre les deux séries par la formule :

$$y = 2\,x.$$

Cette formule nous dit la même chose que le tableau; elle dit même plus. Au lieu de l'indéterminée x, qui peut être remplacée par un chiffre quelconque, mettons le chiffre 4, et le tableau indiquera que le chiffre correspondant de la seconde série est 8. Pour $x = 5$ il nous donnera $y = 10$. Mais le tableau devient muet pour une valeur de x comprise entre 4 et 5, par exemple pour 4,2371 : la formule, au contraire, nous donne le moyen de calculer facilement la valeur correspondante qui est $= 8,4742$.

Nous pouvons aussi renverser la formule et l'écrire de la façon suivante :

$$x = \frac{y}{2}$$

c'est-à-dire que nous pouvons déterminer x, pour chaque valeur donnée à y. Il en est de même pour la formule analogue :

$$y = 3\,x$$

que nous pouvons aussi écrire de la façon suivante :

$$x = \frac{y}{3}$$

Dans ce cas, à chaque valeur déterminée de x, correspondra une valeur de y qui sera trois fois plus grande. Dans les deux formules correspondantes :

$$y = a\,x \quad \text{et} \quad x = \frac{y}{a},$$

nous avons donné une expression plus générale encore à cette sorte de relation : x et y désignent encore ici les valeurs correspondantes des deux séries, a est l'expression d'un chiffre déterminé qui doit être considéré comme invariable dans chaque cas particulier. Dans notre premier exemple, $a = 2$, dans notre second exemple, nous avons admis que $a = 3$; dans d'autres cas, a pourra avoir une valeur quelconque et différente.

Examinons maintenant le tableau suivant :

$$\begin{array}{cccccc} 1 & 2 & 3 & 4 & 5 & 6 \quad \text{etc.} \\ 1 & 4 & 9 & 16 & 25 & 36 \quad \text{etc.} \end{array}$$

Nous voyons que chaque nombre de la seconde série est obtenu en multipliant le nombre correspondant de la première série par lui-même, ce que l'on peut exprimer par la formule :

$$y = xx \quad \text{ou} \quad y = x^2$$

La formule renversée prendra, dans ce cas, la forme suivante :

$$x = \sqrt{y}$$

On peut construire un tableau, chaque fois que l'on connaît la formule qui exprime les relations entre deux séries de grandeurs correspondantes; mais on ne peut pas toujours faire la réciproque, c'est-à-dire exprimer par une formule les relations données par un tableau, car ces relations ne sont pas toujours aussi simples que dans les exemples choisis par nous. Les tableaux contiennent d'ordinaire des valeurs déterminées par l'expérience, comme dans le cas cité plus haut, où nous avons examiné l'extension qu'éprouve le muscle sous les divers poids dont il est chargé. Chaque poids détermine une extension que nous apprenons à connaître par l'expérience, et nous pouvons exprimer cette relation par un tableau comme celui-ci :

$$\begin{array}{lcccccc} \text{Poids} & 50 & 100 & 150 & 200 & 250 & 300 \quad \text{gr.} \\ \text{Extension} & 3.2 & 6 & 8 & 9.5 & 10 & 10.5 \quad \text{mmt.} \end{array}$$

Tout ce que nous pouvons déduire de ce tableau, c'est que les extensions n'augmentent pas proportionnellement aux charges, comme cela a lieu dans les corps inorganiques, et que le rapport entre l'extension et le poids diminue graduellement. Mais nous pouvons clairement représenter aux yeux toutes les relations que subissent des fonctions, quelle que soit la façon dont ces relations sont exprimées, que ce soit par une équation, ou par des tableaux construits d'après les observations. On y arrive au moyen d'une méthode inventée par Descartes, et que nous allons expliquer.

Les valeurs dont il s'agit peuvent être de nature très-diverse : chiffres, poids, degrés de chaleur, fréquence des naissances ou des décès, etc. Nous pouvons toujours représenter ces valeurs par la longueur d'une ligne. Une ligne d'une certaine longueur représente une certaine valeur; lorsque la valeur sera double, nous la représenterons par une ligne ayant une longueur double. Le système de mensuration employé n'a pas d'importance : mais lorsqu'on en a choisi un, on ne peut pas le changer dans la même figure. Nous dessinons d'abord deux lignes se coupant à angle droit. A partir du point d'intersec-

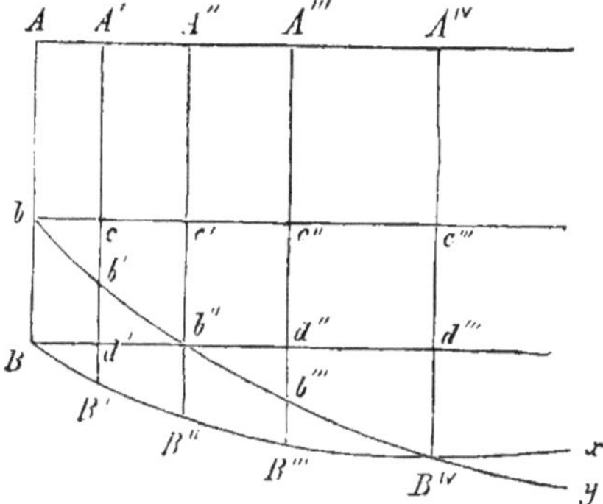

Fig. 69. — Représentation graphique de l'extension musculaire.

tion B (fig. 69), nous mesurons, sur la ligne horizontale, les longueurs qui représentent les valeurs de l'une des séries (dans le cas que nous examinons, ce sont les poids suspendus aux muscles). Sur chacun des points d', b'', d'' etc., ainsi obtenus, on élève des perpendiculaires auxquelles on donne une longueur exprimant l'extension musculaire, produite par les diverses charges. Nous obtenons ainsi les lignes d' B', b'' B'', d'' B''', d''' B''''. En reliant entre eux les points extrêmes de ces lignes, on obtient la courbe B B' B'' B''' B'''' etc., qui nous fait saisir, d'un seul coup d'œil, les relations entre les charges et les extensions. La courbe b b' b'' b''' b'''' est construite absolument de même et elle nous représente les extensions produites sur le muscle actif par les mêmes poids.

Il s'agit, dans un grand nombre de cas, de représenter des forces de nature opposée. Lorsque le fil a b (fig. 70), par exemple, sera parcouru par un courant électrique, l'une des moitiés de ce fil présentera des tensions positives tandis que l'autre présentera des tensions négatives. Pour exprimer cette différence, nous tracerons les lignes représentant les tensions positives *au-dessus*, et les lignes représentant les tensions négatives *au-dessous* de la ligne horizontale. La figure nous apprend ainsi que la tension est nulle ou 0 au milieu du fil, que les tensions positives augmentent vers la gauche et les négatives vers la droite, et que cette augmentation est très-régulière.

Pour avoir la tension électrique d'un point quelconque du fil, de e par exemple, nous n'avons qu'à élever une perpendiculaire en ce

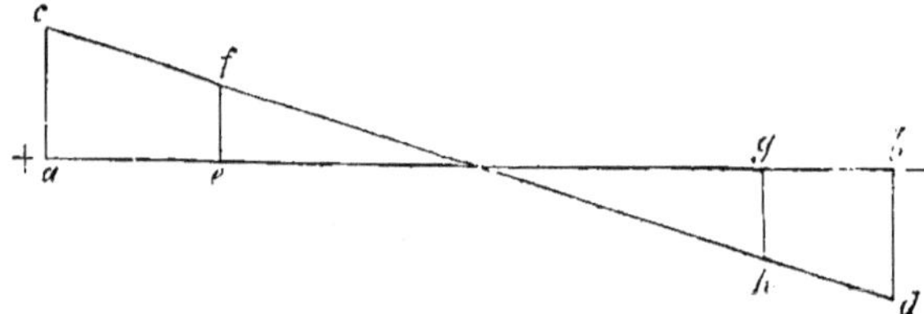

Fig. 70. — Représentation de grandeurs positives et négatives.

point ; la longueur *ef* de cette perpendiculaire nous donnera exactement la tension cherchée.

II

DIRECTION DES FIBRES MUSCULAIRES. HAUTEUR DE SOULÈVEMENT ET TRAVAIL PRODUIT. (Voir p. 81.)

Fig. 71. — Effet des fibres musculaires obliques.

Les muscles longs, à fibres parallèles, étant très-rares dans l'économie, il y a quelque intérêt à considérer, d'une manière plus approfondie, quelle influence l'obliquité des fibres peut exercer sur la force, la hauteur de soulèvement et la production de travail d'un muscle. Lorsque la direction d'une fibre musculaire empêche cette fibre de produire un mouvement dans la direction de son raccourcissement, la force qu'elle développe pendant le raccourcissement n'est employée qu'en partie : On peut calculer cette partie d'après la loi du parallélogramme des forces. Ce cas se présente chez tous les muscles semi-pennés ou pennés. Supposons que la fibre AB (fig. 71) se raccourcisse de Bb, mais que le mouvement du point B ne puisse se faire que dans la direction de BC, à cause de l'attache du muscle à l'os et de l'agencement de l'articulation. La fibre musculaire, en se raccourcissant, subira une torsion autour de son point d'origine fixe et prendra la position Ab' : le soulèvement effectué sera donc Bb'. Nous pouvons considérer le petit triangle $B\,b\,b'$ comme étant rectangle. On a alors :

$$Bb' = \frac{Bb}{\cos \beta}.$$

Désignons par K la force qui tend à raccourcir la fibre musculaire dans la direction de AB : une partie seulement de cette force sera efficace, c'est la composante K', dirigée dans le sens BC. D'après le théorème du parallélogramme des forces, on a :

$$K' = K \cos \beta$$

Admettons que le poids, que la fibre musculaire peut soulever à cette hauteur, soit proportionnel à cette composante. Calculons maintenant le travail que le muscle peut exécuter. Nous obtiendrions, si le mouvement pouvait se faire dans la direction AB :

$$A = Bb\,K$$

Mais si le mouvement est obligé de se faire dans la direction de BC, nous aurons :

$$A = Bb'\,K' = \frac{Bb}{\text{cosin.}\ \beta}\,K\ \text{cosin}\ \beta = B\,b\,K.$$

Nous obtenons donc la même valeur dans les deux cas, ce qui signifie que le travail exécuté par la fibre est complétement indépendant de la direction dans laquelle elle agit. Il est évident que ce résultat s'applique à toutes les autres fibres, et par conséquent au muscle entier. Les principes que nous avons émis au sujet des muscles à fibres parallèles s'appliquent donc à tous les muscles à fibres irrégulièrement disposées. La hauteur à laquelle un muscle peut soulever une charge est toujours d'autant plus considérable que les fibres sont plus longues, et la force employée est proportionnelle à la section transversale ou au nombre des fibres. Les fibres sont ordinairement très-courtes dans les muscles à fibres obliques; leur nombre, au contraire, est très-grand : on peut donc considérer ces muscles, quelle que soit du reste leur forme accidentelle, comme des muscles courts et épais, qui soulèvent les charges à une petite hauteur seulement, mais possèdent une grande force.

III

IRRITABILITÉ ET PUISSANCE DE L'IRRITATION. SOMME D'IRRITATIONS. (RÉUNION DE PLUSIEURS IRRITATIONS. Voir p. 103.)

Lorsqu'on rapproche l'une de l'autre les bobines d'une machine d'induction à chariot, la force des courants induits ne s'accroît pas en raison directe du rapprochement, mais d'une manière plus compliquée, que l'on est obligé de rechercher pour chaque appareil en particulier. Fick, Kronecker et d'autres encore, ont indiqué des méthodes pour calibrer ces instruments. Lorsqu'on compare la force réelle du courant à la hauteur de la secousse qu'elle produit, on constate les faits suivants : les courants très-faibles ne produisent aucun effet; l'effet apparaît lorsque le courant a acquis une force déterminée, mais plus ou moins grande, d'après l'état d'irritabilité du nerf; cet effet consiste en une secousse faible et à peine visible. Les hauteurs de soulèvement augmentent alors en raison directe de l'augmentation de la force des courants, jusqu'à un maximum déterminé. Les secousses restent constantes, lorsque la force des courants augmente encore; mais, au bout de quelque temps, ces secousses s'accroissent de nouveau et atteignent un second maximum qu'elles ne dépassent plus.

Ces dernières secousses, auxquelles on a donné le nom de surmaximales, sont déterminées par l'action réunie de deux irritations. Un choc d'induction est, comme nous l'avons vu, un courant de courte durée dont le début (fermeture) et la fin (ouverture) se succèdent très-rapidement. Le début de ce courant constitue un irritant plus puissant que la fin, par des raisons que nous développerons plus amplement dans la remarque VII. Tant que le courant n'a pas dépassé une certaine force, c'est donc le début seul qui irrite ; mais lorsque le courant acquiert une force très-grande, la fin de ce courant peut aussi devenir suffisamment active. Il y a donc alors deux irritations se succédant rapidement, et qui, par leur réunion, produisent une secousse plus forte qu'une irritation isolée.

Lorsque plusieurs irritations se succèdent rapidement, elles produisent, ainsi que nous le savons d'ailleurs, le tétanos. Le tétanos donne aussi une hauteur de soulèvement supérieure à celle que peut produire une irritation unique. Le muscle jouit, en effet, de la propriété de pouvoir encore être irrité lorsqu'il est déjà en état de contraction, et de subir ainsi une contraction plus forte. Ces faits prouvent que les excitations isolées, produites dans le nerf par des irritations se succédant rapidement, sont transmises isolément, sans se troubler l'une l'autre, et dans l'ordre suivant lequel elles se sont produites, jusqu'au muscle sur lequel elles agissent. Mais lorsque le nombre des excitations devient trop considérable, les molécules nerveuses ne peuvent plus suivre ces chocs trop rapides et trop multipliés, et le nerf n'est plus excité. Cependant on n'a pas encore pu déterminer exactement la limite à laquelle l'excitation disparaît : elle semble se trouver entre 800 et 1000 excitations par seconde.

IV

Courbe de l'irritabilité. Résistance a la propagation. (Voir p. 106.)

Nous avons admis, dans le texte, et d'après nos propres expériences, que l'irritabilité est plus forte dans les parties supérieures du nerf sciatique non coupé : cette assertion a été récemment défendue par Tiegel contre certaines objections. Mais cette irritabilité plus grande des parties supérieures ne permet pas cependant d'admettre une espèce d'accroissement en avalanche de l'irritation, et cela pour les raisons exposées dans le texte. Outre l'expérience de Munk (p. 100), d'autres observations encore nous obligent à admettre dans le nerf une résistance au transport de l'irritation. Mais une résistance qui amoindrit l'excitation pendant le transport et un accroissement en avalanche de l'excitation sont évidemment des antithèses inconciliables et qui s'excluent mutuellement. Si la résistance au transport de l'irritation existe réellement, il est clair que l'irritation ne peut pas gagner en forces pendant son transport. Je vais donc exposer ici en peu de mots pourquoi j'ai admis l'une des hypothèses et pourquoi j'ai rejeté l'autre.

La propagation de l'irritation est singulièrement entravée dans le nerf à l'état anélectrotonique (page 121) : elle est même complètement abolie lorsque l'anélectrotonus est très-fort. On pourrait facilement admettre que cet obstacle est dû à l'augmentation d'une résistance déjà existante. Nous trouvons cependant un argument encore plus solide dans les phénomènes réflexes. Lorsqu'on irrite un nerf sensitif, l'irritation est transmise à la moelle ou au cerveau, et peut être réfléchie par ceux-ci sur des nerfs moteurs (voir p. 234). Ce transport exige toujours un temps assez considérable, que j'ai nommé temps réflexe. Irritons ainsi un nerf sensitif avec un irritant assez puissant pour produire

un réflexe sensitif on nomme ces irritants « irritants suffisants »),
et déterminons le temps réflexe; appliquons ensuite, sur le même
point du nerf, des irritants de plus en plus forts, et nous verrons ce
temps diminuer de plus en plus. Mais, si nous irritons un point du nerf
situé près de la moelle, les irritants suffisants donneront déjà des
temps réflexes très-courts. La durée du temps réflexe dépend évidemment de la force avec laquelle l'irritation pénètre dans la moelle.
L'irritation partie d'un point du nerf rapproché de la moelle est peu
modifiée, tandis que celle qui part d'un point éloigné diminue en
route : de sorte que, si nous voulons obtenir un temps réflexe aussi
court que dans le premier cas, il faudra employer un irritant bien
plus puissant.

Ces observations ont été faites, il est vrai, sur des nerfs sensitifs.
Mais nous sommes autorisés à étendre ces mêmes faits aux nerfs
moteurs, puisque les fibres nerveuses de toute sorte partagent les
mêmes propriétés. Il n'est pas probable, en effet, qu'une fibre nerveuse présente un obstacle à la transmission, tandis qu'une autre présenterait une augmentation en avalanche. Tous ces faits peuvent
s'expliquer plus facilement et plus simplement, si nous admettons que
tous les nerfs opposent une résistance à la transmission, mais que les
différentes parties d'un même nerf présentent des irritabilités différentes.

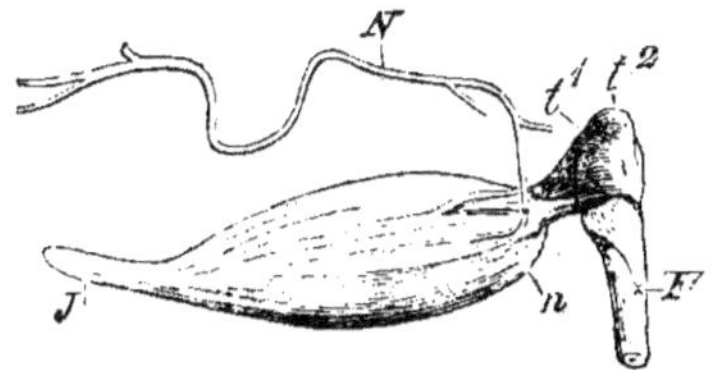

l'influence qu'ils exercent change, et il se produit ainsi des irrégularités qu'il serait peu intéressant de poursuivre plus loin.

L'expérience de M. Munk a démontré que la propagation de l'excitation dans les fibres nerveuses ne se fait pas avec une vitesse constante. Une excitation qui doit parcourir une étendue plus longue du nerf n'exige pas seulement pour cela une durée proportionnelle à cette longueur, mais encore une durée plus grande, par chaque unité de longueur, que ne le ferait une excitation ayant à traverser une portion plus courte du nerf. L'explication la plus simple qu'on puisse donner de ce fait, c'est d'admettre que la vitesse de la propagation diminue par suite d'une résistance qu'elle rencontre dans la fibre.

Ainsi, pendant une transmission à travers une partie courte, par exemple depuis la moitié du nerf jusqu'au bout périphérique, cette diminution sera assez minime pour rester insensible. Mais pendant la transmission à travers une distance plus grande, depuis l'extrémité supérieure du nerf jusqu'au muscle, elle sera assez considérable pour devenir évidente. C'est pour cela que le temps nécessaire à cette dernière transmission n'est pas seulement le double mais *plus que le double* du temps nécessaire pour la propagation depuis le milieu du nerf jusqu'au muscle.

\

INFLUENCE DE LA LONGUEUR DE LA PORTION IRRITÉE DU NERF. (Voir p. 118.

L'effet produit sur le muscle est plus grand, lorsqu'on fait agir un irritant de même force sur une portion plus grande du nerf. Lorsqu'on veut déterminer l'irritabilité d'une portion de nerf par la méthode des moindres irritants, c'est-à-dire lorsqu'on cherche l'irritation la plus faible qui détermine une secousse visible, il peut se faire que la portion nerveuse ainsi irritée contienne des parties présentant différents degrés d'irritabilité. L'action musculaire peut se produire dans ce cas, quoique une partie seulement de la portion nerveuse ait été irritée, et l'on ne détermine ainsi, en réalité, que l'irritabilité de la partie la plus irritable de la portion nerveuse examinée. Sur le nerf frais, c'est habituellement la portion supérieure. Mais lorsque les différences d'irritabilité sont faibles dans la portion nerveuse examinée, chaque point de cette portion pourra être excité de la même façon par un irritant assez puissant, et l'effet observé sur le muscle sera dû à la totalité des irritations de toutes les parties. Si, comme nous l'avons supposé, l'irritabilité de chaque partie est détruite subitement après son passage au maximum, il en résultera nécessairement que la portion vraiment irritée deviendra de plus en plus courte. Les particules irritées se trouveront encore à l'état d'irritabilité maximum et présenteront donc le troisième degré de la loi des secousses (pourvu qu'on ait employé un courant qui, au début, produisait le premier degré sur le nerf frais. La forme du phénomène du troisième degré (c'est-à-dire secousse à la fermeture du courant descendant et à l'ouverture du courant ascendant ne changera donc pas ; mais la force des secousses diminuera peu à peu : l'effet ne se produira plus lorsque le maximum d'irritabilité et la mort, qui lui succède, dépasseront la limite inférieure de la portion irritée.

VI

DIFFÉRENCE ENTRE LES COURANTS INDUITS DE FERMETURE ET D'OUVERTURE. DISPOSITIF DE HELMHOLTZ. (Voir p. 129.)

Lorsqu'on fait passer subitement un courant à travers une spirale, ce courant n'agit pas seulement sur la spirale voisine, mais tous les tours de spire de la première agissent mutuellement, comme inducteurs, les uns sur les autres. On pourrait croire que des phénomènes analogues se produiront au moment de la rupture du courant; mais l'interruption subite de la transmission rend alors ce courant induit d'ouverture complétement impossible. Le courant induit de fer-

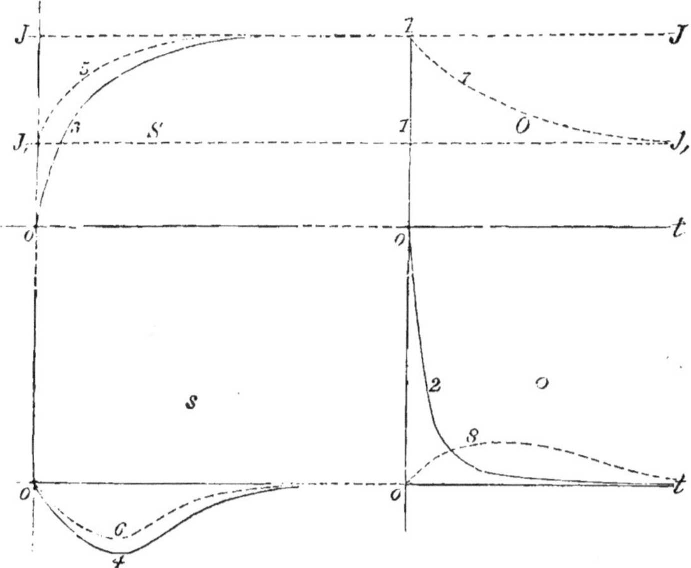

Fig. 73. — Durée des courants induits.

meture, étant dirigé dans un sens contraire à celui du courant inducteur, doit nécessairement l'affaiblir; ce dernier ne peut donc pas acquérir toute sa force d'un seul coup, mais seulement par degrés; au moment de la rupture le courant s'arrête au contraire brusquement.

Les différences de durée que présentent la fermeture et la rupture du courant primaire, provoquent aussi des différences dans les courants induits de la seconde spirale, courants que l'on emploie pour irriter les nerfs. La figure 73 explique ces résultats. La partie supérieure de la figure représente la durée du courant principal, traversant la bobine primaire d'une machine inductrice ; la partie inférieure représente la durée des courants induits qui traversent la bobine secondaire. La ligne *oot* représente les temps.

Le courant est fermé en O Si l'obstacle dont nous venons de parler n'existait pas dans la bobine primaire, ce courant atteindrait immédiatement toute sa puissance *OJ*; mais comme l'obstacle existe, il n'atteindra cette puissance que par degrés comme l'indique la courbe 3. Ce courant graduellement renforcé fait naître, dans la bobine secondaire, un courant induit de fermeture, représenté par la courbe 4 : cette courbe est tracée au-dessous de la ligne qui représente les temps, pour indiquer que la direction du courant induit est contraire à celle du courant inducteur. Si l'on interrompt le courant primaire, il perd subitement sa force J, ce qui est indiqué par la ligne droite 1. Cette perte de force fait naître un courant induit qui présente tout à coup une montée très-rapide, et qui descend ensuite moins rapidement, ainsi que l'indique la courbe 2. Il est évident, d'après cela, que ce dernier courant doit présenter une action physiologique plus puissante que le premier.

Nous avons quelquefois besoin d'écarter ces différences et de nous servir de deux courants induits dont la force et l'action soient à peu

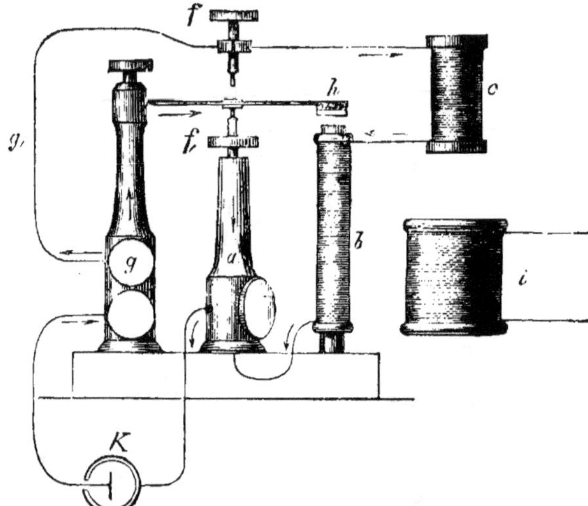

Fig. 74. — Dispositif ajouté par Helmholtz à la machine inductrice à chariot.

près identiques. Voici comment nous pouvons atteindre ce but. Au lieu d'ouvrir et de fermer le courant de la bobine primaire, on y adapte une fermeture latérale offrant peu de résistance qui nous servira à rompre le courant. Lorsque cette fermeture sera adaptée, une faible partie du courant seulement pourra traverser la bobine primaire : exprimons sa force par la ligne *JJ*.

Ouvrons maintenant cette fermeture : le courant principal croîtra lentement de la force *J'* à la force *J*, comme l'indique la courbe ponctuée 5 : cet accroissement de force fera naître, dans la bobine secondaire, un courant induit représenté par la courbe 6.

Si on rétablit le contact dans la fermeture latérale, le courant de la bobine primaire descendra de la force J à la force J'. Mais un autre courant, nommé *extra-courant*, se produira dans la bobine primaire par suite de cette perte de force, et pourra maintenant se manifester puisque le circuit est fermé : comme cet extra-courant suit la même direction que le courant principal, il retarde la diminution de force de ce courant, ainsi que l'indique la courbe 7. La diminution graduelle de la force du courant principal fait naître dans la bobine un courant induit de la forme représentée par la courbe 8.

Helmholtz a fait ajouter à la machine inductrice à chariot de du Bois-Reymond un dispositif qui place et déplace automatiquement la fermeture latérale. C'est, ainsi que le montre la figure 74, une modification particulière du marteau de Wagner. Le courant de la pile K passe par le fil $g'f$ et pénètre dans la bobine primaire c; de là il gagne le petit électro-aimant b, passe ensuite par la colonne a et regagne la pile. L'électro-aimant attire le marteau h : une petite plaque de platine, fixée à la partie inférieure d'un ressort en argentan, se met alors en contact avec la pointe en platine de la vis f' et établit ainsi une fermeture latérale $gf'a$ bonne conductrice. Le courant de la bobine c et de l'électro-aimant s'affaiblit beaucoup; l'électro-aimant devient incapable d'attirer le marteau, qui remonte; la plaque de platine s'éloigne de la pointe f' et la fermeture latérale se trouve interrompue. Le courant passe de nouveau, dans toute sa force, par la bobine c et par l'électro-aimant b; le marteau est encore attiré, etc. Tous les phénomènes se reproduisent ainsi tant que la pile reste active. La bobine secondaire produit alors des courants induits de la forme représentée par les courbes 6 et 8. Veut-on rétablir la disposition ordinaire de la machine ? On n'a qu'à détacher le fil g' et à abaisser la pointe f jusqu'à ce qu'elle touche la plaque supérieure de platine du marteau.

VII

EFFETS DES COURANTS DE PEU DE DURÉE. (Voir p. 130.)

Pour irriter les nerfs, nous employons l'ouverture ou la fermeture d'un courant constant, ou bien nous nous servons d'un courant induit. Mais, dans ce dernier cas, nous avons affaire, comme nous l'avons déjà fait remarquer, à une fermeture immédiatement suivie d'une rupture, car le courant induit disparaît aussitôt qu'il a atteint une certaine puissance. Nous pouvons imiter ces effets du courant induit à l'aide d'une disposition particulière, en ne fermant le courant constant que pendant un moment excessivement court. Le *choc du courant* fera naître alors les mêmes phénomènes qu'un courant induit.

Lorsque la durée du temps reste la même, mais que nous augmentons graduellement la force du courant, nous voyons d'abord la hauteur de soulèvement devenir plus grande, puis rester quelque temps stationnaire à ce maximum, enfin augmenter de nouveau et atteindre un second maximum. L'explication de ce phénomène est la même que celle que nous avons donnée pour les courants induits, dans la remarque III. Au début, c'est la naissance (fermeture) du courant qui agit seule; mais, lorsque le courant est plus fort, la fin (rupture) du courant agit aussi comme excitant et les deux excitations s'ajoutent.

Le courant doit être plus fort pour produire une excitation lorsque la durée du choc est très-courte que lorsqu'elle est un peu plus longue. Un courant très-court ne peut évidemment produire une modification suffisante de l'état des molécules nerveuses, et les courants faibles ont besoin, pour produire ces modifications, d'un temps plus long que les courants forts. Lorsqu'on considère les courbes de la figure 73, qui représentent la durée des divers courants induits, on s'aperçoit facilement que le début du courant suit une pente plus raide que la fin. Le début du courant produira donc plus facilement une excitation que la fin de ce courant. Du reste, ce fait se produit aussi lors de la fermeture et de l'ouverture d'un courant constant, où cependant les durées ne diffèrent pas autant entre elles.

Il est donc bien certain que les courants induits faibles n'agissent qu'à leur début; en d'autres termes *les courants induits produisent les mêmes effets que la fermeture d'un courant constant.*

Supposons maintenant un courant inducteur qui remonte un nerf. Tant qu'il ne dépassera pas une certaine puissance, il pourra produire de l'excitation; mais, s'il devient plus fort, il n'agira plus, parce que la fermeture des courants ascendants énergiques n'excite pas le nerf. Cependant, s'il devient encore plus fort, il sera de nouveau capable d'exciter le nerf, parce qu'alors la portion du courant d'ouverture, quoique plus lente d'allures, produira elle-même une excitation. Cette interruption de l'action a été observée par Fick et plus tard par Tiegel : on lui a donné le nom de *lacune.* Il serait trop long de chercher si d'autres causes ne viennent point s'ajouter à la cause indiquée, pour produire ce remarquable phénomène.

VIII

PASSAGE TRANSVERSAL D'UN COURANT A TRAVERS LE NERF. IRRITATION UNIPOLAIRE.
(Voir p. 130.)

Un courant est complétement inactif lorsqu'il est dirigé transversalement à travers le nerf, c'est-à-dire, lorsque la direction du courant est perpendiculaire à l'axe du nerf. Il est donc nécessaire que le courant traverse le nerf dans le sens de l'axe pour produire un changement dans la disposition des molécules nerveuses, changement que nous regardons comme la cause de l'excitation. Ce phénomène est probablement dû aux forces électriques des molécules nerveuses dont nous avons parlé longuement à la page 203. De même qu'un courant électrique parallèle à une aiguille aimantée fait dévier celle-ci, et n'exerce, au contraire, aucune influence sur elle lorsqu'il lui est perpendiculaire, de même aussi les molécules nerveuses sont dérangées de leur état d'équilibre dans le cas seulement où le courant est parallèle à l'axe du nerf. Lorsque le courant est dirigé obliquement aux fibres, *il exerce une action*, mais cette action est plus faible que celle d'un courant parallèle, et elle diminue d'autant plus que l'angle se rapproche de l'angle droit.

La relation, qui existe entre les phénomènes de l'électrotonus et ceux de l'excitation nerveuse, nous a fait supposer que l'excitation

ne se produit pas dans tout le trajet du nerf, mais dans une partie
seulement, et que cette partie se trouve près du pôle négatif (Kathode)
lorsqu'on ferme le courant, et près du pôle positif (Anode) lorsqu'on
rompt le courant. On a donc dû se demander s'il était possible
d'exposer le nerf à l'influence d'un seul électrode. On peut en effet
expérimenter de cette façon, chez l'homme et chez les animaux, en
plaçant l'un des électrodes sur le nerf et l'autre sur une partie éloignée du corps. On n'obtient que des secousses de fermeture lorsque
le pôle négatif (Kathode) est en contact avec le nerf; on n'obtient que
des secousses d'ouverture lorsque c'est le pôle positif (Anode). Lorsque
les courants sont très-puissants, il peut aussi se produire une excitation dans les endroits où le nerf arrive aux tissus avoisinants. On
peut désigner ce mode d'excitation sous le nom d'excitation *unipolaire*;
mais il faut prendre ce mot dans un autre sens que celui qu'on lui
donne ordinairement, c'est-à-dire dans le cas où un seul fil est appliqué sur le nerf, quoique des courants puissent le traverser. Mais ce
cas ne présente rien de particulier au point de vue physiologique.

IX

BOUSSOLE DES TANGENTES. (Voir p. 139.)

La boussole des tangentes employée habituellement consiste en
une petite aiguille magnétique fixée au centre d'un grand cercle à
travers lequel on fait passer le courant. La situation des pôles de
l'aiguille ne change pas sensiblement à l'égard du courant lorsque
l'aiguille est déviée. On peut donc admettre que l'effet du courant
est directement proportionnel à sa force. La réaction entre le courant
et la force directrice que la terre exerce sur l'aiguille, force également constante, nous montre que ces deux forces sont en équilibre
lorsque la tangente trigonométrique de l'angle de déviation est proportionnelle à la force du courant. Ces boussoles de tangentes sont
très-propres à mesurer des courants énergiques. Celle que nous avons
décrite, et qui sert à mesurer les courants faibles, ne présente pas les
conditions exposées plus haut.

On suppose que toutes les déviations à mesurer sont très-petites,
et que la manière dont le courant agit sur l'aiguille ne change pas
malgré la déviation de cette aiguille. On peut donc admettre aussi
pour notre instrument que la force du courant est proportionnelle
à la tangente de l'angle de déviation. La figure 19 (page 51) nous
montre que le déplacement de l'échelle est égal à la tangente d'un
angle double de l'angle de déviation. Pour des angles aussi petits,
nous pouvons admettre que

$$Tg\ 2\alpha = 2\ Tg\alpha.$$

c'est-à-dire que la tangente de l'angle double est égale au double de la
tangente de l'angle simple. Il en résulte que les forces des courants
sont proportionnelles au déplacement apparent de l'échelle que l'on
a directement observé.

X

TENSIONS SUR LES CONDUCTEURS. (Voir p. 156.)

Si l'on voulait déterminer directement la tension qui existe sur un point quelconque d'un conducteur, il faudrait isoler ce conducteur, et mettre le point à examiner en contact avec un électromètre très-sensible. Si, le conducteur étant isolé, nous mettions l'un quelconque de ses points en communication conductrice avec la terre, ce point prendrait une tension nulle; mais les différences de tensions entre les autres points ne varieraient en aucune façon. Nous pouvons ainsi, tour à tour, mettre d'autres points du conducteur en communication avec la terre, et par conséquent changer la valeur absolue des tensions de ces différents points : leurs différences de tensions n'en resteront pas moins toujours les mêmes. Il en résulte que ces différences ont seules de l'importance à nos yeux. Nous avons donc supposé, dans nos explications, que certains points (situés entre la section longitudinale et la section transversale) avaient une tension nulle comme si elles communiquaient avec la terre. Nous avons alors appelé positives toutes les tensions plus grandes, et négatives toutes les tensions plus faibles que celles de ces points.

XI

CONDUCTIBILITÉ DANS LES DEUX SENS. DÉGÉNÉRATION, RÉGÉNÉRATION ET GUÉRISON DES NERFS COUPÉS. (Voir p. 185.)

On a prouvé aussi au moyen d'autres expériences la conductibilité dans les deux sens; mais ces preuves sont moins concluantes que la preuve fournie par l'oscillation négative. Lorsqu'on coupe des nerfs sur un animal vivant, il se produit au bout de peu de temps une altération remarquable dans les parties de la fibre nerveuse situées au-dessous de la section. La gaine nerveuse devient granuleuse et l'irritabilité est abolie. Mais, lorsque les extrémités sectionnées ne sont pas trop éloignées l'une de l'autre, les fibres nerveuses peuvent guérir, les extrémités inférieures reprennent leur irritabilité, et l'excitation est de nouveau transmise, même à travers la cicatrice.

S'appuyant sur ces faits, Bidder essaie de souder, pour ainsi dire, un nerf sensitif à un nerf moteur. Le nerf sensitif de la langue (nerf lingual), branche de la cinquième paire cérébrale, et le nerf moteur de la langue (nerf hypoglosse) se croisent au-dessous de la langue avant d'y pénétrer. Lorsqu'on coupe ces deux nerfs à leur point de croisement, et qu'on fixe le bout supérieur du nerf sensitif, venant du cerveau, au bout inférieur du nerf moteur qui se distribue dans la langue, ces deux nerfs différents se soudent. Au bout de quelque temps, on provoque des secousses dans les muscles de la langue lorsqu'on irrite le nerf même au-dessus de la cicatrice, et de la douleur lorsqu'on l'irrite même au-dessous.

On ne pourrait mettre en doute que, dans ce cas, l'excitation est propagée par en bas dans le nerf sensitif et au contraire par en haut

dans le nerf moteur, s'il était prouvé que les fibres nerveuses ne se
sont point prolongées d'un nerf à l'autre, à travers la cicatrice. Cette
hypothèse, quelque improbable qu'elle paraisse, n'a cependant pas
encore été réfutée.

Une autre expérience publiée par Bert repose sur des considérations
analogues. Cet observateur fait une blessure sur le dos d'un rat,
replie un petit bout de la queue, et fixe cette queue, au moyen d'une
suture, dans la plaie du dos. La queue se soude avec les tissus de la
plaie. Le rat possède ainsi une queue ressemblant à l'anse d'un pot,
et greffée pour ainsi dire sur deux parties de l'animal. Bert coupe
alors cette queue à son origine de manière qu'elle soit uniquement fixée
sur le dos. L'animal sent fort bien le pincement que l'on exerce sur
le bout de sa queue actuellement libre et qui était autrefois sa ra-
cine : l'excitation a donc dû suivre dans les fibres nerveuses de cet
organe une marche tout à fait opposée à celle qu'elle suit dans les
queues en position normale, et par conséquent les nerfs sensitifs de
la queue possèdent la propriété de propager l'excitation dans les deux
sens.

XII

OSCILLATION NÉGATIVE ET EXCITATION. (Voir p. 186.)

Du Bois-Reymond a prouvé — avec beaucoup d'expériences aussi
variées qu'exactes, confirmées et complétées sous plusieurs rapports par
un grand nombre d'observateurs — que l'oscillation négative accom-
pagne constamment toute excitation nerveuse.

Il est indifférent que l'excitation soit produite par tel ou tel irritant :
les nerfs moteurs et les nerfs sensitifs sont tout à fait semblables sous
ce rapport. Parmi ces nombreuses expériences, je n'en relèverai qu'une,
parce qu'elle présente un intérêt particulier : c'est une expérience faite
sur le nerf optique. Lorsqu'on extirpe un œil avec une portion du nerf
optique, qu'on met ce nerf en communication avec un multiplicateur
pour examiner le courant nerveux, et qu'on laisse arriver un faisceau
de lumière à l'œil (jusqu'ici dans l'ombre), le courant nerveux du nerf
optique présente instantanément l'oscillation négative.

Lorsqu'on pratique une ligature sur un nerf, de manière à empêcher l'excitation de se propager au-delà de cette ligature, l'excitation
provoquée d'un côté ne fait plus naître l'oscillation négative de
l'autre côté du nerf. Cette expérience est très-importante parce qu'elle
démontre que l'on est garanti contre l'introduction de courants laté-
raux dans le multiplicateur, ce qui pourrait facilement donner naissance à des illusions.

XIII

ÉLECTROTONUS. SECOUSSE SECONDAIRE PARTANT DU NERF. SECOUSSE PARADOXALE.
(Voir p. 187.)

La cause qui rend impossible l'examen de l'électrotonus de la portion intrapolaire est de nature tout à fait physique. Lorsqu'on fait

passer un courant constant par la portion *a b* (fig. 60, p. 187) et qu'on relie deux points de cette portion à un multiplicateur, une partie du courant passera par le multiplicateur, et la partie du nerf comprise entre ces deux points sera parcourue par un courant plus faible que les parties voisines. Les relations sont alors tellement compliquées qu'elles rendent l'interprétation des phénomènes très-difficile. Les autres moyens dont on s'est servi pour étudier les phénomènes de la partie intrapolaire n'ont pas non plus donné jusqu'ici de résultats bien nets.

Supposez qu'on applique un nerf *a* contre un nerf *b*, comme dans la figure 75 A,B,C, de manière que le nerf *b* forme un circuit abducteur pour une partie du nerf *a*, puis qu'on met ce dernier en électrotonus au moyen d'un courant constant : alors le courant électrotonique parcourt le nerf *b*, et produit, à son début et à sa fin (fermeture et ouverture du courant), une excitation du nerf *b* et une secousse dans le muscle qui lui est relié. On désigne ce phénomène sous le nom de *secousse secondaire partant du nerf*. On peut aussi produire le tétanos par une succession rapide de fermetures et d'ouvertures du courant. Mais cette secousse secondaire est unique-

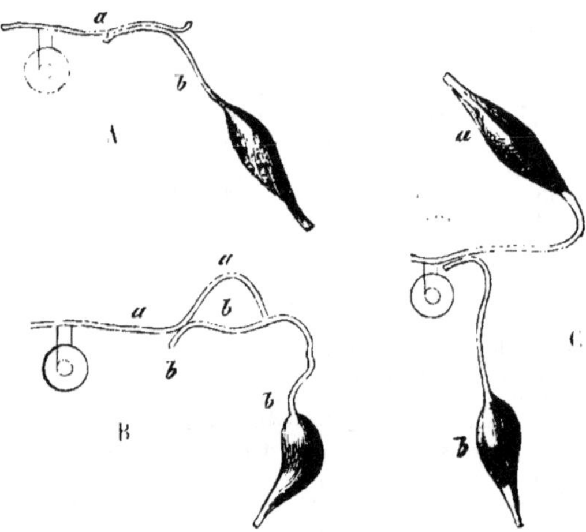

Fig. 75. — Secousse secondaire partant du nerf.

ment produite par l'électrotonus et non par l'oscillation négative du courant nerveux. Elle se distingue ainsi de la *secousse secondaire partant du muscle*, dont nous avons parlé plus haut (page 177). L'oscillation négative du courant nerveux est trop faible pour influencer sensiblement un second nerf.

Du Bois-Reymond a décrit, sous le nom de *secousse paradoxale*, une forme particulière de secousse secondaire partant d'un nerf. Lorsque l'on lance un courant à travers la branche du nerf sciatique qui se rend dans les muscles fléchisseurs de la jambe (nous en avons parlé dans la remarque IV), on peut faire naître aussi des secousses dans le muscle gastrocnémien en fermant et en ouvrant le courant. Il y aurait donc ici une exception apparente à la loi du transport isolé de l'irritation; mais en réalité ce n'est pas l'irritation des fibres excitées qui est transmise aux fibres voisines, c'est au contraire le courant électrotonique de certaines fibres qui s'est communiqué aux fibres avoisinantes et les a irritées.

<h2 style="text-align:center">XIV</h2>

Parélectronomie. (Voir p. 200.)

Nous ne connaissons pas encore d'une manière exacte et complète les causes véritables de la parélectronomie, ni les circonstances qui la développent ou l'entravent. En tout cas, il est impossible que l'absence de courant, c'est-à-dire l'existence d'une tension égale sur la coupe longitudinale et la coupe transversale, constitue l'état normal du muscle, de sorte que toute tension négative sur la coupe transversale serait le résultat d'une lésion. On trouve en effet, sur les muscles intacts, tous les degrés possibles de parélectronomie, même la parélectronomie à effet renversé, c'est-à-dire celle où la coupe transversale est plus positive que la longitudinale. Dans d'autres cas, au contraire, on constate avec certitude que le courant musculaire ordinaire est fortement développé dans des muscles qui n'ont subi aucune lésion.

Du reste, nous avons déjà fait remarquer dans le texte que la réalité de différences de tension se manifestant à la surface des muscles intacts est sans importance lorsqu'il s'agit de démontrer l'existence de forces électromotrices dans l'intérieur du muscle.

Nous admettons cette hypothèse parce qu'elle explique clairement et complétement tous les phénomènes. Nous l'appliquons même également à des tissus dont la surface ne présente certainement pas de différence manifeste de tensions, aux plaques électriques des poissons par exemple. Nous avons pour admettre cette hypothèse, les mêmes raisons que celles qui ont engagé les physiciens à supposer des aimants moléculaires dans un morceau de fer non magnétique. Du reste, quelle que soit la signification véritable de la parélectronomie, elle ne peut exercer une influence essentielle sur la manière dont nous comprenons les forces électriques des muscles.

Le problème serait plus près d'une solution si les hypothèses de du Bois-Reymond venaient à se confirmer : cet observateur admet en effet que les secousses produites pendant la vie exercent une action secondaire qui rend les extrémités musculaires moins négatives.

<h2 style="text-align:center">XV</h2>

Hypothèse de la décharge et transmission isolée dans la fibre nerveuse.
(Voir p. 212.)

La question de savoir pourquoi les phénomènes de l'irritation restent confinés dans une fibre nerveuse sans se propager aux fibres voisines, cette question, dis-je, paraît d'autant plus difficile que nous

considérons ces phénomènes comme étant de nature électrique et que
cependant les fibres ne sont pas électriquement isolées entre elles.

Mais l'explication, que nous avons donnée plus haut, de l'excitation isolée d'une *seule* fibre musculaire par une oscillation du courant naissant dans le nerf, peut aussi servir à expliquer le transport
isolé de l'excitation par les fibres nerveuses. En effet, si les parties
électriquement actives sont très-petites, il pourra s'y produire des
phénomènes électriques relativement très-énergiques sans empêcher
pour cela la densité du courant de devenir insensible à une petite
distance. C'est la conséquence de la loi de distribution des courants dans les conducteurs irréguliers, loi que nous avons développée plus haut, page 152.

Nous admettons donc ici aussi que les particules électriquement
actives situées dans l'axe de la fibre nerveuse sont très-petites relativement à l'épaisseur de cette fibre, et que par conséquent l'effet qu'elles
produisent est déjà trop faible à la surface de la fibre pour pouvoir
agir encore sur une fibre voisine. Nous avons aussi fait remarquer
(page 264) que l'oscillation négative ne transmet pas l'irritation d'une
fibre à la fibre voisine. Nos *multiplicateurs* sont beaucoup plus sensibles que les fibres nerveuses, puisqu'ils additionnent pour ainsi dire
l'effet des oscillations négatives isolées, quand le nerf est tétanisé,
tandis que les effets de l'irritation dans les nerfs ne s'ajoutent pas les
uns aux autres.

TABLE DES MATIÈRES

LIVRE II.

ÉLECTRICITÉ DES MUSCLES ET DES NERFS

LIVRE III.

ORGANISATION DU SYSTÈME NERVEUX

APPENDICE.

Coulommiers. — Typ. ALBERT PONSOT et P. BRODARD